Wilhelm His

Unsere Körperform und das physiologische Problem ihrer Entstehung

Briefe an einen befreundeten Naturforscher

Wilhelm His

Unsere Körperform und das physiologische Problem ihrer Entstehung
Briefe an einen befreundeten Naturforscher

ISBN/EAN: 9783743461680

Hergestellt in Europa, USA, Kanada, Australien, Japan

Cover: Foto ©berggeist007 / pixelio.de

Manufactured and distributed by brebook publishing software (www.brebook.com)

Wilhelm His

Unsere Körperform und das physiologische Problem ihrer Entstehung

UNSERE KÖRPERFORM

UND

DAS PHYSIOLOGISCHE PROBLEM IHRER ENTSTEHUNG.

BRIEFE

AN EINEN BEFREUNDETEN NATURFORSCHER

VON

WILHELM HIS.

LEIPZIG,

VERLAG VON F. C. W. VOGEL.

1874.

WAS

DER FREUND DEM FREUNDE SCHRIEB

WIDMEN BEIDE

IHREM HOCHVEREHRTEN

CARL LUDWIG

ZUR FEIER DES 25 JÄHRIGEN LEHRAMTS

DEN 15. OCTOBER 1874

VORWORT.

Die nachfolgenden Briefe, auf Anregung eines nahe befreundeten Naturforschers und unter dessen lebhafter kritischer
Theilnahme geschrieben, sollen in gedrängter und übersicht-
licher Form die Stellung auseinandersetzen, welche die Entwicklungsgeschichte bei den Grundfragen organischer Naturforschung zu behaupten hat. Dass diese Stellung eine hervorragende sein müsse, wird kaum mehr bestritten. Wiederholt
schon hat man es in neuerer Zeit unternommen, bei Begründung der Descendenzlehre entwicklungsgeschichtliches Material
weiteren Kreisen vorzulegen. Jedoch ist dies nicht durchweg
mit der nöthigen Sachkenntniss geschehen, und so darf wohl
die Stimme eines Forschers, der der Entwicklungsgeschichte
seit Jahren seine verfügbaren Kräfte gewidmet hat, trotz
der Unvollkommenheit des Dargebotenen einen Anspruch auf
Beachtung erheben. Es sind die „Briefe" für einen weiteren
Kreis, als denjenigen reiner Fachleute bestimmt, sie sind an
naturwissenschaftlich gebildete Leser gerichtet, welche Ausdauer genug besitzen, um sachlichen Erörterungen sowohl, als
Gedankengängen zu folgen, die ihrem Wesen nach nicht zu

den leichtesten gehören. Einzelne zu weit ins anatomische
Detail abschweifende Abschnitte können von denjenigen, die
kein Interesse dafür haben, leicht überschlagen werden.

Besonders soll es mich freuen, wenn es den Briefen gelingen wird, ihre Freunde in der Generation heranwachsender
Forscher zu gewinnen. Dass die Schrift, anstatt mit einer
abgerundeten Weltanschauung, mit der Aufstellung neuer Ar-
beitsziele schliesst, werden mir diejenigen gerade nicht ver-
denken, die, noch unbefangenen Sinnes, ihre frischen Kräfte
der wissenschaftlichen Arbeit zu widmen entschlossen sind.

Dem Herrn Verleger meinen besten Dank für die Sorgfalt der Ausstattung.

Leipzig, im Januar 1875.

                                           Der Verfasser.

Inhaltsverzeichniss.

Verzeichniss der Abbildungen.

Hinsichtlich dieser und der zwei folgenden Figuren gilt dasselbe wie von Fig. 1, 2 u. s. w. Die Contouren sind nach der Natur, die körperliche Schraffirung nach dem Wachsmodelle ausgeführt.

Erster Brief.

Lieber Freund! Bei unserer jüngsten persönlichen Begegnung ist die Bedeutung der thierischen Körperform lebhaft zwischen uns besprochen worden, sowie auch die Rolle, welche der Entwicklungsgeschichte bei deren Erklärung zukommt. Darüber sind ja zur Zeit alle Naturforscher einig, dass die Entwicklungsgeschichte ein Grundstein unseres Verständnisses organischer Formen sei, nicht aber darüber, wie dieser Grundstein bearbeitet und wie er beim Aufbau einer wissenschaftlichen Biologie verwendet werden müsse. Sämmtliche Forscher, die in den Thatsachen der Entwicklungsgeschichte Höheres suchen, denn eine zeitliche Aufeinanderfolge mehr oder minder verschiedenartiger Bilder, verfolgen das Ziel, werdende und fertige Formen organischer Wesen in ihrer Zusammengehörigkeit zu verstehen. Aber wann ist überhaupt eine Form geistig verstanden?

Den Lehren der Descendenztheorie gemäss sieht dermalen eine grosse Zahl von morphologischen Schriftstellern eine organische Form als verstanden an, wenn sie dieselbe einer Reihe von ähnlichen Formen als ein, durch Uebergänge vermitteltes Glied eingereiht hat. Alsdann nämlich ist, der Lehre zufolge, die Blutverwandtschaft der Form mit den übrigen Gliedern der Reihe erwiesen, und vermöge der Gesetze der Erblichkeit und der Anpassung sofort auch erklärt. Der wissenschaftliche Schwerpunkt der Entwicklungsgeschichte wird in die Aufdeckung der Formähnlichkeiten verlegt, welche auf frühen Embryonalstufen selbst zwischen solchen Wesen bestehen, deren reife Gestalt der Vergleichung geringe Anhaltspunkte bietet. In dieser Hinsicht bietet die Entwicklungsgeschichte eine äusserst reiche Ausbeute, und ihre Ergebnisse werden ganz allgemein und unbedenklich als directe Beweisstücke für den genetischen Zusammenhang organischer Formen verwendet. Consequenterweise fällt damit der Entwicklungsgeschichte die Rolle zu, der Descendenzlehre als Dienerin das Material herbeizuschaffen, dessen diese zum speziellen Ausbau des Systems bedarf.

Alle Erfahrungen über Erblichkeit und über Anpassung können uns nun aber, meiner Ueberzeugung nach, der Nothwendigkeit nicht entheben, der Entwicklungsgeschichte ihre selbstständige Stellung und ihre selbstständigen Aufgaben zu vindiciren. Die Entwicklungsgeschichte ist ihrem Wesen nach eine physiologische Wissenschaft, sie hat den Aufbau jeder einzelnen Form aus dem Ei nach den verschiedenen Phasen nicht allein zu beschreiben, sondern derart abzuleiten, dass jede Entwicklungsstufe mit allen ihren Besonderheiten als nothwendige Folge der unmittelbar vorangegangenen erscheint. Als entfernteres Ziel steht vor ihr die Untersuchung der Bedingungen erblicher Uebertragung selbst. Hat erst die Entwicklungsgeschichte für eine gegebene Form die Aufgabe physiologischer Ableitung durchgreifend erfüllt, dann darf sie mit Recht von sich sagen, dass sie diese Form als Einzelform erklärt habe. Schon bei der physiologischen Erklärung einer einzelnen Form, noch mehr aber bei derjenigen ganzer Formenreihen können Gesichtspunkte allgemeiner Art nicht ausbleiben, Gesichtspunkte, von welchen sicherlich neues Licht über das Problem der organischen Form ausgehen wird. Sollte eine, auf solcher Grundlage sich erhebende Morphologie die Gedankenkreise nicht zu überschreiten haben, in welchen heutige Schulen sich bewegen?

Als wir diese und andere verwandte Fragen erörterten, da hast Du mir den Wunsch nach eingehenderer Begründung der Ansichten ausgesprochen, die ich mir, an der Hand meiner Erfahrungen über die Entwicklung einiger höherer Thiere, von den Aufgaben und Methoden, sowie von der Tragweite embryologischer Forschung gebildet habe. Ich habe Dir meine Bereitwilligkeit erklärt, neuerdings über diese Dinge mich

auszusprechen, allein das
eine musst Du mir ge-
statten, dass ich Dich
vorerst mit einer gewis-
sen Summe entwick-
lungsgeschichtlicher An-
schauungen vertraut
mache, als dem Boden,
von dem aus wir später
die Fragen allgemeine-
rer Natur in Angriff neh-
men können. Zwar be-
absichtige ich nicht, Dir
mehr Detail mitzutheilen,
als einen Naturforscher,
oder überhaupt einen
gebildeten Menschen in-
teressiren kann. Immer-
hin werden wir manche
in den Lehrbüchern we-
nig beachtete Verhält-
nisse mit einander zu
betrachten haben, die
für das Verständniss ent-
stehender Formen be-
deutungsvoll sind, ande-
res dafür weglassend,
worüber jedes Lehrbuch
genügende Belehrung
giebt.

Zum Beginn lege ich
Dir die Zeichnung eines
Hühnchens vor, so weit
in seiner Form entwickelt,
dass die Grundzüge der
späteren Körperglede-
rung daran eben erkenn-

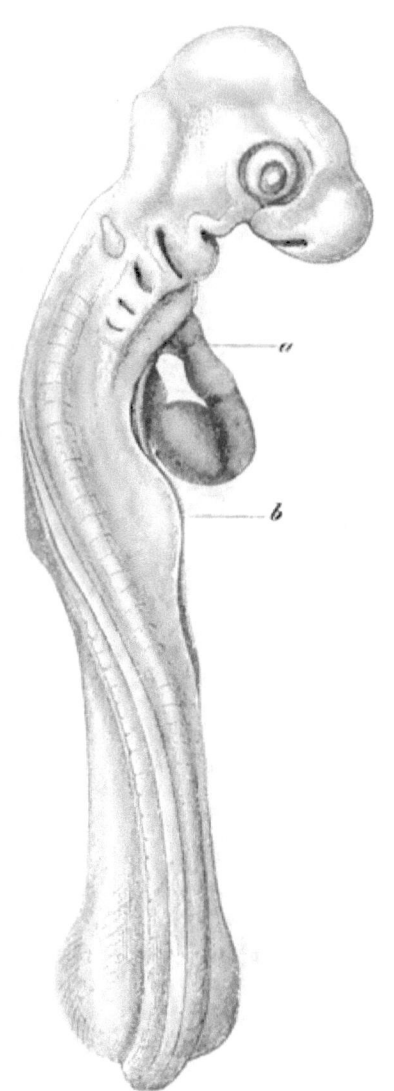

Fig. 1. Hühnchen vom vierten Tage der Bebrütung.
20mal vergrösserte Dorsalansicht.

bar sind.[1]) Den Kopf mit seinen grossen Augen, den Rumpf
mit seiner queren Gliederung, die Extremitätenstummel und

1*

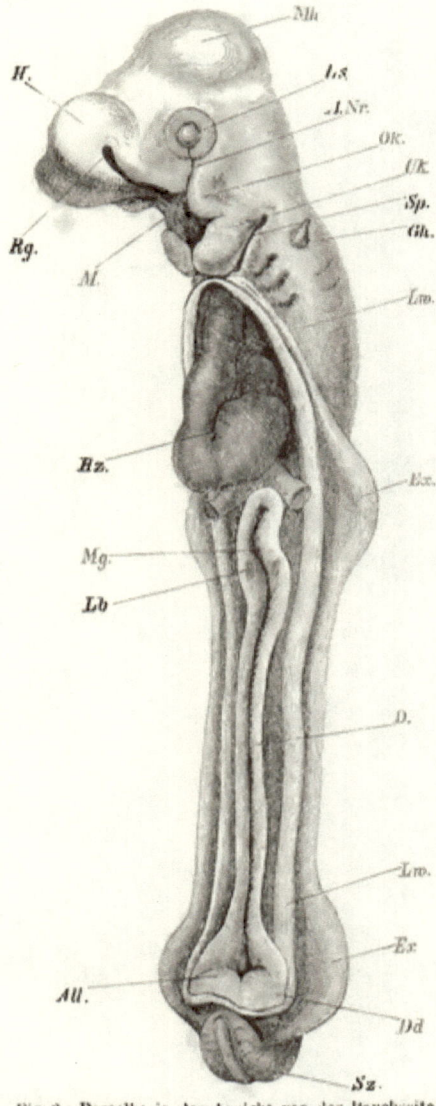

das Schwanzende des Körpers wird auch der Laie leicht unterscheiden.[1]) Von inneren Hauptorganen schimmert das Hirn durch die äussere Decke durch, während das Herz als doppelt gekrümmter Schlauch die Bauchfläche des Leibes frei überragt. Noch ist nämlich der Leib nicht geschlossen, eine schmale Spalte, der Leibesnabel genannt, beginnt hinter der Unterkiefergegend und zieht sich von da bis zwischen die hinteren Extremitätenstummel. Du kannst somit den Körper, in seiner vorliegenden Gestalt, als ein langgestrecktes Rohr auffassen, das beiderseits blind endigt und das an seiner Bauchseite aufgeschlitzt ist. Das Kopfende des Rohres ist verdickt und vorn übergebogen, seine Seitenwand mit den als Höcker hervortretenden Anlagen der vier Extremitäten besetzt. Der Schluss des Leibes erfolgt allmählig durch Aneinanderlegen und Verwachsen der Ränder der Nabelspalte. Der letzte Rest

Fig. 2. Dasselbe in der Ansicht von der Bauchseite.
Rg. Riechgrube.
Il. Hemisphäre.
Mh. Mittelhirn.
Ls. Linse.
Ok. Oberkieferfortsatz.
Uk. Unterkieferfortsatz.
M. Mundhöhle.
Gh. Gehörblase.
Sp. Schlundspalten.
Hz. Herz.
Ex. Extremitäten.
Mg. Magenanlage.
Lb. Leberanlage.
D. Darm.
All. Allantoisanlage.
Sz. Schwanz.
l.w. Umschlagsstelle der Leibeswand am Leibesnabel in das Amnion.
Dd. Umschlagsstelle des Darmdrüsenblattes.

einer Oeffnung erhält sich beim Vogel, wie beim Säugethier, bis zur Zeit der Geburt und dient bis zuletzt wichtigen Ernährungsgefässen als Pforte. So lange hängt auch die Leibeswand (anfangs unmittelbar, später durch Vermittelung des Nabelstranges) mit einer dünnen, den Körper umgebenden Hülle, dem Amnion zusammen.

In dem von der Leibeswand gebildeten Rohr liegt ein zweites, das, wie jenes, nach vorn und nach hinten hin blind endigt, in seinem Mittelstück aber durch eine Spalte zugänglich ist. Es ist dies der sog. Primitivdarm, der in erster Linie die Anlage des Verdauungsschlauches vom Pharynx bis zum After, nächstdem aber auch diejenige der Luftröhre nebst Kehlkopf, der Lungen, der Schilddrüse, der Leber und des Pankreas umfasst. Sein geschlossener vorderer Theil heisst der Vorderdarm, der hintere der Hinterdarm. Der mittlere Theil öffnet sich am Darmnabel gegen den Dotterraum, und seine Wand setzt sich fort in eine den Dotter umgebende Haut, den Dottersack, oder die Nabelblase. Der Umschlagsrand der Wand deckt von unten her ringsum den Zugang zur Leibeshöhle und die Ränder des Leibesnabels, wie Dir aus dem an der Stelle a durch den Embryo gelegten Querschnitte Fig. 3 wird ersichtlich werden.

Der beistehende Querschnitt giebt Dir gleich auch einen summarischen Ueberblick über die Gliederung des embryonalen Leibes. Zunächst unterscheidest Du an ihm zwei Platten, deren eine die äussere Leibeswand, die andere den Primitivdarm bildet, und von denen jede zu einem, nach abwärts offenen Rohr zusammengerollt ist. Längs der Mittellinie sind die beiden Platten unter einander verwachsen, seitlich davon durch eine Spalte, die Leibeshöhle getrennt. Die obere ist bedeutend mächtiger als die untere, und sie nimmt von der Mittellinie nach den Seiten hin rasch an Dicke ab. Aus ihr entwickeln sich das Centralnervensystem, die Sinnesorgane und die willkürlichen Muskeln, sie heisst, mit Rücksicht darauf, die animale Schicht. Die untere Platte, nur solche Organe bildend, welche dem directen Willenseinflusse entzogen sind, wird als vegetative Schicht, das aus ihr gebildete Rohr als vegetatives Rohr bezeichnet, welch letztere Bezeichnung synonym mit Primitivdarm gebraucht wird. So treffend im All-

gemeinen diese Bezeichnungen der beiden Schichten sind, so
bietet doch ihre Anwendung, wie Du sehen wirst, innerhalb
gewisser Gränzgebiete Schwierigkeiten, und lässt sich, wie alle
Schematisirungen, nicht bis auf das Aeusserste durchführen.

Das dickwandige, etwas plattgedrückte Rohr inmitten der
animalen Platte, Medullarrohr genannt, ist die Anlage des
Centralnervensystems. An seiner Bauchseite liegt die Chorda
dorsalis, ein cylindrischer Strang, um welchen herum sich

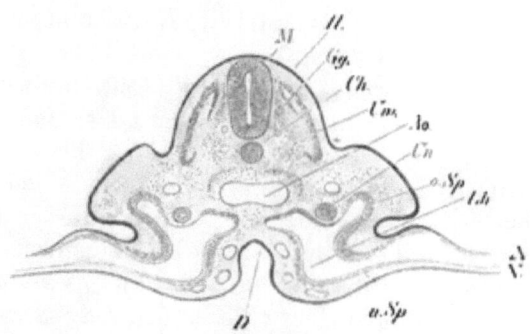

Fig. 3. Querschnitt durch obigen Embryo. 40mal vergrössert.
A. animale Schicht.
    H. Hornblatt.
    M. Medullarrohr.
    Ch. Chorda dorsalis.
    Uw. Aus den Urwirbeln stammende Muskelplatte.
    G. Ganglienanlagen.
    Ao. Aorta.
    Un. Urnierengang.
    O. Sp. Obere Seitenplatte.
V. Vegetative Schicht sich gliedernd im Darmdrüsenblatt.
        Gefässblatt und Muskelplatte.
    L. h. Leibeshöhle.
    D. Darmlume.
    † Gränze von Stammzone und Parietalzone.

später die Wirbelkörper bilden, darunter ein doppeltes Blut-
gefäss, die absteigende Aorta. Die Rückfläche des Medullarrohres, sowie die gesammte Aussenfläche der animalen Platte
ist von einer dünnen Schicht bekleidet, welche die Anlage
der Oberhaut und der von ihr abstammenden Horngebilde ist,
und das Hornblatt heisst. Sie setzt sich jenseits vom Leibesnabel in das Amnion fort.

Der Theil der animalen Platte, welcher seitwärts vom
Medullarrohr und von der Chorda liegt, gliedert sich auf
sehr kenntliche Weise in zwei ungleich starke Zonen. Die
innere behält auch in der Folge ihre Lage neben den Axial-

gebilden des Körpers, und kann als Stammzone bezeichnet werden, aus der andern bilden sich die seitliche und die vordere Leibeswand, sie heisst daher Wand- oder Parietalzone. In beiden Zonen liegt unter dem Hornblatt eine radiärstreifige Schicht, die Anlage quergestreifter oder animaler Musculatur. Den Stammtheil der animalen Muskelschicht nennen wir mit Remak die Rückentafel, den Parietaltheil die obere Seitenplatte. Auf unserer vorliegenden Entwicklungsstufe sind die Muskelanlagen überlagert und theilweise bereits untermengt mit Gewebsanlagen für Bindegewebe und Gefässe.

Auch die vegetative Platte zeigt eine Gliederung in Schichten. Die unterste, dem Dotter aufliegende Schicht liefert nur Epithelien und drüsige, aus ihnen hervorgehende Parenchyme. Sie heisst das Darmdrüsenblatt. Die der Leibeshöhle zugewendete obere Schicht liefert vegetative Muskeln (vegetative Muskelplatte), zwischen ihr und dem Darmdrüsenblatt liegt eine mittlere Gefäss- und Bindegewebsschicht (das Gefässblatt). Du bemerkst die Symmetrie in der Schichtengliederung beider Röhrenwandungen, die animale gliedert sich in Epithelialplatte, Bindesubstanz- und Muskelplatte, die vegetative in Muskelplatte, Bindesubstanz- und Epithelialplatte. Die beiden Epithelialschichten bilden den äussern und den innern Abschluss, und können mit Rücksicht hierauf als Gränzblätter zusammengefasst werden, die beiden Muskelplatten aber begränzen die Leibeshöhle und wenden ihre freien Flächen einander zu.

Endlich ist noch auf die Leiste aufmerksam zu machen, welche jederseits auf der Gränze der Stammzone gegen die Leibeshöhle vorspringt, die Urnierenleiste, und welche die Anlage der sog. Urnieren und der Sexualorgane enthält.

Schnitte, die in anderen Höhen durch den Körper gelegt werden, ergeben im Allgemeinen übereinstimmende Gliederung, wenn auch im Einzelnen manche Abweichungen von der oben beschriebenen Form vorhanden sind. Zur Vergleichung lege ich Dir einen Schnitt bei, der in der Herzgegend durch den Körper geführt worden ist. Die wichtigsten Unterschiede sind Geschlossensein des vegetativen Rohres; Trennung seiner Lichtung in eine vordere Abtheilung, die Luftröhren-, und in eine hintere, die Speiseröhrenanlage; Vorhandensein des Herzens, das hier noch durch ein dünnes Gekröse mit der Muskelwand des vegetativen Rohres zusammenhängt; Fehlen der Urwirbelleiste und starke Abplattung der Stammzone.

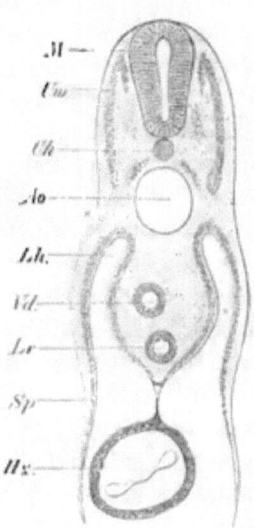

Fig. 4. Querschnitt durch den Embryo bei b. 40mal vergrössert. Die Buchstabenbezeichnungen sind dieselben wie bei Fig. 3.
Vd. Vorderdarm.
Lr. Luftröhre.
Hz. Herz.

Noch grössere Abweichungen würden die durch den Kopf gelegten Schnitte ergeben. Da es mir indess daran liegt, Dir vorerst in grossen Zügen die Geschichte des ersten Körperaufbaues zu entwerfen, verspare ich alle weitern Einzelbetrachtungen unseres Embryo auf später, und gehe zu einer etwas frühern Entwicklungsstufe über, wie sie Dir Fig. 5 in der dorsalen, Fig. 6 in der ventralen Ansicht darstellt. Auch bei dieser wirst Du den Kopf und den vordern Rumpfabschnitt leicht verstehen, wenn auch diese Theile in ihren absoluten und in ihren relativen Dimensionen verschiedentlich von der vorhin betrachteten Form abweichen. Fremdartigere Verhältnisse bietet der hintere, etwa zwei Drittheile der Länge umfassende Abschnitt des Körpers. Noch unvollkommen von der Umgebung abgegliedert, erscheint er als flache, dorsalwärts vortretende Erhebung, und wird seitlich sowohl, als auch rückwärts von einer seichten Furche umgränzt. Ein Blick auf den Durchschnitt Fig. 7 ergänzt das, was wir aus dem Flächenbilde erfahren. Es verhält sich nämlich dieser Schnitt zu dem von Fig. 3, als ob man jenen an seinen Rändern gefasst und auseinander gezogen hätte: animale und vegetative Platte sind abgeflacht und breiter, die freie Oberfläche der ersteren ist ganz und gar dorsalwärts gerichtet. Analog der seitlichen verhält sich die hintere Leibesgränze, auch da ist hinter einander flach ausgebreitet, was auf späterer Stufe, in starkem Sförmigen Bogen zusammengedrängt ist.

Die Modellirung der Rückenfläche entspricht der innern Gliederung der animalen Platte. Eine mittlere Leiste, die

Medullarleiste, bezeichnet das Medullarrohr. Noch innerhalb der Stammzone liegen neben ihr die zwei Urwirbelleisten, durch ihre queren Einschnitte auffallend. Dann folgt, durch eine Rinne getrennt, jene der Parietalzone zugehörige Er-

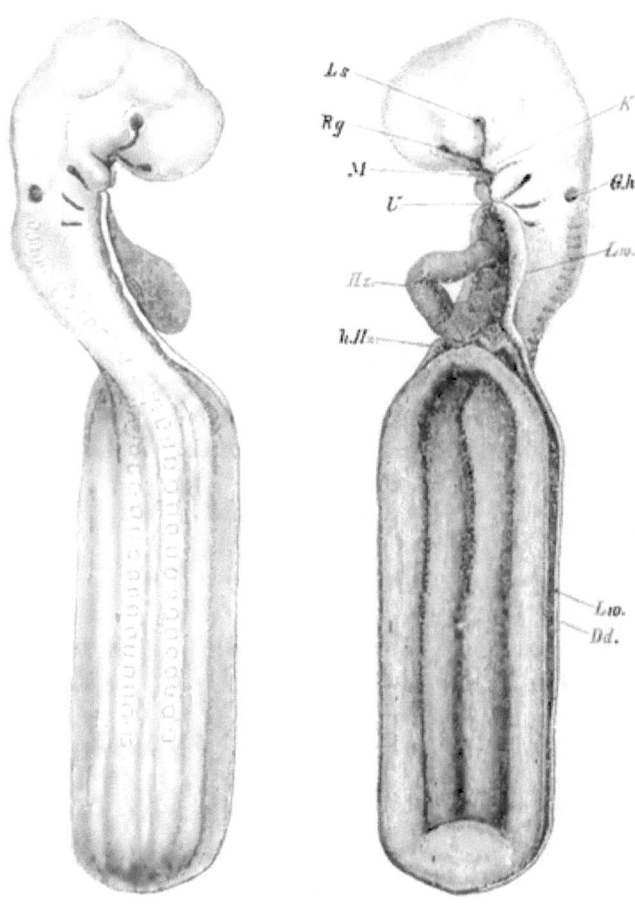

Fig. 5. Hühnchen vom dritten Tage der Bebrütung. 20mal vergrösserte Dorsalansicht.

Fig. 6. Dasselbe in der Ventralansicht.
R. Riechgrube.
Ls. Linsengrube.
Gh. Gehörgrube.
M. Mundhöhle.
O. Oberkieferfortsatz.
U. Unterkieferfortsatz.
Hz. Herz.
h. Hz. Hinterer Herzschenkel.
Lw. Umschlagstelle der Leibes-
　　wand in das Amnion.
Dd. Darmdrüsenblatt.

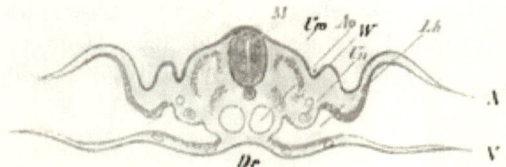

Fig. 7. Querschnitt durch obigen Embryo in der Gegend a. (vmal)
vergrössert. Bedeutung der Buchstaben wie bei Fig. 3.

hebung, die, wie wir oben sahen, mit fortschreitender Entwicklung sich umlegt und dann eine Art seitlicher Kante der
Leibeswand darstellt. Auf diese Kante hatte schon im vorigen
Jahrhundert C. Fr. Wolff aufmerksam gemacht und sie mit
der Extremitätenbildung in Beziehung gebracht, wir können
sie daher als Wolff'sche Leiste bezeichnen.

Die Extremitäten sind an unserm Embryo nur leicht,
aber immerhin deutlich angelegt. Als Ort der vordern Extremitäten erkennst Du die Kreuzungsstelle zwischen der Wolff-
schen Leiste und einer, vom Vordertheile des Rumpfes her-
kommenden schrägen Falte. Die Anlagen der hinteren Extremitäten sind da, wo die Wolffsche Leiste mit einer am
hintern Leibesende befindlichen Querfalte sich schneidet. Auf
die merkwürdige Seitwärtslegung von Kopf- und vorderem
Rumpftheil, sowie auf die verschiedenen Biegungen der Körperaxe mache ich Dich nur im Vorbeigehen aufmerksam;
diese Dinge werden uns später nochmals beschäftigen.

Sowie die äussere Leibeswand dermalen nur in ihrem
vordern Abschnitt den Charakter eines Rohres trägt, in ihrem
hintern aber den einer dotterwärts breit geöffneten Rinne, so
auch der Primitivdarm. Der Vorderdarm ist (Fig. 8) ein bis
hinter das Herz vollständig umwandetes Rohr, sein Schluss
reicht somit bedeutend weiter nach rückwärts, als der des
äussern Leibes. Mittel- und Hinterdarm dagegen sind erst als
eine flache, breite Rinne angelegt, in der drei Partialrinnen
unterscheidbar sind: eine mittlere, die eigentliche Anlage vom
Magen und Darm, und zwei seitliche, deren oberer Abschnitt
bei Bildung der Leber betheiligt ist.

Wir begleiten den Embryo zu noch früheren Stufen, deren
zwei in den Figuren 9 und 10 wiedergegeben sind. Da die

beiden Stufen nur gradweise von einander unterschieden sind, können sie leicht auf einander bezogen und gemeinsam betrachtet werden. Die eine, Fig. 9, mag die Brücke zu den vorgerückteren, die andere, Fig. 10, die zu den unentwickelteren Formen bilden. Ein Zeitraum von wenigen Stunden trennt die Form Fig. 9 von derjenigen der Fig. 5, und doch ist, wie Du siehst, der Sprung ein ziemlich bedeutender. Der Körper liegt gestreckt und lässt sich (wenn wir vom Herzen absehen) durch eine Ebene in zwei symmetrische Hälften theilen. Der Kopf entbehrt einer stärkeren Axenknickung und ist, wie der gesammte Vorderkörper, erheblich breiter und niedriger als später. Mittel- und Hinterkörper sind noch flacher, als auf der Stufe Figur 5, allein auch der Vorderkörper erscheint nunmehr nur als breite, faltenartige Emporwölbung einer, im Uebrigen flach über den Dotter sich ausbreitenden Scheibe, der Keimscheibe. Nur das Kopfende des Körpers tritt selbstständiger hervor, und überragt als freier Fortsatz eine von der Keimhaut vor dem Embryo gebildete Grube. Seine dem Grubengrunde zugewendete Fläche entspricht der späteren Gesichtsfläche des Kopfes. Einzig dies vorderste Ende des Körpers hat sonach den Charakter eines Rohres, was dahinter liegt, denjenigen einer flachen Rinne.

Das Medullarrohr ist, wie Dir auch Fig. 11 zeigt, bereits vorhanden, sein vorderer breiter und durch Einschnitte gegliederter Theil ist Anlage des Gehirns und der sog. Augenblasen,

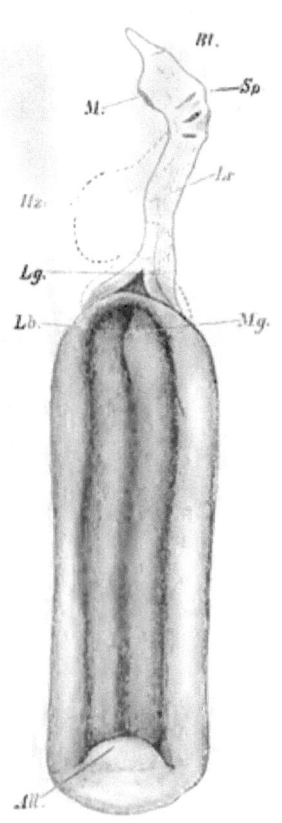

Fig 9. Primitivdarm des obigen Embryo. 20mal vergrössert. Die punktirte Linie zeigt die Lage des Herzens.
Bl. Blindes mit dem Hirn verbundenen Ende des Vorderdarms (sog. Rathke'sche Tasche).
M. Berührungsstelle des Vorderdarms mit dem Grund der Mundhöhle.
Sp. Schlund-palten.
Hz. Herz.
Lr. Luftröhrenanlage.
Lg. Lungenanlage.
Lb. Ort der Lebernanlage.
Mg. Ort der Magenanlage.
All. Ort der Allantoisanlage.

der Rest die Anlage des Rückenmarks. Daneben liegt jederseits eine Reihe viereckiger Tafeln, der Urwirbel, deren Zahl,

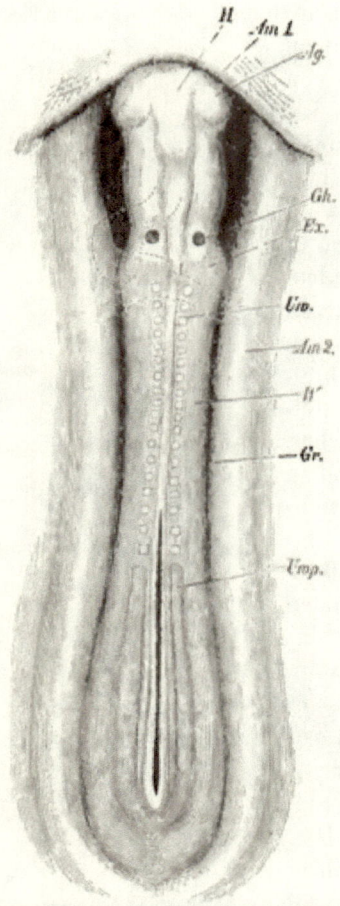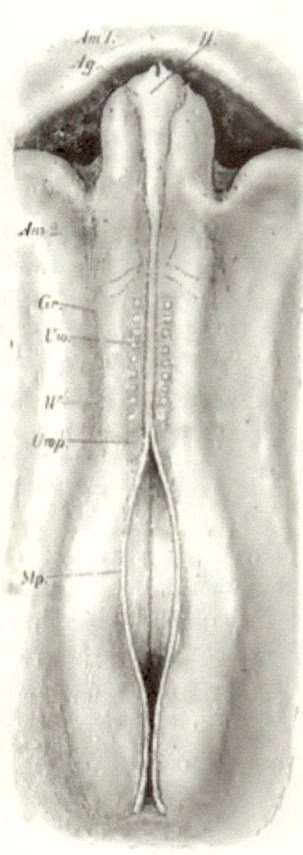

Fig. 9. Hühnchen zwischen dem zweiten und dritten Bebrütungstag. 20mal vergrösserte Dorsalansicht.
H. Hirn, in Vorderhirn, Mittelhirn und Hinterhirn sich gliedernd.
Ag. Augenblase.
Gh. Gehörblase.
Ex. Formanlage der vordern Extremitäten.
W. Wolffsche Leiste.
s. Gr. Seitliche Gränzrinne.
Uw. Urwirbel.
Uwp. Urwirbelplatte.
Am. 1. Vordere Amnionfalte.
  ,, 2. Seitliche   ,,
G. Grube unter dem freien Kopfende.
Die punktirte Linie bezeichnet den Ort des Herzens.

Fig. 10. Hühnchen vom zweiten Bebrütungstag. 20mal vergrösserte Dorsalansicht.
Bezeichnungen wie bei Fig. 9.
Mp. Offener Theil des Medullarrohres, Medullarplatte.
(Der Ort des Herzens ist durch punktirte Linien angegeben, das Herz ist noch gestreckt.)

wie die Vergleichung verschiedener Entwicklungsstufen ergiebt, während mehrerer Tage zunimmt. Nur sehr wenige Urwirbel entstehen vor den zuerst angelegten, die übrigen neu hinzukommenden treten hinter den bereits vorhandenen auf. Die Urwirbel liegen unter dem Hornblatt, über dem Darmdrüsenblatt, seitlich von dem Medullarrohr und von der Chorda dorsalis. Sie sind nicht die unmittelbaren Vorläufer der bleibenden Wirbel, nur insoweit stehen sie mit diesen in Beziehung, als die spätere Gliederung der Wirbelsäule von ihrer Gliederung bestimmt wird. Der Ort eines Wirbels nämlich entspricht dem Zwischenraume zwischen zwei Urwirbeln.

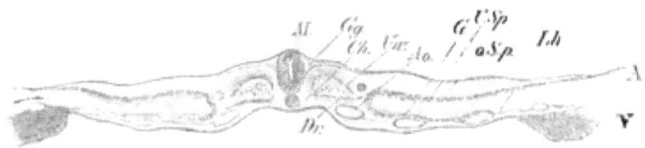

Fig. 11. Querschnitt durch den Embryo Fig. 9. 40mal vergrössert. Buchstabenbezeichnung wie bei Fig. 3.

Die Beziehung zwischen Urwirbeln und Wirbeln giebt ein Mittel an die Hand, schon frühzeitig zu erkennen, wo die Gränze zwischen Kopf und Rumpf liegt. Der vorderste Urwirbel bezeichnet eben diese Gränze, und eine Controlle dafür liefert die sog. Gehörblase. Es ist dies ein, auf unserer Stufe noch als offene Grube angelegtes Organ (Gh. Fig. 9), das sich später zu einer geschlossenen Blase umbildet. Dies Organ ist die Anlage des Gehörlabyrinthes und als solches jedenfalls dem Kopf angehörig, seine Lage hat es jederseits in geringer Entfernung vor dem vordersten Urwirbel.

Mit Hülfe der angegebenen Kriterien erfahren wir, dass der freie vordere Körperfortsatz die vordere Hälfte des Kopfes ist, die hintere Hälfte besitzt noch die Gestalt einer offenen Rinne. Die beiden Abtheilungen sollen in Zukunft als Vorderkopf und als Hinterkopf unterschieden werden. Im Bereiche des Hinterkopfes liegt das Herz, das mit seinem hintersten Ende eben noch die Gegend der ersten Urwirbel erreicht. Noch bestimmtere Aufschlüsse über die Gliederung des Kopfes giebt Dir ein in der Mittelebene geführter Längsschnitt Fig. 12.

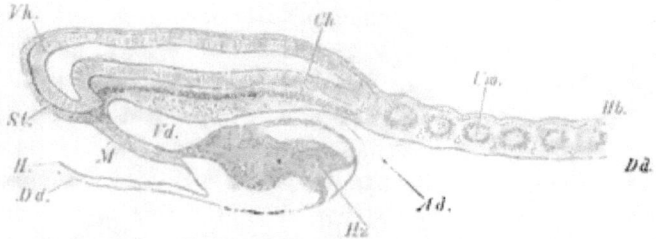

Fig. 12. Längsschnitt durch einen Embryo vom zweiten Bebrütungstage. 40mal
vergrössert.
Vh. Vorderhirn.
Vd. Vorderdarm.
Ad. Zugang zum Vorderdarm.
Hz. Herz.
Ch. Chorda dorsalis.
Uw. Urwirbel.
St. Stirnwulst.
M. Mundbucht.
Dd. Darmdrüsenblatt.
Hb. Hornblatt.

Du sichst nämlich daran, dass das vordere Ende des Vorderdarms das äusserste Kopfende nicht erreicht, sondern vorher
schon blind endigt. Sein Ende ist mit der untern Fläche des
Medullarrohres und mit dem vordern Ende der Chorda dorsalis
verwachsen, und der Vorderkopf zerfällt demnach in zwei Abschnitte, den Stirntheil und den Gesichtstheil. Der Stirntheil wird vom vordersten Gehirnabschnitte und von seinen Hüllen
gebildet, der Gesichtstheil umschliesst unterhalb des Gehirnes
die Chorda dorsalis und das blinde Ende des Vorderdarms.
Auf der Gränze vom Stirntheil und vom Gesichtstheil liegt
die Anlage des Auges, die Augenblase, in der Flächenansicht als ein seitlich aus dem Gehirn hervortretender Fortsatz,
erkennbar. Im Gesichtstheile ruht, wie Du an der Fig. 12 bemerken wirst, die untere Wand des Vorderdarms, eine Strecke
weit unmittelbar auf dem Hornblatt auf. An der Berührungsstelle beider bildet sich später ein Durchbruch, welcher den
Blindsack des Vorderdarms, den spätern Pharynx mit der
von aussen daran sich anlegenden Mundhöhle in Verbindung
setzt.

Auf eine neue Eigenthümlichkeit stossen wir beim Embryo
von Fig. 10. Das Medullarrohr nämlich ist nur im Kopf- und
im vordern Rumpftheile geschlossen, dahinter öffnet es sich
mit weit auseinander klaffenden Rändern, eine zweite klei-
nere Oeffnung zeigt auch das allervorderste Ende. Um Dich

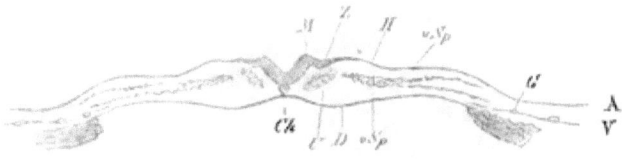

Fig. 13. Querschnitt durch den Embryo Fig. 10 bei a. 40mal vergrössert
Dorsalansicht.
M. Medullarplatte.
Z. Zwischenrinne.
H. Hornblatt.
U. Urwirbelplatte.
S. Seitenplatte.
D. Darmdrüsenblatt.
Ch. Chorda dorsalis.

zu orientiren, lege ich Dir einen Querschnitt durch diesen Embryo bei, der denselben in a trifft. Du erkennst hier das Medullarrohr als eine gebogene Platte, deren Ränder sich durch Vermittlung eines kleinen, rinnenförmig eingebogenen Zwischenstückes in das Hornblatt fortsetzen. Medullarplatte, Zwischenstück und Hornblatt sind somit zusammenhängende Bestandtheile einer und derselben Schicht, des oberen Gränzblattes. Die Medullarplatte legt sich in der Folge zum Rohre zusammen und ihre Seitenränder gelangen zur Vereinigung. Gleichzeitig verbinden sich die inneren Ränder des Hornblattes, während das Zwischenstück als dreikantiges Einschiebsel in den Winkel zwischen Hornblatt und Medullarrohr zu liegen kommt. Aus dem Zwischenstück gehen die Anlagen der Ganglien hervor; der Boden des Medullarrohres ist mit der Chorda, und diese wiederum mit dem Darmdrüsenblatt verwachsen.

Denke Dir das Medullarrohr seiner ganzen Länge nach aufgerissen und zugleich den frei vortretenden Vorderkopf verkürzt, so erhältst Du ein Gebilde, das im Wesentlichen der Entwicklungsstufe von Fig. 14 entspricht und bei seiner noch weiterer Flachstreckung der Stufe Fig. 15. Schon bei Fig. 14 kannst Du kein bestimmt abgegliedertes Organ mehr erkennen. Die Medullarplatte hebt sich zwar deutlich vom übrigen Gränzblatt ab, aber noch ist sie an keiner Stelle von ihm geschieden, ein Herz ist nicht vorhanden, von Urwirbeln zeigen sich nur die ersten Spuren. Die dotterwärts offene Rinne der äusseren Leibeswand zeichnet sich aus durch ihre Breite

und durch ihre geringe Tiefe. Dasselbe gilt vom Primitivdarm. Beide Rinnen laufen nach vorn in einen kurzen breiten
Blindsack aus. Bei Fig. 15 fehlt endlich auch dieser, an seiner
Stelle liegt eine, im Bogen verlaufende Querfalte, an welcher
beide Schichten der Embryonalanlage betheiligt sind. Zwischen
dem vordern Ende der Stufen 14 und 15 besteht somit der-

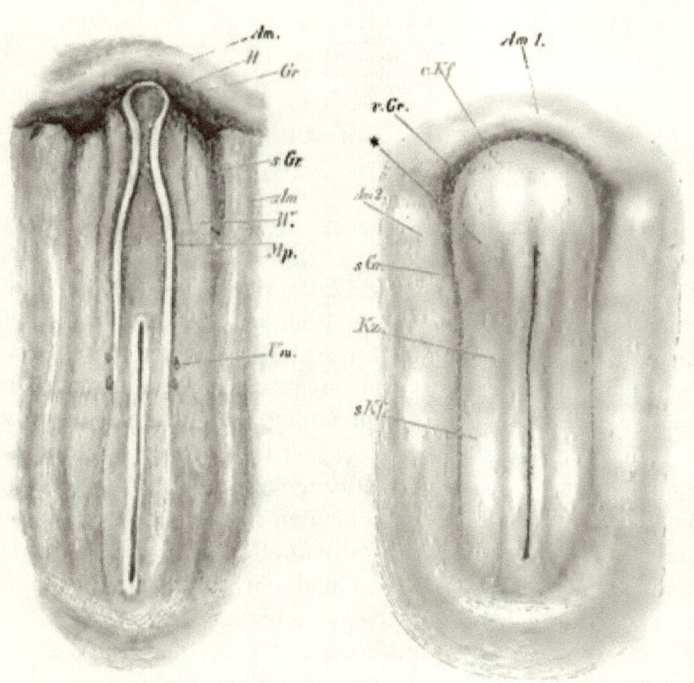

Fig. 14. Hühnerembryo vom Ende des
ersten Bebrütungstages. 20mal vergrössert. Dorsalansicht.
Bezeichnung wie bei Fig. 9.

Fig. 15. Embryonalanlage aus einem etwa
18 Stunden bebrüteten Hühnerei. Dorsalansicht.

selbe Formunterschied, wie zwischen den hintern Enden oder
den hintern Seitenrändern von Fig. 1 und 5. Was bei Fig. 14
Sförmig zusammengedrängt ist, liegt bei Fig. 15 hintereinander
und es sieht die Gesichtsfläche der Vorderkopfanlage nunmehr
gleichfalls dorsalwärts. Der embryonale Körper charakterisirt
sich jetzt, äusserlich betrachtet, nur durch ein System sich
kreuzender Falten und wird von einem gleichfalls sich kreu-
zenden System von Rinnen umgeben. Eine vordere, bogen-

förmig vorgetriebene Querfalte bezeichnet das vordere Kopfende, und wird durch eine davor liegende Rinne abgegränzt.
Zwei seitliche, auch wiederum an Rinnen anstossende Falten
bezeichnen die Seitentheile des Leibes, während das hintere
Leibesende noch wenig bestimmt sich hervorhebt. Im Bereiche der Körperanlage scheidet eine mediane, im Kopftheil
seichte, im Rumpftheil tiefe Längsfurche die rechte von der
linken Hälfte. Zwei schwächere Furchen deuten auf die Abgränzung der Medullarplatte, eine breite Querfurche auf die
von Kopf und Rumpf. Glätte auch diese letzten Falten und
Furchen noch aus, so erhältst Du eine ebene Scheibe und als
solche erscheint in der That der Keim des Vogeleies vor, und
in den allerersten Stunden nach Beginn der Bebrütung.

Zweiter Brief.

Princip der organbildenden Keimbezirke, dorsale und ventrale Flächen der
Embryonalanlage und deren Sonderung; vorderes und hinteres Körperende;
allgemeine Topographie der Keimbezirke.

Lieber Freund! Im vorigen Briefe habe ich versucht, in
rückläufiger Reihenfolge Dir vom Hühnerembryo die Grundzüge
des Körperaufbaues verständlich zu machen. Würde Dir auf-
gegeben, den reifen Vogel- oder den in übereinstimmender
Weise entstehenden Säugethierkörper durch eine Reihe von
Operationen wieder auf seine elementare Form zurückzuführen,
so würdest Du damit beginnen müssen, die Hals-, Brust- und
Bauchwand durch einen medianen Schnitt vom Kinn bis zum
Damm aufzuschlitzen, dann würdest Du die Leibeswand der
Quere nach auseinander ziehen, und mehr und mehr flach
ausbreiten. Vom Rücken her würdest Du in der Folge das
Gehirn und das Rückenmark einschneiden, und so die Möglichkeit gewinnen, diese Theile in dieselbe Fläche aufzuklappen, in
welche Du die Leibeswand ausgebreitet hast. Der Vorderkopf
würde als ein Blindsack verbleiben, den Du durch Zug in der
Längsrichtung und durch Flachstreichen zu beseitigen hättest,
und auch das hintere Leibesende würde ein Auseinander-
ziehen in longitudinalem Sinn erfordern. — Aehnliche Operationen wie mit der Leibeswand, d. h. Aufschlitzen, flaches
Ausbreiten der geöffneten Wand und schliessliches Ausgleichen
zweier Endtaschen, hättest Du gleichzeitig mit dem Ver-
dauungschlanche vorzunehmen, und als Endergebniss von allem
dem würdest Du zwei Platten übrig behalten, welche längs
einer, als Axe zu bezeichnenden Linie zusammenhängen würden.

Diese sämmtlichen Operationen wirst Du selbstverständlich nur in Gedanken ausführen können, denn deren wirkliche

Ausführung setzt eine Weichheit und Dehnbarkeit, sowie eine innere Gleichartigkeit der Körpergewebe voraus, welche factisch nicht vorhanden ist. Hast Du indess in Gedanken die Flachlegung des Körpers versucht, so wird Dir klar geworden sein, dass einestheils jeder Punkt im Embryonalbezirke der Keimscheibe einem späteren Organ oder Organtheil entsprechen muss, und dass anderntheils jedes aus der Keimscheibe hervorgehende Organ in irgend einem, räumlich bestimmbaren Bezirk der flachen Scheibe seine vorgebildete Anlage hat. Wenn wir die Anlage eines Theiles in einer bestimmten Periode entstehen lassen, so ist dies genauer zu präcisiren: Das Material zur Anlage ist schon in der ebenen Keimscheibe vorhanden, aber morphologisch nicht abgegliedert, und somit als solches nicht ohne Weiteres erkennbar. Auf dem Wege rückläufiger Verfolgung werden wir dahin kommen, auch in der Periode unvollkommener oder mangelnder morphologischer Gliederung den Ort jeder Anlage räumlich zu bestimmen, ja wenn wir consequent sein wollen, haben wir diese Bestimmung auch auf das eben befruchtete, und selbst auf das unbefruchtete Ei auszudehnen. Das Princip, wonach die Keimscheibe die Organanlagen in flacher Ausbreitung vorgebildet enthält, und umgekehrt, ein jeder Keimscheibenpunkt in einem spätern Organ sich wiederfindet, nenne ich das Princip der organbildenden Keimbezirke.

Die Entwicklung des Körpers zeigt einestheils eine zunehmende Abgliederung der primären Anlagen, anderntheils gegenseitige Lageverschiebungen und fortgesetztes Wachsthum derselben. Alle in der Keimscheibe vorhandenen Anlagen wachsen, aber ihr Wachsthum geschieht nicht den ursprünglichen Grössenverhältnissen gemäss: die einen wachsen rascher, andere langsamer, die einen hören früher, andere später zu wachsen auf, und indem so eine jede ihrem besondern Gesetze gemäss wächst, werden die spätern Organe nicht allein in Betreff ihrer gegenseitigen Lagerung von den primären differiren, sondern auch in Betreff ihrer relativen Massen und Maasse. Wir bezeichnen dies wichtige Princip als das des ungleichen Wachsthums und werden später einlässlich auf dasselbe zurückzukommen haben.

Für die animalen Anlagen der Keimscheibe stellt sich nach

dem, was wir im ersten Briefe gesehen haben, die allgemeine
Topographie also: Was im Körper rechts liegen soll, liegt auch
in der Keimscheibe rechts und umgekehrt, dagegen fehlt noch
der Gegensatz einer ventral- und einer dorsalwärts gerichteten
Fläche. Von den in der Folge ventralwärts sehenden Theilen
liegen einige vor, andere seitlich und wieder andere hinter
den Anlagen der dorsalen Körpertheile und sie richten sämmtlich
ihre freien Flächen nach aufwärts. Der Weg, auf welchem die
ventralen Anlagen in die ihnen zukommende Lage übergeführt
werden, ist ein sehr einfacher. Es erheben sich auf der
Gränze zwischen ihnen und den dorsalen Anlagen vier Falten,
die Keimfalten, wie wir sie nennen wollen: eine vordere, zwei
seitliche und eine hintere. Nachdem die Falten eine gewisse
Ausbildung erreicht haben, legen sich ihre Firsten um, und es
kommt nun der eine, dorsale Faltenschenkel über den andern
ventralen zu liegen (Figur 16). Dieser hinwiederum liegt

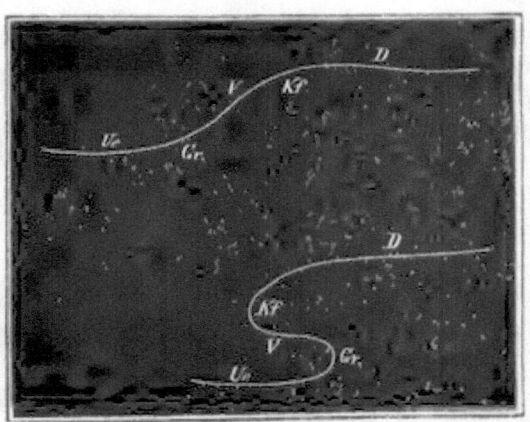

Fig. 16.   Kf. Keimfaltenfirst.
           D. Dorsaler Schenkel.
           V. Ventraler   „
           Gr. Gränzrinne.
           Ue. Uebergangsstück.

über einem dritten Schenkel, von dem er durch eine rinnen-
förmige Biegung die Gränzrinne, abgesetzt ist. Die früher
flach ausgebreiteten Theile sind somit jetzt Sförmig zusammen-
gebogen. Die gegen die Oberfläche convexe Keimfaltenfirst und
die concave Gränzrinne sind die beiden Biegungen des S. Seine
drei Schenkel sind der dorsale, der ventrale und das Ueber-

gangsstück. Uebergangsstück können wir nämlich den tiefstliegenden Schenkel nennen, weil er der Uebergang zu dem ausserembryonalen Abschnitt der Keimhaut bildet. Vorläufig magst Du die Rinne als Gränze embryonaler und ausserembryonaler Strecken ansehen, und die Modificationen, welche diese Regel stellenweise erleidet, unbeachtet lassen.

Die ventralen Schenkel der beiden seitlichen Keimfalten treffen mit der Zeit in der Mittellinie zusammen und verwachsen in einer langgestreckten Nath. Der ventrale Schenkel der vordern und derjenige der hintern Keimfalte wachsen sich nicht entgegen, sie bleiben dauernd durch einen weiten Abstand von einander getrennt. Die vordere Gränzrinne entspricht dem spätern Boden der Mundhöhle, in die hintere Gränzrinne fällt der Ort für die Schwanzspitze.

Von den vier Keimfalten legt sich die vordere zuerst um, dann die beiden seitlichen und bei diesen schreitet die Umlegung von vorn nach rückwärts fort. Zuletzt geschieht die Umlegung der hinteren Falte. Diese Reihenfolge der Faltenumlegungen ist von Bedeutung einestheils für die Conformation des Gesichts, anderntheils für diejenige des hintern Leibesendes. Um dies klar zu machen, muss ich Dir erst die früheste embryonale Conformation dieser Theile beschreiben.

Das Gesicht eines Embryo von der in Fig. 9 abgebildeten Stufe ist ausserordentlich einfach gestaltet. Es umfasst nämlich die ventrale Fläche des freien Kopfendes, und zeigt in seiner Mitte eine seichte viereckige Grube, die Mundbucht. Vor der Mundbucht liegt der Stirnwulst, durch das convex nach abwärts hervor-

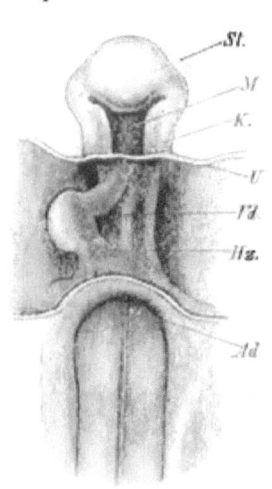

Fig. 17. Gesicht des Embryo von Fig. 9. 20mal vergrössert.
St. Stirnwulst.
M. Mundbucht.
K. Kieferleisten.
U. Umschlagsrand des animalen Blattes.
Vd. Vorderdarm.
Ad. Zugang zu obigem.
Hz. Herz.

tretende Vorderhirn erzeugt, neben ihr befinden sich die zwei longitudinal gerichteten Kieferleisten, und hinter ihr erfolgt der Umschlag der Gesichtswand in den unter dem

Gesicht liegenden ausserembryonalen Theil des animalen Blattes. Die Gränzrinne bildet somit den hintersten Abschnitt der Mundbucht und ihre Wand wird zu den Anlagen für die Gebilde am Boden der Mundhöhle und für das Mittelstück des Unterkiefers. Hinter der schmalen, durch die Umschlagsstelle gebildeten Brücke siehst Du an der beistehenden Figur das, dem Hinterkopf angehörige, noch breite vordere Ende des Leibesnabels und das zwischen seinen Rändern hervortretende Herz.

Ein Querschnitt durch den Gesichtstheil des Kopfes (Fig. 18) zeigt neben der Mundbucht wiederum die beiden Kieferleisten, darüber die niedrige Lichtung des Vorderdarms, dann die Chorda dorsalis und das Gehirnrohr. Die übrigen in der Figur weiss ausgesparten Stellen sind Durchschnitte der Blutgefässe, der auf- und der absteigenden Aorten und der Gehirnvenen. Ein Vergleich dieses Durchschnittes mit dem von Fig. 14 zeigt deutlich, dass die Kieferleisten den Strecken der Leibeswand entsprechen, die dort unter der Wolff'schen Leiste

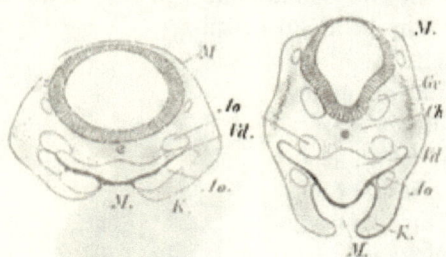

Fig. 18. Querschnitt durch den Kopf von Fig. 17. 40mal vergrössert.
M. Mundbucht.
K. Kieferleiste.
Vd. Vorderdarm.
Ch. Chorda dorsalis.
H. Gehirnrohr (Mittelhirn).
Ao. aufsteigende und absteigende Aorta.
Gv. Gehirnvenen.

Fig. 19. Querschnitt durch den Gesichtstheil d. Kopfes von Fig. 8. 40mal vergrössert. Bezeichnungen wie bei Fig. 18.

liegen, d. h. den ventralen Schenkeln der seitlichen Keimfalte. Immer mehr bilden sich in der Folge die Kieferleisten aus, die Mundbucht wird zu einer Höhle vertieft, der noch gemeinsamen Mund- und Nasenhöhle, oder primitiven Mundhöhle, wie man sie zur Unterscheidung von der definitiven nennen kann.

Die beiden Kieferleisten rücken sich in der Mittellinie entgegen und verwachsen mit einander, theils direct, theils durch Vermittlung eines vom Stirnwulst her kommenden Fortsatzes. Durch ihre directe Vereinigung entsteht der grössere Theil des Gaumens, durch ihre mittelbare Vereinigung die vordere Wand von Mund- und Nasenraum. Als offen bleibende Zugänge erhalten sich die Mundöffnung und die Nasenlöcher.

Mit anderen Worten sehen wir, dass an dem, durch Umlegung der vorderen Keimfalte entstandenen freien Kopfende zwei seitliche Falten als Fortsetzung der Wolff'schen Leiste entstehen, sich begegnen und theilweise verwachsen. Die untere Fläche der vorderen Keimfalte bleibt nur in einem Theile ihrer Ausdehnung frei, nämlich vorn und an den Seiten, das Mittelfeld wird von unten her zugedeckt. Die Bildung der Mundhöhle ist eine Folge der gekreuzten Faltenlegung.

Wir betrachten nun auch das hintere Leibesende in der Zeit, wo es eben eine bestimmtere Gestaltung gewonnen hat. Schon aus dem ersten Briefe hast Du entnommen, dass sich der verdickte Embryonaltheil der Keimscheibe mit seinem hinteren Abschnitt zu einer queren Falte erhebt, und dass diese weiterhin sich umlegt (Fig. 1 S. 3 und Fig. 5 S. 8). Die Ausbildung und Umlegung der hinteren Keimfalte erfolgt später und weit langsamer, als die der vorderen. Nachdem die Umlegung einmal begonnen hat, schärft sich noch während einiger Zeit der Biegungswinkel zu und der umgebogene Schenkel wird länger. Du kannst dies aus der Vergleichung der beistehenden Fig. 20 mit Fig. 2 sofort erkennen, und wirst Dich auch an den beiden Figuren überzeugen, dass aus der First und aus dem umgebogenen Schenkel der Falte der Schwanz wird. Die freie Fläche des letzteren beschreibt somit einen con-

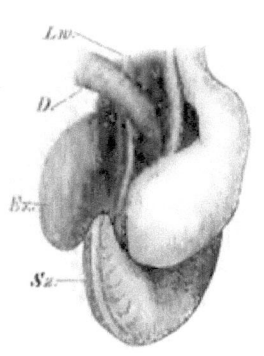

Fig. 20. Hinteres Leibesende eines Hühnchens vom 3. Bebrütungstag.
Lw. Leibeswand.
Ex. Hintere Extremitäten.
Sz. Schwanz.
D. Darm.

vexen Bogen und diesem folgen das Rückenmark und die beiden Reihen der Urwirbel. Am umgeschlagenen Schwanzstücke liegen das Rückenmark und die Urwirbel längs der unteren Fläche, die unvollkommen abgegliederte obere Fläche ist der Bauchfläche des Rumpfes zugekehrt. Gleich wie der Grund der Mundbucht geht Anfangs das Schwanzende durch ein Uebergangsstück in den ausserembryonalen Theil der Keimhaut über, dann aber löst es sich von diesem ab, und wird selbstständig.

Wären nun die Verhältnisse in Betreff der Faltenlegung hinten dieselben wie vorn, so würden zwei Seitenfalten das umgeschlagene Schwanzstück von unten umwachsen und dessen freie Fläche mehr oder minder vollständig decken. Statt dessen erscheint die Seitenwand des Schwanzes frühzeitig nach oben eingezogen, und eine von der Schwanzspitze nach rückwärts laufende Furche trennt sie von der Seitenwand des Rumpfes. Der Schluss des Schwanzes geschieht, von der Spitze zur Wurzel fortschreitend, an dessen oberen Fläche. In der concaven Biegung vor der Schwanzwurzel bleibt eine Strecke ungeschlossen und wird zum Cloakenzugang.

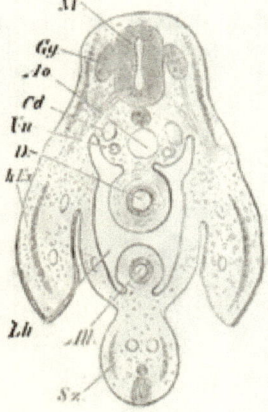 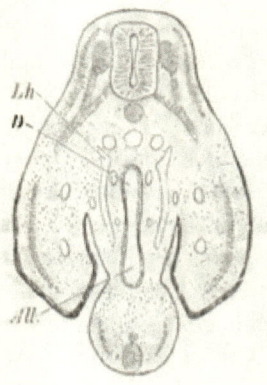

Fig. 21. Schnitt durch das hin-
tere Rumpfende eines Hühnchens
vom 5. Bebrütungstag.
10mal vergrössert.
Sz.   Schwanz.
M   Medullarrohr.
Gg. Ganglienanlage.
Ao. Aorta.
h. Ex. hintere Extremitäten.
Bb. Bauch- resp. Beckenhöhle.
D.   Darm.
All. Allantois.
Ur. Urnierengänge.
Cd. Cardinalvene.

Fig. 22. Schnitt durch denselben
Embryo, etwas weiter hinten.
Dieselbe Buchstabenbezeichnung.

Im beistehenden Querschnitt, Fig. 21, erkennst Du leicht das umgeschlagene, von der Rumpfwand erst unvollkommen getrennte Schwanzstück mit dem unten befindlichen Medullarrohre, der Chorda dorsalis und den Aortenfortsetzungen. Etwas

weiter nach vorn hätte der Schnitt den Schwanz ringsumher
frei gezeigt, weiter nach rückwärts wird, wie Fig. 22 zeigt,
dessen Abgrenzung minder scharf.

Nach diesen Auseinandersetzungen wird es Dir nicht schwer
werden, das in Fig. 23 mitgetheilte Schema zu verstehen. Es
ist ein vereinfachter Längsschnitt des Körpers an welchem

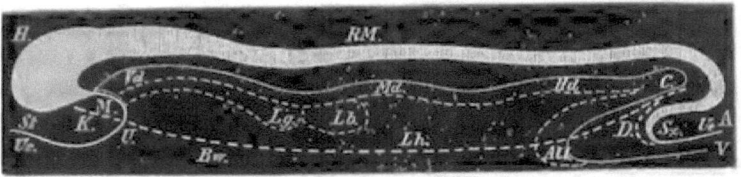

Fig. 23. Schematischer Längsschnitt.

A. Animales Blatt.	D. Damm.
H. Gehirn.	V. Vegetives Blatt.
RM. Rückenmark	Vd. Vorderdarm.
Sz. Schwanz.	Md. Mitteldarm.
St. Stirnwulst.	Hd. Hinterdarm.
M. Mundbucht.	C. Cloake.
K. Kieferleiste.	All. Allantois.
U. Umschlagsstelle, späterer Boden der	Lg. Lunge mit Luftröhre u. Kehlkopf.
Mundhöhle.	Lb. Leber.
Ue. Uebergangsstück.	Lh. Leibeshöhle.
Bw. Hals-, Brust- und Bauchwand.	

Herz und Zwerchfell sind nicht eingezeichnet.

die Gebilde des animalen **Blattes** mit kräftigen, die des vegetativen mit zarten Contouren angegeben sind. Die punktirten
Linien sind die Linien der Verwachsungsnäthe. Die Ausdehnung des Medullarrohres ist durch einen senkrecht schraffirten
Streifen dargestellt, seine Nathlinie nicht besonders bezeichnet.

Die ungelegte vordere Keimfalte ist in ihrem Scheitel-
stücke vom Gehirn ausgefüllt, das an der Gesichtsfläche den
Stirnwulst erzeugt. Hinter dem Stirnwulst folgt die Mundbucht,
deren Grund vom vorderen Ende des Vorderdarms berührt
wird. Die Seitenfalten des Vorderkopfes oder die Kieferleisten
sind als punktirte Linien eingezeichnet. Als hinterer Abschluss
der Mundbucht erscheint das Umschlagsstück U.

An der ungelegten hinteren Keimfalte siehst Du das
Medullarrohr bis zur Schwanzspitze reichen. An letztere
schliesst sich das Uebergangsstück des animalen Blattes an.
Die Nathlinie des Schwanzes fällt in die Concavität der Falte.

In unserem Schema ist auch der Primitivdarm mit einigen
seiner Nebenanlagen eingezeichnet. Für jetzt betrachten wir
nur seine beiden Enden. Das vordere Ende ist blind, erreicht

mit seiner Spitze die Gehirnbasis und ruht mit seiner unteren Wand der Decke der Mundbucht unmittelbar auf.

Das hintere Ende dagegen erscheint als scharf geknicktes U-förmiges Rohr, dessen unterer Schenkel, wie leicht ersichtlich ist, zum oberen in derselben Beziehung steht, wie der Schwanz zum hinteren Ende des Rumpfes. Wir können den unteren Schenkel des Primitivdarms geradezu als Schwanzdarm bezeichnen. Wie der Schwanz das umgeschlagene Stück der animalen, so ist der Schwanzdarm dasjenige der vegetativen Röhre. Das Bemerkenswerthe liegt nun darin, dass der Schwanzdarm nicht, wie der Rumpfdarm, von der zugehörigen animalen Röhre umschlossen wird. Er kommt noch in die Röhre des Rumpfes zu liegen und der Schwanz schliesst sich, ohne irgend einen Abschnitt des vegetativen Rohres in sich aufzunehmen. Der Schluss des Schwanzes und derjenige des hintersten Abschnittes der Rumpfwand erfolgt im Zwischenraum zwischen dem Schwanzdarm einerseits und dem Schwanzrückenmark und seinen begleitenden Theilen andererseits.

Der Schwanzdarm ist die Anlage der Allantois und ihres Stieles. Seine Umbiegungsstelle in den Rumpfdarm bezeichnen wir als Cloake. Die Eröffnung der letzteren geschieht, gleich wie die des Vorderdarms, durch secundäre Spaltung.

In den beiden Querschnitten, Fig. 21 und 22, ist die ursprüngliche Zusammengehörigkeit der Allantoisanlagen und des Schwanzes sehr deutlich zu erkennen, ebenso auch die Art und Weise, wie jene in die Vorderwand des Rumpfes hereinbezogen wird. Es wird Dir nun verständlich sein, wie es kommt, dass auf dem Querschnitte von Fig. 21 zwei vegetative Röhren liegen, deren eine mit der oberen, die andere mit der unteren Bauchwand verbunden ist, und dass in dem, der Umbiegungsstelle näher liegenden hinteren Schnitte, Fig. 22, die beiden Röhren mit einander zusammenhängen.

Eine Parallele zwischen Vorderkopf und Schwanz besteht in den allgemeinen Bedingungen der Abgliederung: beide sind entstanden aus umgelegten Querfalten, vorn wie hinten kreuzen sich mit den Querfalten die allgemeinen Längsfalten. In der weitern Durchführung aber sind die Abweichungen so gross, dass die beiden Endabschnitte des Körpers in ihrer definitiven

Gestaltung dies Gemeinsame ihrer Entstehung kann mehr ver-
rathen. Folgendes sind die Hauptunterschiede:

Vorderkopf.	Schwanzende.
1) Feste Verbindung der Keim-blätter bis zur Gränzrinne, Bildung einer einfachen, nach unten sich öffnenden Kopfdarmhöhle.	1) Auseinanderweichen der Keim-blätter jenseits der Keimfalte. Bildung von Rumpfdarm und Schwanz-darm.
2) Das Medullarrohr erreicht die Gränzrinne nicht. Hinter dem Stirn-wulst folgt die Mundbucht.	2) Das Medullarrohr erreicht, oder überschreitet die Gränzrinne.
3) Schluss der Seitenfalten unter dem ventralen Schenkel der Quer-falte; ebendaselbst Durchbruch der Rachenöffnung.	3) Schluss der Seitenfalten über dem ventralen Schenkel der Quer-falte, ebenso Durchbruch der Cloa-kenöffnung.
4) Mächtige Entwicklung des Me-dullarrohres, Bildung der Sinnesor-gane.	4) Geringe Entwicklung des Me-dullarrohres, keine Specialorgane.

Die Punkte, die wir als Endpunkte des Körpers ansehen, sind
aus ungleichen Strecken der Keimfalten hervorgegangen. Der
vordere Endpunkt des Körpers, der Scheitel, geht aus der First
der vorderen, der hintere Endpunkt, die Schwanzspitze, aus
der Gränzrinne der hinteren Keimfalte hervor. Mit Rücksicht
auf die Keimfalten entsprechen sich einestheils Scheitel und
Schwanzwurzel, die aus den entgegengesetzten Keimfalten-
firsten, anderntheils Kinngegend und Schwanzspitze, die in
den entgegengesetzten Gränzrinnen sich entwickeln.

Ein Schema anderer Art als das eben besprochene ist
Fig. 24. In ihm nämlich habe ich versucht, die Topographie
der animalen Anlagen zur Zeit ihres flachen Nebeneinander-
liegens wiederzugeben. Die dorsalen Anlagen sind dunkel gelassen, die ventralen schraffirt, und zwar ist der sich um-
schlagende Theil der vorderen und der hinteren Keimfalte
längsschraffirt, derjenige der seitlichen Falten querschraffirt.
Doppelte Schraffirung haben die Strecken, welche in den Bereich zweier sich umlegenden Falten fallen. Die Längsausdehnung des Medullarrohres ist durch einen dicken weissen
Strich bezeichnet, die Firsten der vier Keimfalten sind
durch ausgezogene Linien, der Verlauf der vier, die Körperanlage umgebenden Gränzrinnen durch punktirte Linien angedeutet.

Du kannst das Schema noch mehr vereinfachen, indem
Du auf einem Blatt Papier die Linien, die hier gebogen verlaufen, gestreckt zeichnest. Brichst Du alsdann das Papierblatt
derart, dass die ausgezogenen Linien nach aufwärts, die punktirten nach abwärts ihre Kante kehren, und legst Du es, den

Fig. 24.

gebildeten Falten entsprechend,
zusammen, so dass zuerst die
vordern, dann die zwei seitlichen und endlich die hintere
Falte umgelegt werden, so erhältst Du eine grobe Vorstellung von der Art, wie sich
die Leibeswand zusammenfügt.
Hast Du das Papierblatt in der
Weise beschrieben, wie es Fig.
24 angibt, so wirst Du nach
erfolgter Zusammenlegung jeden Theil am zugehörigen Orte
finden.

Die Hauptabweichung der
Natur von einem solchen ver-
einfachten Schema liegt in dem
bogenförmigen Verlaufe der
verschiedenen Falten. Am auf-
fälligsten ist die Krümmung der
vorderen Keimfalte. Die axiale
Strecke dieser Falte rückt in
Folge rascheren Wachsthums
den Seitenstrecken weit voraus,
diese sind daher nicht quer,
sondern schräg gerichtet und
kreuzen sich unter stumpfen
Winkel mit den Seitenfalten.

Ich lade Dich zum Schlusse dieses Briefes ein, noch einen
Blick auf die Uranlagen der 4 Extremitäten zu werfen. Bereits
im ersten Briefe habe ich Dich darauf aufmerksam gemacht,
dass die Anlagen der vorderen sowohl, als diejenigen der
hinteren Extremitäten von einer Leiste der seitlichen Leibeswand ausgehen, die wir dort die Wolff'sche Leiste genannt

haben. Aus den letzten Betrachtungen wird Dir klar geworden sein, dass die Wolff'sche Leiste identisch ist mit der First der seitlichen Keimfalte (vgl. Fig. 1). Der Ort der hinteren Extremitäten ist die Kreuzungsstelle der Wolff'schen Leiste mit der First der hinteren Keimfalte. Der Ort der vorderen Extremitäten- anlage wird, wie Du ge- sehen hast, durch die Kreuzung der Wolff- schen Leiste mit einer schräg von vorn her kommenden Falte be- stimmt. Die Vergleich- ung der successiven Ent- wicklungsstufen von Fig. 15, 14 10, 9 und 5 ergibt, dass diese schräge Falte die mehr und mehr zurückgeschobene Sei- tenstrecke der vorderen Keimfalte ist. Die vier Extremitäten entstehen sonach an den vier Kreuzungspunkten der beiden seitlichen mit den beiden queren Keim- falten.

Indem die Seiten- strecke der vorderen Falte sich verschiebt,

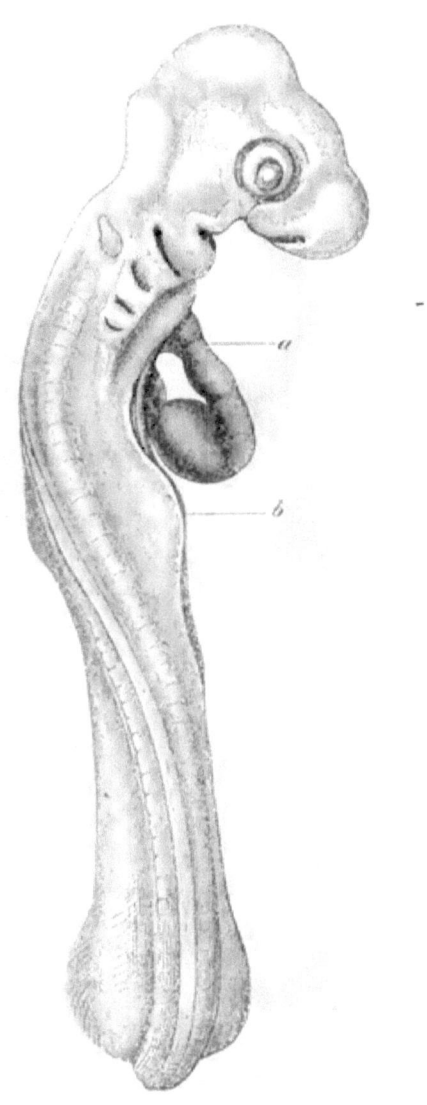

Fig. 25. (Fig. 1.) Hühnchen vom vierten Tage der Be- brütung. 20mal vergrösserte Dorsalansicht.

verschiebt sich auch ihr Kreuzungspunkt mit der Wolff'schen Leiste. Die vordere Extremität entsteht nicht da, wo sich die beiden Falten zuerst, sondern da, wo sie sich zuletzt d. h. zur Zeit der seitlichen Faltenumlegung kreuzen. Wir stossen hierbei auf ein Dilemma in Betreff dessen, was wir als die Anlage der vorderen Extremitäten bezeichnen sollen. Sollen wir die Kreuzungsstelle der beiden Falten so nemen, ohne Rücksicht darauf, wo sie eben liegt, oder sollen wir den, Anfangs nicht genauer charakterisirten Abschnitt der Wolff'schen Leiste für die Anlage halten, an welchen die vordere Falte schliesslich stehen bleibt?

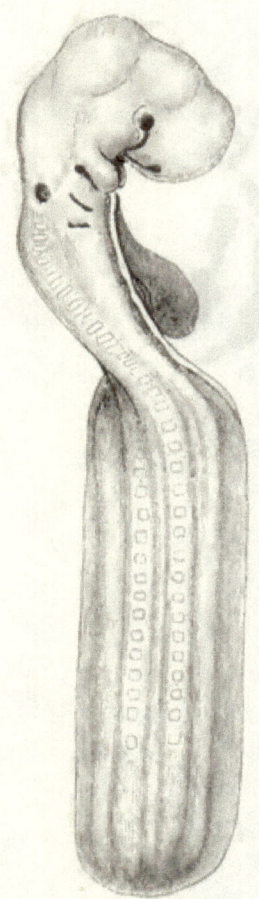

Wir kommen aus dem eben erwähnten Dilemma augenblicklich heraus, wenn wir die Unterscheidung machen zwischen einer Formanlage und einer Substanzanlage. Falten, welche zur Abgliederung eines Organs führen, sind wir unzweifelhaft berechtigt, als dessen Formanlagen zu bezeichnen. Nun zeigt sich aber an der Keimscheibe vielfach, dass deren Falten, ähnlich wie die Falten eines zusammengeschobenen Papierstreifens, sich verschieben können. Nach Art einer fortschreitenden Welle erreichen sie successive verschiedene Strecken der Scheibe, wobei sie ihre Form zu verändern und, je nach den besonderen Bedingungen, ebensowohl an Höhe zu- als auch abzunehmen vermögen. Der oben erörterte Fall ist nicht das einzige Beispiel solcher Faltenwanderungen, auch die seitlichen und die hintere Keimfalte verändern innerhalb gewisser Breiten ihren Ort, indem deren Gränzrinnen mehr und mehr auf das ursprüngliche Uebergangsstück vorgeschoben werden.

Als Substanzanlage eines Organs dürfen wir natürlich nur

Fig. 26. (Fig. 5.) Hühnchen vom dritten Tage der Bebrütung. 20 mal vergrösserte Dorsalansicht.

denjenigen Bezirk der Keimscheibe bezeichnen, der schliess-
lich das Material zu dessen Bildung hergibt. Formanlage und
Substanzanlage müssen schliesslich bei der Abgliederung des
Organs zusammenfallen; für manche Organe, wie z. B. für das
Medullarrohr, sind sie von Anfang an nie getrennt gewesen,
für andere Organe aber, wie eben für die vorderen Extremitäten, entwickelt sich die Formanlage in grosser Entfernung
von der Substanzanlage, und rückt dieser schrittweise näher.
Die Formanlage der vorderen Extremität liegt Anfangs am
Kopf, dann im Bereich des Halses und erreicht erst zuletzt
die Gränze des Brustbezirkes. Die Folgen dieser Verschiebung
sind in der schrägen Verlaufsweise der Musculatur und der
Nerven zeitlebens noch bemerkbar.

Dritter Brief.

Die Schichten der Embryonalanlage. Keimblattlehre. Parablastische und archiblastische Anlagen.

Lieber Freund! Aus meinem vorigen Briefe hast Du wohl eine Vorstellung davon bekommen, wie sich überhaupt der Körper aus einer ursprünglich ebenen Platte zusammenfaltet, und wie er sich dabei von dem ausserembryonalen Gebiete der Keimhaut abgliedert. Der klareren Darstellung halber hatte ich es vermieden, von den sonstigen, in die Periode der Zusammenfaltung fallenden Gliederungsvorgängen zu reden. Heute wollen wir einen Theil des Versäumten nachholen, und damit unsere Kenntnisse von der primitiven Anordnung der Organanlagen der Keimscheibe vervollständigen.

Zur leichteren Uebersicht stelle ich Dir noch einmal die Querschnitte 27, 28, 30 und 31 unseres ersten Briefes zusammen, und füge als Ergänzung zwei weitere Figuren 29 und 32 bei. Die Stufenfolge der seitlichen Zusammenschiebungen wirst Du nunmehr mit einem Blicke übersehen und, da alle Figuren bei derselben 40maligen Vergrösserung gezeichnet sind, erhältst auch eine ungefähre Orientirung über die allmählige Grössenzunahme der einzelnen, auf dem Durchschnitte sichtbaren Gebilde. Die Schnitte stammen alle aus der unteren Hals- oder aus der Rückengegend; Fig. 28 und Fig. 29 sind vom gleichen Embryo, Fig. 28 nämlich 5 bis 6 Urwirbelbreiten hinter Fig. 29 entnommen.

Fassest Du für heute die Schichtengliederung ins Auge, so fällt Dir sofort auf, dass die Trennung einer animalen und einer vegetativen Schicht im gesammten Seitengebiete des Embryonalbezirkes frühzeitig und ausnehmend scharf vollzogen

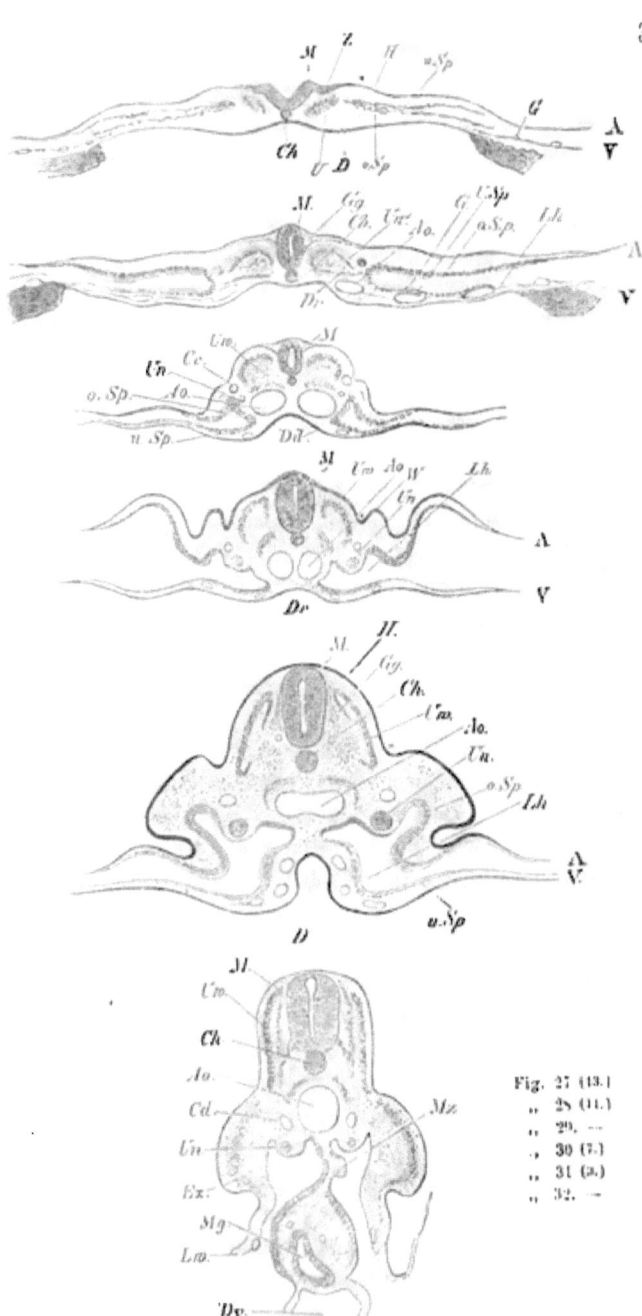

Fig. 27 (13.)
„ 28 (14.)
„ 29. —
„ 30 (7.)
„ 31 (5.)
„ 32. —

erscheint. Jede der beiden Schichten gliedert sich weiter,
und zwar Anfangs, wie Du an den oberen Figuren siehst, in
2 Blätter, das Gränzblatt und die Muskel- oder Seitenplatte. In den unteren Figuren tritt, zuerst in der vegetativen,
dann in der animalen Schicht eine dritte zwischengeschobene
Lage, das Gefässblatt hinzu. Keine der beiden Seitenplatten
überschreitet den Embryonalbezirk. Nur das Horn- oder obere
Gränzblatt einerseits und das Darmdrüsen- oder untere Gränzblatt andererseits gehen in den ausserembryonalen Theil der
Keimhaut über. Jenes liefert späterhin die Wand des Am-
nions und der sog. serösen Hülle, dieses diejenige des Dotter-
sacks.

Minder scharf, als in der seitlichen oder parietalen Zone
ist die Scheidung der vegetativen und der animalen Schicht
in der Stammzone durchgeführt. Die Spalte, welche dort die
beiden Schichten von einander trennt, hört an der Gränze der
Parietalzone auf, und jenseits derselben liegen am Rumpfe die
Urwirbel und deren Vorläufer, die Urwirbelplatten.

Die Urwirbel haben wir in unserem ersten Briefe von der
Fläche her als kleine viereckige Felder kennen gelernt. Die
ersten Spuren derselben findest Du bei Fig. 14, wo sie mit
ihrem äusseren Rande unter der Medullarplatte hervorsehen,
von der sie im Uebrigen grossentheils überdeckt sind. Schon
bei Fig. 10 liegen die Urwirbel frei und in grösserer Zahl
neben dem geschlossenen Theile des Medullarrohres. Eine
noch längere Reihe bilden sie bei Fig. 9 und bei Fig. 5. In
der hinteren Verlängerung der abgegliederten Urwirbel begegnest Du allgemein einem ungegliederten Längsstreifen, der
Urwirbelplatte, und Du wirst geringer Ueberlegung bedürfen,
um zu sehen, dass die einzelnen Urwirbel durch Abtrennung
von diesem Streifen entstehen müssen. Bei Fig. 2 endlich ist
die quere Gliederung bis zur Schwanzspitze vollendet.

Ein senkrechter Schnitt durch die Urwirbel in der ersten
Zeit ihrer Entstehung, sei er in der Längs- oder in der Quer-
richtung durchgeführt, ergibt ein ziemlich charakteristisches
Aussehen. Jeder Urwirbel nämlich zeigt eine radiär streifige
Rindenschicht und einen nicht gestreiften Kern. Diesem Bilde
ist allerdings nicht zu entnehmen, ob der Urwirbel zur animalen oder zur vegetativen Schicht zu zählen, oder ob er

überhaupt einer der beiden Schichten ausschliesslich zuzuweisen
sei. Dagegen erhältst Du die Entscheidung auf einer noch
früheren Entwicklungsstufe. Auch die Trennung nämlich der
Seitenplatten von den Urwirbelplatten vollzieht sich allmählig,
und in der Zeit, welche der vollständigen Trennung voraus-
geht, findet sich eine Periode, während welcher die obere
Hälfte der Urwirbelrinde mit der oberen, die untere Hälfte
mit der unteren Seitenplatte in fortlaufender Verbindung steht.

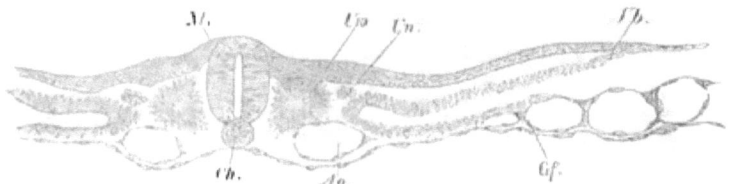

Fig. 33. Querschnitt von derselben Entwicklungsstufe wie Fig. 28. Vergr. 85.
Buchstabenbezeichnung wie früher.

Darnach ist von der Urwirbelrinde die obere Hälfte zur animalen, die untere zur vegetativen Schicht zu rechnen. Die
Verbindung beider Hälften ist nur eine vorübergehende, sie
löst sich nach einiger Zeit und zugleich erfahren die Urwirbel
eine ausgiebige Veränderung ihrer Lage.

Verfolgst Du die Figuren der Seite 33 von oben nach
abwärts, so siehst Du, dass eine den Urwirbel in seine beiden
Hälften trennende Linie bei Fig. 27 schräg zu stehen kommt,
so zwar dass deren medianes Ende nach abwärts sieht, bei
Fig. 28 steht die fragliche Linie annähernd horizontal, bei
Fig. 29 und noch mehr bei Fig. 30 ist das mediane Ende schräg
nach aufwärts gerichtet und bei den untersten zwei Figuren
endlich steht jene Linie fast vertical. Sie hat sich, während
die Stammzone des Körpers gleichzeitig immer mehr von den
Seiten her zusammengeschoben wurde, um etwa ein Drittheil
eines Kreisbogens gedreht. Schon bei Fig. 29 lockert sich
die Verbindung der beiden Rindenhälften der Urwirbel. Die
obere behält ihr charakteristisch streifiges Aussehen bei, und
ist durch alle nachfolgenden Stufen hindurch deutlich wieder
zu erkennen. Aus ihr wird später die Musculatur der Wirbelsäule. Die untere Rindenhälfte siehst Du um die Aorten
sich herumlegen, und sie wird wohl völlig zur Bildung von

3*

Gefässmusculatur verbraucht. Ihre scharfe Abgränzung vom
Urwirbelkern und von den Producten der Gefässblätter geht
weiterhin verloren.

Die anfängliche Lage der Urwirbelplatten unter der Medullarplatte (Fig. 27) zeigt, dass beide Gebilde derselben Längs-
zone angehören: Die Medullarplatte ist ursprünglich der Stammtheil des obern Gränzblattes, sie wird gegen den Parietaltheil
durch die Zwischenrinne abgegränzt. Zur späteren Deckung
der Stammzone wird der innere Abschnitt des bereits parietalen Hornblattes herbeigezogen.

Das Schema der Gliederung ist sonach folgendes:

		Parietalzone.	Stammzone.
Animale Schicht	oberes Gränzblatt	Hornblatt	Medullarplatte mit Zwischenrinne
	obere Muskelplatte	obere Seitenplatte	obere Urwirbelrinde
Vegetative Schicht	untere Muskelplatte	untere Seitenplatte	untere Urwirbelrinde
	unteres Gränzblatt	Darmdrüsenblatt	

Einen besonderen Ursprung hat die Kernmasse der Urwirbel. Sie stammt nämlich von keiner der beiden Muskelplatten, sondern von einem, zwischen sie eingeschobenen Gebilde, dem Axenstrang. Ehe noch die Urwirbelbildung begonnen hat, existirt längs der Mittellinie der Embryonalanlage ein
unregelmässig umgränzter Zellenstrang, welcher den Grund
der Medullarrinne mit der oberen Fläche des Darmdrüsenblattes verbindet, und nach beiden Seiten hin einen Fortsatz

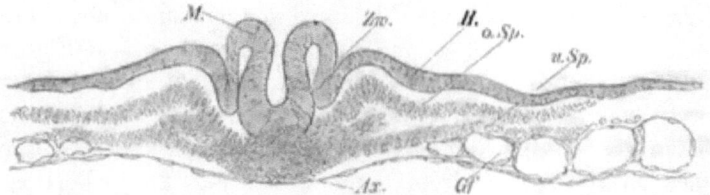

Fig. 34. Querschnitt etwas weiter hinten als Fig. 33 durch denselben Embryo geführt. Die
Urwirbelscheidung hat noch nicht begonnen.
Ax. Axenstrang mit seinen seitlichen Fortsätzen.
o.M. obere Muskelplatte.
u.M. untere Muskelplatte.
Gf. Gefässschicht.

je zwischen die beiden Muskelplatten hinein entsendet. Die
näheren, später nochmals zu erörternden Beziehungen dieses

Stranges zur Medullarplatte lassen es als unzweifelhaft erscheinen, dass ein grosser Theil seiner Zellen der animalen Schicht, und zwar speciell dem oberen Gränzblatt entstammt, anderentheils ist die Möglichkeit nicht zu beseitigen, dass er auch Zellen der vegetativen Schicht mit enthält, und so ist es vorläufig am sichersten, den Axenstrang neben den beiden Gränzblättern und den Muskelplatten besonders, d. h. als ungesonderten Rest aufzuführen. Du ersiehst nun leicht, dass bei der Abtrennung der Urwirbelplatten deren Kern aus dem Seitenfortsatz des Axenstrangs entstehen muss. Das Mittelstück des Axenstrangs wird zur Chorda dorsalis. Auch nach Vollendung ihrer Abgränzung bleibt die Chorda in Verbindung mit dem Medullarrohre sowohl, als mit dem Darmdrüsenblatt; dann löst sich, an einigen Stellen früher, an andern später, die letztere Verbindung, während diejenige mit dem Medullarrohre sehr lange und innig bestehen bleibt.

Die Urwirbelkerne sind wahrscheinlich nicht das äusserste vom Axenstrang abstammende Gebilde. Ein Theil des Seitenfortsatzes scheint noch in den Bereich der Seitenplatten sich zu erstrecken und hier das Zwischenstück zu bilden, das nach Waldeyer's Erfahrungen am Aufbau der Geschlechtsorgane sich betheiligt (die Regio germinativa). Auch den Urnierengang glaube ich vom Seitenfortsatz des Axenstrangs ableiten zu müssen.

Die Scheidung der blattartigen Embryonalanlagen in zwei Hauptschichten stammt von Pander und von K. E. v. Baer, deren in das erste Viertel unseres Jahrhunderts fallende Arbeiten überhaupt die wichtigsten Grundlagen der Entwicklungsgeschichte geliefert haben. Pander liess zwischen den zwei anfänglichen Schichten (seinem serösen und seinem Schleimblatt) als spätere Bildung eine dritte, seine Gefässschicht auftreten. v. Baer, der die Bezeichnungen animales und vegetatives Blatt eingeführt hat, gliederte das erstere in Hautschicht und in Fleischschicht, das letztere in Gefässschicht und in Schleimhautschicht.[1]) Später sind verschiedene Versuche gemacht worden, die ältere Keimblattlehre zu modificiren, am meisten Beifall unter diesen hat sich derjenige von Remak erworben, welcher drei blattförmige Uranlagen annahm, ein oberes (sensorielles), ein mittleres (motorisch germinatives) und ein unteres (Darmdrüsen-)Blatt. Remak's oberes und unteres Blatt entsprechen den beiden Gränzblättern, sein mittleres Blatt umfasst sämmtliche dazwischen liegenden Schichten.

Die Keimblattlehre, welche gerade in neuester Zeit wieder viel discutirt worden ist, ist eines der dornigsten Gebiete der Entwicklungsgeschichte. Schwierigkeiten der Beobachtung compliciren sich mit Schwierigkeiten der Darstellung und zu einer allgemeinen Verständigung scheint vorerst wenig Aussicht. Für eine eingehende Discussion der verschiedenen Angaben und Ansichten würdest Du mir wohl wenig Dank wissen, dagegen möchte ich Dir doch die, laut meiner Ueberzeugung, festen Punkte bezeichnen, welche Dir als Anhaltspunkte zur Orientirung dienen sollen.

Die Frage von der Zählung der Keimblätter ist von secundärem Interesse.[2]) Da, wo sich überhaupt die Scheidung scharf durchführt, d. h. im Parietalgebiet der Embryonalanlage und im Schwanzgebiete, treten, wie wir oben sahen, vier Schichten, zwei Gränzblätter und zwei Muskelschichten auf. Diese vier Schichten sind auf einer früheren Entwicklungsstufe des Keims noch nicht von einander getrennt und wir haben somit:

$$\text{als Anfangsstufe} \left\{ \begin{array}{l} 1 \\ 2 \\ 3 \\ 4 \end{array} \right.$$

Jede der beiden mittleren Schichten hat sich von den beiden Nachbarschichten zu scheiden, und zwar zeigt die Erfahrung, dass die Scheidung nicht mit einem Male geschieht. Einzelne Verbindungen erhalten sich noch sehr lange, so siehst Du z. B. an den Fig. 28, 29, 30 und 31 das Hornblatt längs der Gränzrinne noch in fester Verbindung mit dem zugeschärften Rand der oberen Muskelplatte; trotzdem dass beide Schichten in ihrem übrigen Bereiche sehr ausgiebig und vollkommen sich getrennt haben.

Die ältere, von mir wieder aufgenommene Darstellung der Schichtengliederung stützt sich auf das

$$\text{Endergebniss} \left. \begin{array}{l} 1 \\ 2 \end{array} \right] \left. \begin{array}{l} 3 \\ 4 \end{array} \right]$$

und auf die früher erörterte physiologische Zusammengehörigkeit der Schichten 1 mit **2** und 3 mit **4**.

Für die Annahme eines besonderen **mittleren** Blattes lässt
sich dagegen anführen das stellenweise **Vorkommen** einer

$$\text{Uebergangsstufe} \left\{ \begin{array}{c} 1 \\ 2 \\ 3 \\ 4 \end{array} \right.$$

bei welcher 2 und 3 noch **weniger vollständig** von einander
getrennt sind, als von den anstossenden Gränzblättern. Auch
lassen sich die, **wie Du** gesehen hast, etwas verwickelten Verhältnisse im **Axial**- und im **Stammgebiet** rascher und mit
weniger Worten beschreiben, wenn die, hier unvollkommen
geschiedenen Bildungen **einfach unter den Begriff** eines **mittleren Keimblattes** subsumirt werden, das man zerfallen lässt
in **Chorda dorsalis, Urwirbel- und Seitenplatten.**

Magst Du nun mit der Darstellungsweise der Schichtengliederung Dich **zufrieden geben,** welche ich im Bisherigen
befolgt habe, oder **magst Du** eine solche wählen, welche derjenigen von **Remak** näher steht, **stets wirst Du** auf eine
Frage stossen, über welche weder **Remak** noch seine An-
hänger einen **befriedigenden, mit den Thatsachen** vereinbaren
Bescheid geben und von deren richtiger Beantwortung doch
allein Klarheit in der Keimblattlehre zu erwarten ist. **Woher
stammen die Anlagen für die** Gefässe, für das Bindegewebe
und für den Knorpel?

Betrachte Dir einmal **Fig. 27** von S. 33, so wirst Du innerhalb des eigentlichen Embryonalbezirkes die Medullarplatte
und das Hornblatt, die **Chorda,** die **Urwirbel und die Seitenplatten,** sowie **das Darmdrüsenblatt sämmtlich** derart getrennt finden, **dass je zwischen zwei** benachbarten Gebilden
ein mehr oder minder breiter Lückenraum liegt, der leer, oder
richtiger gesagt, nur von klarer Flüssigkeit erfüllt ist. **Von**
Gefässen ist da keine Spur und ebensowenig von einer Wandschicht, durch deren Abspaltung dieselben entstehen könnten.

Nun sieh Dir Fig. 28 **an:** Eine zusammenhängende Lage
weiter Gefässröhren, in ihrer Gesammtheit als das **untere Gefässblatt** zu bezeichnen, liegt zwischen der **unteren Muskelplatte** und dem Darmdrüsenblatt, und die innerste dieser Röhren,

als Aorta descendens anzusprechen, erfüllt den, schon in Fig. 27 erkennbaren, geräumigen Lückenraum zwischen Urwirbeln, unterer Seitenplatte und Darmdrüsenblatt. Die übrigen Räume sind noch leer, die Chorda von einem breiten hellen Raum umgeben, das Hornblatt durch einen solchen von den Urwirbeln und von der oberen Seitenplatte geschieden. Dann siehst Du an der folgenden Figur zartes Gewebe (das obere Gefässblatt) auch unter dem Hornblatt auftreten, und bemerkst speciell ein Gefäss, das an der Gränze der oberen Seitenplatte und der Urwirbel liegt, die Cardinalvene.

An dem Längsschnitt Fig. 12 (S. 14) begegnest Du einer Reihe von Gefässdurchschnitten, die auch wiederum dem Darmdrüsenblatt aufliegen. Jedes dieser Gefässe entsendet nach aufwärts zwischen die zwei darüber liegenden Urwirbel einen Fortsatz, welcher zu einem Verbindungsgefäss zwischen der Aorta und der Cardinalvene bestimmt ist.

Spätere Stufen zeigen die Kette der zuerst vorhandenen weiten Gefässe mehr und mehr verengt und nur einzelne Stämme, unter denen die Aorta der mächtigste ist, behalten ihr grosses Caliber. Beide Aorten rücken sich unter der Chorda entgegen und verschmelzen mit einander, zugleich aber werden die bis dahin offenen Lückenräume successive von einer zusammenhängenden Gewebsmasse ausgefüllt, die, wie die Beobachtung mit stärkeren Vergrösserungen zeigt, meist aus verzweigten Zellen besteht, welche mit der Wandung von Blutgefässen in Zusammenhang stehen.

Die summarische Verfolgung des Thatbestandes ergibt sonach Folgendes: Ehe Gefässe in der Embryonalanlage auftreten, ist ein System freier Lücken vorhanden, entstanden durch das Auseinanderweichen der Gebilde der Gränzblätter, der Muskelplatten und des Axenstranges. In diesen Lücken treten die Gefässe nach einer ganz bestimmten Reihenfolge auf. Die Gefässe bilden sich aus Sprossen spindelförmiger und sternförmiger Zellen, und von ihrer Wand gehen neue solche Sprossen aus, die zum Theil wieder zu Gefässen werden, zum Theil zur Bindegewebs- und zur Knorpelbildung Verwendung finden. Alles von den Gefässen ausgehende Gewebe hängt unter sich zusammen, theils primär in Folge des baumartigen Hervorwachsens aus den zuerst vorhandenen An-

lagen, theils secundär in Folge nachträglich entstandener
Verbindungen, und so bilden die Producte der beiden Gefässblätter schliesslich eine durchgehende Ausfüllungsmasse durch
den gesammten Embryonalleib hindurch. Mit dem Eintreten
der innigeren Durchdringung werden auch die Gränzen zwischen
den Producten der Gefässblätter und denjenigen der übrigen
Embryonalbestandtheile vielfach undeutlich, so dass nur auf
dem Wege genauerer Untersuchung mit stärkeren Linsen entschieden werden kann, was dem einen und was dem anderen
zukommt.

Keine von den früher betrachteten Schichten, weder die
Gränzblätter noch die Muskelplatten, noch auch der Axenstrang,
sind bei der Gefässbildung irgendwie betheiligt. Die Quelle
des ersten Bildungsmaterials für Gefässe liegt überhaupt gar
nicht im Embryonalbezirk der Keimscheibe, sondern ausserhalb
dieses letzteren. Im Aussengebiete, im Bereiche des sog. Keim-
walls und des den Embryo umgebenden durchsichtigen Hofes,
sieht man zuerst gefäss- und blutbildende Zellen in Strängen und
in grösseren Haufen auftreten, und von diesem Aussengebiete
her treten die ersten Sprossen längs der früher beschriebenen
Bahn über dem Darmdrüsenblatt weg in den Embryonalbezirk
ein. Bei Fig. 27 siehst Du solche primitive Gefässanlagen
mit einigen dünnen Röhren am Rande der Figur verzeichnet.
Sind einmal die Gefässe und die von ihrer Wand abgehenden
Zellenstränge in den Embryo eingedrungen, so liegen sie Anfangs noch lose in den sie aufnehmenden Lücken, ohne Spur
einer organischen Verbindung mit deren Wandung.

Du ersiehst aus dem Bisherigen, dass das Hereinwachsen
der Gefässanlage in den Embryo und deren allmählige Ausbreitung in diesem ein Gegenstand directer und keineswegs
schwieriger Beobachtung ist. Jene Anlagen und die aus ihnen
hervorgehenden Gewebe (Bindegewebe, Knorpel, Knochen)
treten durch diesen Entwicklungsmodus gegenüber den aus den
Gränzblättern, den Muskelplatten und dem Axenstrang stam-
menden Anlagen in eine so besondere Stellung, dass es
unter allen Umständen passend erscheint, sie mit einem gemeinsamen Namen zusammenzufassen. Ich bezeichne sie als
Nebenkeim- oder als parablastische, die übrigen als
Hauptkeim- oder archiblastische Anlagen.

Aus den archiblastischen Anlagen entwickeln sich:

das **Nervengewebe**,

das Muskelgewebe,

die Epithelial- und Drüsengewebe;

aus den parablastischen:

die **Innenwand** (Endothelwand) der sämmtlichen Ge-
fässräume,

die **Blutzellen**,

das Bindegewebe mit seinen verschiedenartigen Modificationen (**Schleimgewebe**, adenoides Gewebe, Fett-
gewebe u. s. w.),

das Knorpelgewebe,

das **Knochengewebe**.

Die Producte archiblastischen und diejenigen parablastischen
Ursprungs stehen zeitlebens in **einem** bestimmten Gegensatze
zu einander. Ohne die eigenartige Entwicklungsweise zu kennen, haben die histologischen Forscher die Zusammengehörig-
keit der parablastischen Gewebe längst erkannt, und deren
scheinbar so verschiedenartige Bildungen unter der gemeinsamen
Bezeichnung der Bindesubstanzen vereinigt. Denke Dir einen
Augenblick alles Blut, alle Gefässauskleidung, alles Bindegewebe sowie allen Knorpel und Knochen aus **dem Körper** entfernt, so bleibt Dir ein zusammenhängendes Gerüst übrig, bestehend aus dem Gehirn mit dem Rückenmark, den Nerven,
den Muskeln, den Drüsenparenchymen und den epithelialen
Bekleidungen der äusseren Haut und der Schleimhäute. Denke
Dir andererseits auf einen Augenblick alle archiblastischen
Gewebe entfernt, so erhältst Du ein zweites, gleichfalls
in sich zusammenhängendes Gerüst, das wie der Ausguss von
jenem ersten sich verhält, und das besteht aus dem Schädel,
der Wirbelsäule, den Rippen und dem Brustbein, den Extre-
mitätenknochen, den **verschiedenen** Knorpeln, den sämmtlichen
Sehnen, Fascien, Bändern und lockern Bindegewebsmassen, dem
Fette, ferner aus der Lederhaut, aus der bindegewebigen Schicht
der Schleimhäute, den Hüllen von Gehirn, Rückenmark und
Nerven, denjenigen der Drüsen und der Muskeln und endlich
aus einem weitverzweigten Astwerk von Gefässräumen mit dem
darin enthaltenen Blut. Nicht nur im Ganzen und Grossen
ist dies parablastische Gewebsgerüst der Ausguss des archi-

blastischen, auch im Einzelnen für jedes Organ kehrt ein ent-
sprechendes Verhältniss wieder, indem an jedem Muskel, an
jeder Drüse, am Gehirn, am Rückenmark und an den Sinnes-
organen Bindegewebe und Blutgefässe einmal die äusseren
Hüllen bilden, und dann als verzweigtes Gerüst ins Innere eindringen und diese Theile nach allen Richtungen durchsetzen.

Betrachtest Du die Gewebe der beiden Gruppen nach ihrer
physiologischen Bedeutung, so erkennst Du sofort das hervorragende Uebergewicht der archiblastischen Gruppe. Sie vereinigt die Gewebe, welche dem Thierkörper sein besonderes
Gepräge geben, das Nervengewebe, das Muskelgewebe und die
Grundlagen der Sinnesorgane. Die parablastischen Gewebe
dienen im allgemeinen nur als Stützen und als Verbindungs-
mittel der archiblastischen, sowie als Ernährungsmittel für jene.
Ihre Verwendung erscheint allenthalben der Leistung von jenen
untergeordnet und angepasst, und während Du nicht im Stande
sein wirst, Dir einen lebenden Thierkörper zu denken ohne
Nervensystem, ohne Muskeln und ohne Drüsen, kannst Du Dir
gar wohl einen solchen vorstellen, in welchem Bindegewebe,
Knochen und Knorpel durch anderes Material von gleichen
physikalischen Eigenschaften (durch Leder, Holz, Leinwand
u. s. w.) ersetzt sind und in dem selbst an Stelle des Blutes eine
Lösung bestimmter chemischer Stoffe kreist.[3])

Nach meinen am Hühnerei gesammelten Erfahrungen habe
ich mir die Ueberzeugung gebildet, dass die parablastischen
Anlagen aus einer Quelle stammen, die man bis dahin gar
nicht zum Keim gezählt hat, nämlich aus dem sog. weissen
Dotter. Es ist diese Anschauung von verschiedenen Seiten
her angefochten worden, und man hat versucht darzuthun, dass
auch die Gefässanlagen aus dem, bisher als Keim bezeichneten
Theile des Eies hervorgehen. So interessant die Frage von
der eigentlichen Herkunft der parablastischen Anlagen nach
andern Seiten hin ist, so hat sie doch keine directe Beziehung
zu den Fragen der Formbildung, und da sie ohnedem nur mittelst monographischer Behandlung durchgefochten werden kann,
trete ich hier auf deren Discussion nicht weiter ein. Nur das
füge ich zur Vermeidung von Missverständniss bei, dass ich
weniger als je Grund habe, von meiner bisherigen Ueberzeugung abzulassen.[5])

Soll ich Dir nun nochmals resumiren, was Du vom Remak'schen mittleren Keimblatte zu halten hast, so ist dies
Folgendes: das Remak'sche mittlere Keimblatt umfasst die
Theile, welche zwischen den beiden Gränzblättern liegen. Dieselben sind theils archiblastischen Ursprungs (die beiden Muskelplatten und der Axenstrang), theils parablastischen Ursprungs
(die beiden Gefässblätter). Letztere Anlagen treten nicht allein
später auf, als erstere, sie sind überhaupt nicht in loco durch
Abspaltung von den übrigen Anlagen entstanden, sondern von
aussen her hineingewachsen.   Hältst Du es aus Gründen topo-
graphischer Beschreibung für zweckmässig, die Theile zwischen
den beiden Gränzblättern mit einem einzigen Wort zusammenzufassen, so magst Du sie etwa (im Anschluss an eine ältere
Bezeichnung von Reichert) Intermediärgebilde nennen.   Den
Ausdruck „mittleres Keimblatt" rathe ich Dir deshalb ab, weil
er zum Missverständniss einer genetischen Zusammengehörigkeit von Gebilden Anlass giebt, die in Wirklichkeit nichts mit
einander gemein haben.

Vierter Brief.

Faltenbildung im Keim und deren Bedingungen.

Lieber Freund! Bei allen bisher beschriebenen Gestaltungsvorgängen hat die Bildung von Falten eine Hauptrolle gespielt. Sie erscheint im Allgemeinen als der einleitende Vorgang, welcher den weitergehenden Trennungen den Weg bezeichnet. Du kannst Dir, wie wir im zweiten Brief gesehen haben, die Keimscheibe als den flach ausgebreiteten Stoff vorstellen, aus welchem das Material für die einzelnen Organe des Körpers auszuscheiden ist. Zuerst erfolgt die Scheidung in die zu verschiedener histologischer Verwendung bestimmten Schichten. Dann aber wird der geschichtete Keim von einem System sich durchkreuzender Berg- und Thalfalten durchzogen, und jede dieser Falten, wo sie einmal aufgetreten ist, wird zur Gränzmarke eines grossen Hauptbezirkes des Körpers.

In der einfachen Anlage von Fig. 15 findest Du schon den Grund gelegt für eine Reihe der wichtigsten Scheidungen: das äussere System von Rinnen trennt den Embryonalbezirk vom ausserembryonalen, ein darauf folgendes System von Bergfalten die dorsalen Anlagen von den ventralen. Die Gränze von rechts und von links wird durch eine tiefe longitudinale, die von Kopf und Rumpf durch eine seichte quere Rinne vorgezeichnet, und die wichtige Trennung von Stammzone und Parietalzone ist in Gestalt zweier leichter Längsfalten angedeutet. Longitudinale und quere Falten kreuzen sich, jedes der hinter einander liegenden Quergebiete der Anlagen wird somit in eine Anzahl neben einander liegender Felder unter-abgetheilt, d. h. wir begegnen am Kopf, am Rumpf und am Schwanz einer Stamm-, einer Parietal- und einer Aussen-zone, und umgekehrt verfolgen wir die Stammzone und die Parietalzone durch sämmtliche hintereinander liegender Gebiete der Gesammtanlage.

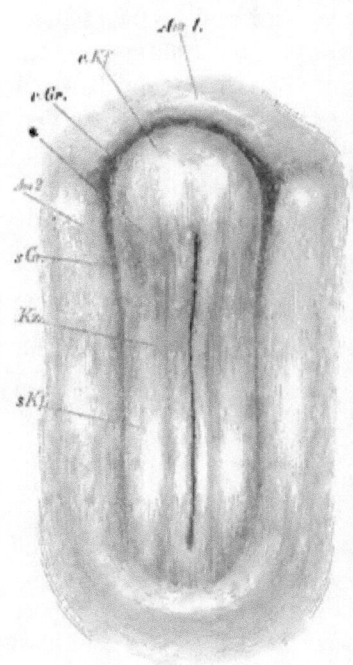

Fig. 35 (35). Embryonaltheil der Keimscheibe des Huhnes vom 1. Bebrütungstag.
v. u. s. Kf. vordere und seitliche Keimfalte.
v. u. s. Gr. vordere und seitliche Gränzrinne.
Kz. Rinne auf der Gränze von Kopf u. Rumpf.
* Falte an der Gränze von Stamm- u. Parietal-
zone.
Am 1. vordere und
Am 2. seitliche Amnionfalte.

Wir wollen das Princip, wonach die primären Falten der Keimscheibe die Gränzen grosser gemeinsamer Bezirke liefern, als das Princip der durchgehenden Gränzmar-ken bezeichnen.

Die Längs- und die Quer-falten, obwohl sie in der ober-sten Schicht des Keims am schärfsten sich ausprägen, sind doch dieser Schicht nicht eigen-thümlich. Ein Blick auf die Querschnitte von S. 33 oder auf den Längsschnitt Fig. 12 S. 14 zeigt Dir, dass im All-gemeinen alle Schichten an den Faltungsvorgängen Theil nehmen. Dabei sind aller-dings stellenweise die Falten der vegetativen Schicht denen der animalen entgegengesetzt gerichtet. Bei Fig. 30 S. 33 z. B. siehst Du die beiden Schichten in der Mitte der Parietalzone am weitesten aus-einanderweichen, an deren beiden Gränzen aber einander nahereücken.

Als Folge der Betheiligung der verschiedenen Schichten an der Faltenbildung ergiebt sich das Vorhandensein gleich abgegränzter Zonen in ihnen. So haben wir früher schon die Medullarplatte und die drei verschiedenartigen Bestandtheile der Urwirbelplatten als sich correspondirende Längsbezirke

kennen gelernt. Weniger unmittelbar schliesst sich das Darmdrüsenblatt in seinen Formbewegungen den überliegenden
Schichten an.

Nicht jede von Falten umgränzte Parcelle scheidet sich
in der Folge zum gesonderten Organe aus. Während sich z. B.
der Stammtheil des oberen Gränzblattes vom Parietaltheil als
Medullarplatte bez. als Medullarrohr trennt, bleibt der Kopftheil dieses Rohres mit dem Rumpftheile, und dieser mit dem
Schwanztheile, d. h. das Gehirn mit dem Rückenmark in fortlaufender Verbindung. Ebenso wenig kommt es zu einer Unter-
brechung an der Gränze der dorsalen und der ventralen Anlagen. — Damit auf die Bildung einer Falte diejenige einer
Spalte folge, ist nicht allein nöthig, dass die Falte einen gewissen Grad der Ausbildung erreiche, es müssen noch weitere
Bedingungen hinzukommen, wie die Einwirkung äusserer Zug-
kräfte, ein gewisser Grad von Brüchigkeit der zu trennenden
Schicht u. dergl., Bedingungen, auf welche wir bald zurückkommen werden.

Wenn wir uns vergegenwärtigen, wie zahlreich und wie
verschiedenartig die Organe sind, deren Anlagen die Keimscheibe umfasst, wie ferner jedes Organ nicht allein nach seiner
Grösse, sondern auch nach seiner histologischen Zusammensetzung dem späteren Bedürfniss des Gesammtorganismus und
seinen Lebensbedingungen angepasst ist, so muss uns die
grossartige Einfachheit überraschen, mit welcher gleich im
Anbeginn der Entwicklung Linien sich ziehn, deren jede für
die gesammte Oekonomie der nachfolgenden Organentwickelung
massgebend wird. Lass eine einzige dieser Falten ihre Lage
verändern, so wird damit die Eintheilung der Zonen eine
andere. Ganze Reihen von Anlagen werden, die einen vergrössert, die anderen verkleinert werden, und ausgedehnte Veränderungen im Baue des sich entwickelnden Organismus werden
die Folge davon sein. Es enthält das Princip der durchgehenden Gränzmarken ein Motiv weitgreifender gegenseitiger Entwicklungsabhängigkeit der Theile, und gibt den Schlüssel für
deren aus der Züchtungslehre bekannte sog. Correlation.

Wir werden später zu untersuchen haben, ob der Entstehung
von Falten auch bei späteren Bildungsvorgängen die einleitende Rolle zukommt, für heute wende ich mich sofort zur

physiologischen Frage: wie entstehen denn überhaupt Falten
in der Keimscheibe?

Willst Du ein flach ausgebreitetes Papierblatt dazu bringen,
Falten zu werfen, so stehn Dir natürlich verschiedene Wege
zu Gebote, einmal kannst Du es von den Rändern her zusammenschieben, alsdann wird sich eine einzige, ziemlich regelmässige Falte bilden, die um so höher sich erhebt, je mehr
Du die beiden Ränder einander näher rückst. Ein zweiter
Weg steht Dir offen in Befeuchtung des Papieres. Machst
Du es, um einen besondern Fall herauszugreifen, in seiner Mitte
nass, so wird die genetzte Stelle aufquellen, sie wird sich
ausdehnen und an dem, nicht sich dehnenden trockenen Rande
des Papieres einen Ausdehnungswiderstand finden, der sie zu
einer mehr oder weniger unregelmässigen Faltenbildung veranlasst. In beiden Fällen ist die Elasticität des Papiers eine
Grundbedingung des Faltenwurfes. Wäre das Papier absolut
unelastisch (eine von der Physik bekanntlich keinem festen
Körper zugestandene Eigenschaft), würde es mit andern Worten einer Aenderung seiner Form unter dem Einfluss äusserer
Kräfte keinen Widerstand entgegenstellen, so würde es in dem
einen, wie in dem anderen Falle zu einem Klumpen sich ver-
dicken. Eine sehr weiche Thon- oder Wachsplatte könnte ein
Beispiel solchen Verhaltens gewähren.

Die Falten der Keimscheibe habe ich nun wie diejenigen
des Papierblattes als Falten einer elastischen Platte aufgefasst,
weil eine andere Auffassung mir überhaupt physikalisch undenkbar erscheint. Dem gegenüber betheuert Prof. Haeckel
in mehreren während der letzten paar Jahre erschienenen
Publicationen gleichlautend: „die Keimscheibe ist nicht elastisch!" Auf welche Erfahrungen diese Betheuerung sich stützt,
wird uns nicht mitgetheilt, und so wollen wir uns für diesmal
erlauben, anstatt aus den Schriften von Prof. Haeckel, unsere
Belehrung bei einer wirklichen Keimscheibe zu suchen. Da
kann ich Dir denn einige höchst einfache kleine Versuche
angeben, die Dir über den Punkt keinen Zweifel mehr gestatten werden:

Du entleerst den Dotter eines frischgelegten unbebrüteten
Eies in eine Schaale, umschneidest den Keim mit der Scheere,
hebst ihn mittelst eines trockenen Deckglases ab, und bringst

ihn mitsammt dem Deckglase in eine unschädliche Flüssigkeit
(Jodserum). Nun reinigst Du, immer unter Flüssigkeit, die
Keimscheibe von der anhaftenden Dotterhaut und vom Dotter
und erhältst sie als eine kreisrunde weisse Platte von etwa
3½ Mm. Durchmesser. Du kannst, wenn Du willst, die trübe
gewordene Flüssigkeit durch klare ersetzen, und Du versuchst
nun mit einer Sonde den Rand der kleinen Scheibe nach der
einen oder der andern Richtung hin umzulegen. Wofern Du
sorgfältig verfährst, und die Gränzen der Elasticität nicht über-
schreitest, wirst Du finden, dass der umgelegte Rand jedesmal
wieder in seine ursprüngliche Stellung zurückfedert. Dann
kannst Du Folgendes vornehmen: Du lässt ein Ei während
etwa 18 Stunden bebrüten, die Keimscheibe dehnt sich dabei
zu einem Durchmesser von etwa 8—12 Mm. aus. Versuchst
Du an der gut isolirten Scheibe mit der Sonde den Rand in
radiärer Richtung einwärts zu drängen, so wird sich derselbe
nach Wegnahme der Sonde wieder nach auswärts bewegen.
Schneidest Du aus der Scheibe Streifen von einigen Millimetern
Durchmesser und schiebst sie, ähnlich wie früher das Papierblatt, von den Rändern aus zusammen, so werfen sie Falten,
die mit aufhörenden seitlichen Drucke sich wieder ausgleichen.
— Du wirst leicht noch andere ähnliche Versuchsformen aus-
findig machen können, die Dich alle auf dasselbe Endergebniss hinausführen werden, dass die Keimscheibe des Vogeleies
schon in frühen Stadien ihrer Entwicklung ein Körper von
nicht unbedeutender Biegungselasticität ist.

Eine von aussen her auf die Keimscheibe formverändernd
wirkende Kraft lässt sich nun während der Periode der ersten
Entwicklung nicht auffinden, wohl aber ergeben sich im Verhalten der Keimscheibe selbst genügende Bedingungen für
deren Faltenbildung. Nur sehr im Vorbeigehen haben wir im
Bisherigen des stetig vor sich gehenden Wachsthums der
Keimscheibe und ihrer Gebilde gedacht, es ist an der Zeit,
diese wichtige Function bestimmter ins Auge zu fassen.

Die unbebrütete Keimscheibe besitzt, wie Du soeben hörtest,
einen Durchmesser von nur etwa 3½ Millimetern. Schon nach
kurzer Bebrütung macht sich eine Zunahme des Durchmessers
bemerklich; stetig schreitet diese voran, und die Scheibe, nach
24 Stunden gegen 1½ Cm. messend, wölbt sich von da ab

mehr und mehr als Halbkugel um den Dotter herum und um-
wächst diesen schliesslich vollständig. Währenddem legt
sich die Embryonalanlage an, und wächst auch ihrerseits als
Ganzes und in allen ihren Theilen. Bei diesem stetigen Wachsthum der Keimscheibe sind nur zwei Möglichkeiten gegeben:
entweder, die Ausdehnung ist in jedem gegebenen Zeitelement
für alle Punkte der Keimscheibe dieselbe, oder sie ist für verschiedene Punkte eine verschiedene. Im ersten Falle liegen
im Wachsthum keine Bedingungen der Keimscheibenfaltung,
im zweiten Falle ist die Faltung als nothwendige Folge des
ungleichen Wachsthums anzusprechen. Es ist dies leicht zu
verstehen: Es sei z. B. eine elastische Platte von beifolgender
quadratischer Gestalt mit je 18 Mm. Seite gegeben und Du magst
sie in die 9 Quadrate a b c bis i eingetheilt denken. Diese
Platte soll in ihrer ganzen Ausdehnung gleichmässig wachsen,
so dass ihr Flächenraum nach einer bestimmten Zeit sich ver-
vierfacht. Jedes der 9 Quadrate hat sich gleichfalls vervier-
facht und für ein Herausgehen eines derselben aus der Ebene
der Uebrigen liegt kein Grund vor. Lass nun aber das Quadrat e sich verneunfachen, während die Uebrigen sich ver-
vierfachen, so bilden letztere einen Rahmen, der für die Ausdehnung des Mittelquadrates einen Widerstand bildet. Letzteres
wird, soweit seine physikalischen Eigenschaften es gestatten,
faltig sich hervorwölben, und auch der äussere Rahmen wird
wegen des nach verschiedenen Richtungen ungleichen Widerstandes sich mehr oder weniger stark verziehen. Lass statt
dessen das Quadrat e nach einer Richtung das dreifache, nach
der andern das vierfache seines frühern Durchmessers gewinnen, so wird die Bedingung für Faltenbildung in einer Richtung
ausgeprägter als in der andern; oder lass statt des Quadrates e
die Quadrate e und h oder b, e und h sich verneunfachen,
so wirst Du wieder andere Bedingungen für den Faltenwurf
bekommen.

Es ist, um mich allgemeiner auszudrücken, in einer ungleichmässig sich ausdehnenden elastischen Platte die Entstehung
von Falten die nothwendige Folge der ungleichen Ausdehnung,
und die specielle Form des Faltenwurfes ist jeweilen eine
Function des Gesetzes, welches für jeden Punkt der Platte
und in einem jeden Zeitmomente die Ausdehnung bestimmt.

Sie ist überdies eine Function von der Vertheilung der elastischen Kräfte in der Platte, eine Abhängigkeit, von der wir vorerst absehen wollen.

Die ungleiche Vertheilung des Wachsthums in der Keimscheibe ist nicht schwer darzuthun. Ein erstes und am leichtesten zu verfolgendes Kriterium liefert die Dicke der Keimscheibe, vor allem die Dicke des oberen, von früh an durch scharfe Contouren ausgezeichneten Gränzblattes. Bevor die Entwicklung begonnen hat, beträgt die Dicke des oberen Gränzblattes in Mittel 20 μ (0,02 Mm.), in der Mitte der Scheibe ist sie unbedeutend stärker als am Rande. Mit Beginn der Entwicklung ist es das zukünftige Embryonalgebiet, in dessen Bereich die Keimscheibe als Ganzes, und speciell das obere Gränzblatt an Dicke rasch zunimmt, während in dem Randgebiete eine Verdünnung statt einer Verdickung und eine gleichzeitige Abplattung der Zellen eintritt. Die Verdickung im Embryonalbezirk ist am bedeutendsten längs und neben der Axe, da wiederum am stärksten im zukünftigen Kopftheile des Gebietes.

Vor vollständig erfolgtem Schlusse des Medullarrohres ist an Querschnitten die Dickenzunahme vom Rand des Embryonalgebietes gegen die Mitte sehr schön zu

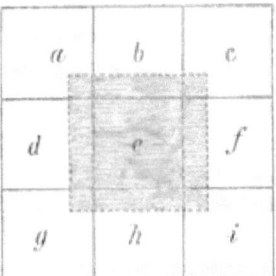

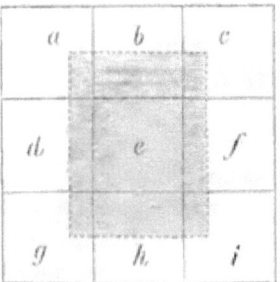

Fig. 36—39.

4*

verfolgen. Sie betrifft in erster Linie das Gränzblatt, dann
aber auch die Muskelplatten, welche beide am Rand des
Embryonalbezirkes zugeschärft enden, und nur das Darmdrüsenblatt zeigt sich längs der Axe gleich dünn, wie am Rande.
Fig. 34 (S. 36) des vorigen Briefes kann Dir diese Dinge vergegenwärtigen.

Die Dickenabstufung von der Mitte gegen den Rand hin
ist keineswegs in allen Schnitten dieselbe. Am Kopftheile ist
die dicke Mittelzone breit und gegen den Rand hin erfolgt
rasche Verjüngung; im Rumpfabschnitt ist die dicke Mittelzone
schmaler und die Verjüngung gegen den Rand weit allmähliger.
An Längsschnitten zeigt sich das obere Gränzblatt im Kopftheile dicker als im Rumpftheil und seine Verjüngung am
vorderen Rande erfolgt sehr rasch. Die Dicke der Medullarplatte nach eben geschlossenem Rohre bestimmte ich bei einem
Embryo von der Stufe Fig. 10:

im Vorderkopf	45—48 μ
im Hinterkopf	38—40 ,,
im Halstheil des Rumpfes	35　　　,,

Embryo von der Stufe Fig. 9:

im Vorderkopf	50—60 μ
im Hinterkopf	40—45 ,,
im Halstheil des Rumpfes	38—40 ,,

Das effective Wachsthum der Embryonalanlage in die Breite
complicirt sich mit deren zunehmender Zusammenschiebung.
Letztere führt trotz der Flächenzunahme der einzelnen Schichten Anfangs zu einem absoluten Schmalerwerden des Embryo.
Es beträgt z. B. die Breite:

Im Stadium	Im vorderen Drittheil des Kopfes.	In der Gegend des 1. Urwirbels.
von Fig. 15	1,0 Mm.	— Mm.
,, ,, 14	0,8 ,,	1,0 ,,
,, ,, 10	0,7 ,,	0,6 ,,
,, ,, 9	0,9 ,,	0,5 ,,

Durchgreifende Maassbestimmungen des transversalen Flächen-
wachsthums haben mit verschiedenen Schwierigkeiten zu käm-
pfen. Auf früheren Entwickelungsstufen vor Schluss des Medullarrohres lassen sich feste zu Messungen geeignete Punkte
nicht wohl bezeichnen, später, wenn die Organgränzen die

Unsicherheit die Orientirung verringern, treten bald Compli-
cationen ein, die in gegenseitigen Verschiebungen der, ursprünglich im gleichen Querschnitt befindlichen Theile bestehen. In
der kleinen Tabelle, die ich beifüge, sind für vier bestimmt
charakterisirte Schnittstellen die Ausdehnung des flach ausgebreitet gedachten Medullarrohres (M) und des Hornblattes (H)
eingetragen. Als Endpunkt für die Hornblattmessung gilt in den
beiden unteren Rubriken der Ort seiner Verbindung mit der
oberen Muskelplatte. Die in derselben Verticalcolonne enthaltenen Messungen beziehen sich auf Querschnitte eines und
desselben Embryo. Aus den beigegebenen Verhältnisszahlen
$\frac{M}{H}$ ersiehst Du: 1) das Uebergewicht des medullaren Wachsthums überhaupt, und 2) das, im Vergleich zum Rückenmark-
theil, stärkere Ueberwiegen desselben im Hirntheil.

Maasse in Millimetern.	Stufe von Fig. 10.			Stufe von Fig. 9.			Stufe von Fig. 5.			Stufe von Fig. 1.		
	M.	H.	$\frac{M.}{H.}$	M.	H.	$\frac{M.}{H.}$	M.	H.	$\frac{M.}{H.}$	M.	H.	$\frac{M.}{H.}$
Gegend der Augenblasen.	0,55	1,6	$\frac{1}{1,9}$	2,9	2,3	$\frac{1}{0,8}$	Messungen wegen der eingetretenen Kopfkrümmung nicht brauchbar.					
Gegend der Mundbucht.	0,5	1,5	$\frac{1}{3}$	1,1	2,1	$\frac{1}{2}$						
Gegend der Gehirnblase.	0,3	0,95	$\frac{1}{3,16}$	0,7	1,9	$\frac{1}{2,7}$						
Gegend des vordersten Urwirbels.	0,27	0,95	$\frac{1}{3,6}$	0,37	1,3	$\frac{1}{3,5}$	0,65	2,0	$\frac{1}{3,1}$	1,1	3,4	$\frac{1}{3,1}$

Auf das Voraneilen des cerebralen Wachsthums ist auch
die Thatsache zurückzuführen, dass alle Längsfalten im vorderen Theile des Embryo früher und stärker sich entwickeln,
als im hinteren.

Das starke Vorauseilen des Gehirns im Längswachsthum
bedarf kaum eines besonderen Zahlenbeleges, Du brauchst
nur die Figuren 1, 5, 9, 10 des ersten Briefes mit einander
zu vergleichen, um Dich davon zu überzeugen. Ein in Zahlen
ausdrückbarer Vergleich zwischen dem Längswachsthum des
Rumpfes und des Gehirns lässt sich mit Hülfe der Urwirbel

gewinnen. Die Länge der 8 vordersten Urwirbel (incl. Zwischen-
streifen) beträgt zusammengenommen:

beim Embryo Fig. 10   0,92 Mm.
      „   „   „   9   0,92   „
      „   „   „   5   0,92   „
      „   „   „   1   1,05   „

Die Länge der hintereinander liegenden Abtheilungen des Gehirns (im Bogen gemessen):

beim Embryo Fig. 10   1,4 Mm.
      „   „   „   9   1,55   „
      „   „   „   5   2,3   „
      „   „   „   1   2,9   „

d. h. während die Länge des vordersten Rumpfabschnittes um
etwa $\frac{1}{6}$ zugenommen hat, hat diejenige des Gehirns um mehr
als das Doppelte zugenommen. Es wird dies vorerst genügen,
Dich von der ungleichmässigen Vertheilung des Wachsthums
in der Keimscheibe zu überzeugen.

Da wir uns nun darüber klar geworden sind:

dass die Keimscheibe eine Platte von nicht unbedeutender Biegungselasticität ist,

dass eine solche Platte bei stattfindender ungleichmässiger
Ausdehnung in Falten sich werfen muss,

dass in der Keimscheibe das Wachsthum nach einem bestimmten Gesetze räumlich sich vertheilt,

dass endlich die Bildung und erste Gliederung der Embryonalanlage durch Bildung von Falten sich einleitet,

können wir das Ergebniss als feststehend betrachten, dass
die Bildung und erste Gliederung des embryonalen Körpers
eine unmittelbare Function des Gesetzes ist, welches das Wachsthum der Keimscheibe nach Raum und nach Zeit bestimmt.

Fünfter Brief.

Mechanik der Blatterspaltung. Einfluss der Keimscheibenspannungen auf
die Form der Zellen. Ueberschreitung der Elasticitäts- und der Festig-
keitsgränzen, Bildung des Axenstrangs und der Urwirbel, Bildung von Näthen.

Lieber Freund! Im vorigen Briefe haben wir einen An-
griffspunkt gefunden, von wo aus das physiologische Studium
der frühesten Formentwickelung sich unternehmen lässt. Folgen
wir heute dem angebahnten Pfade und untersuchen wir, ob
er uns zu noch weitergehenden Gesichtspunkten zu führen
vermag!

Das Hauptergebniss unseres letzten Briefes war folgendes:
die Scheidung des Embryonalleibes von der übrigen Keimhaut
und seine Gliederung in die fundamentalen Bezirke wird durch
Faltungen eingeleitet, welche ihrerseits die Folge sind ungleicher Vertheilung des Wachsthums in der Scheibe. Der
rascher sich ausdehnende Embryonalbezirk findet einen Ausdehnungswiderstand an dem ihn umgebenden, minder rasch
wachsenden Randbezirk, und erhebt sich blasenartig über diesen. In ihm selbst sind wiederum Abstufungen der Wachsthumsgeschwindigkeiten vorhanden, welche im Einzelnen mitbestimmend wirken auf die Form und auf die Reihenfolge der
entstehenden Falten.

Nicht allein nach den verschiedenen Längen- und Breiten-
bezirken stufen sich innerhalb der Keimscheibe die Wachsthumsgeschwindigkeiten ab, auch in verschiedenen Höhen dehnt sich
die Scheibe ungleich rasch aus. An dem beistehenden (unvollständig wiedergegebenen) Durchschnitte, Fig. 40, beträgt
der gerade Abstand zwischen den beiden Anheftungsstellen der
oberen Seitenplatten an das obere Gränzblatt = 107 Mm., was

bei 35maliger Vergrösserung eine Breite von 1,26 Mm. ergiebt.

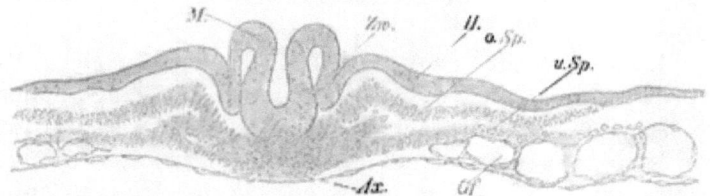

Fig. 40 (28). Querschnitt etwas weiter hinten als Fig. 27 durch denselben Embryo geführt.
Die Urwirbelscheidung hat noch nicht begonnen.
Ax. Axenstrang mit seinen seitlichen Fortsätzen.
o.M. obere Muskelplatte.
u.M. untere Muskelplatte.
Gf. Gefässchicht.

Beim Messen innerhalb dieser Breite entlang den Krümmungen resultirt als wirkliche Länge für

das obere Gränzblatt   2,0 Mm.
die obere Muskelplatte   1,5   „
„ untere   „   1,33   „
das untere Gränzblatt   1,3   „

d. h. es ist das obere Gränzblatt an der fraglichen Strecke
und zu der gegebenen Zeit um ⅓ breiter, als die obere Muskelplatte, und um die Hälfte breiter als die untere Muskelplatte und als das Darmdrüsenblatt. Auf früheren Stufen sind
die relativen Unterschiede geringer, aber in gleichem Sinne
vorhanden, beim unbebrüteten Keime schliesslich gleichen sie
sich völlig aus.

Die Ungleichheit in der Flächenausdehnung der verschiedenen Keimscheibenschichten ist der Grund der Blätterspaltung.
Ueber diesen, im Bisherigen nur obenhin berührten Vorgang,
wollen wir uns vorerst wiederum einige Anschauung verschaffen, und zwar nehme ich die Beschreibung beim Keim des
unbebrüteten, frisch gelegten Eies auf.

Der Keim des unbebrüteten Hühnereies ist, wie bereits
früher erwähnt wurde, eine flache Scheibe von etwa 3½ Mm.
Durchmesser. Der Rand der Scheibe ruht auf einem Ring
von weissem Dotter, dem sog. Keimwall auf, ihr Mittelfeld
ist über einer, mit Flüssigkeit erfüllte Höhle, die Keimhöhle,
ausgespannt. Die ersten sichtbaren Spuren des Embryo treten
in diesem Mittelfelde auf, und zwar zwischen dem geometrischen

Mittelpunkte und dem einen, als hintern zu bezeichnenden Rande der Scheibe.

Die Keimscheibe besteht in der Zeit vor der Bebrütung aus zwei Schichten, deren obere dicht und von scharfen Contouren umsäumt ist, während die untere aus locker verbundenen,

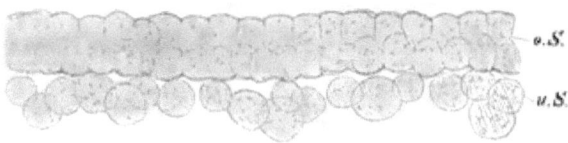

Fig. 11. Stück Keimscheibe des unbebrüteten Hühnereies. 250mal vergrössert in senkrechtem Durchschnitte.
O. S. obere dichte Schicht.
U. S. untere lockere Schicht.

meistens kuglig gegen die Keimhöhle vorspringenden Zellen besteht. Einzelne Keimzellen liegen sogar, von der Scheibe getrennt, auf dem Boden der Keimhöhle. Eine eigentlich zusammenhängende Haut bilden die Zellen der unteren Schicht noch nicht, sondern eine vielfach unterbrochene netzförmige Lage. Mit der oberen compacten Schicht hängen sie allenthalben zusammen, eine Verbindung, die sich von der Zeit der Furchung her noch erhalten hat.

Mit dem Beginn der Bebrütung gewinnt auch die untere Schicht an Zusammenhang, die seitlichen Verbindungen mehren

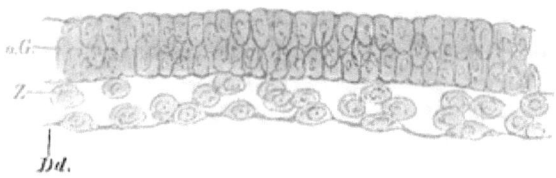

Fig. 12. Stück Keimscheibe des Hühnereies nach 8stündiger Bebrütung. Senkrechter Durchschnitt. 250mal vergrössert.
o. G. Oberes Gränzblatt.
Dd. Darmdrüsenblatt
Z. Zwischenliegende Zellen.

sich, und es bildet sich eine tiefste blattartige Schicht, welche wir nunmehr als Darmdrüsenblatt bezeichnen dürfen, die oberste compacte Lage ist das obere Gränzblatt. Beide sind mit einander durch zwischenliegende Zellen verbunden, welche in der Nähe der zukünftigen Körperaxe am reichlichsten vorhanden sind. Dehnen sich nun die beiden Gränzblätter aus und bilden Falten, so ist zu einer Trennung ihrer Verbindungen kein Grund vorhanden, so lange die Flächenausdehnung beider dieselbe ist. Dehnt sich aber das eine Blatt rascher aus als

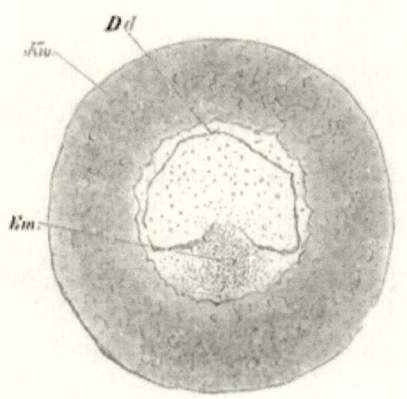

das andere, so werden sie bei ihrer losen Verklebung nothwendig von einander sich trennen müssen. Die Trennung wird da zuerst erfolgen wo die Verbindung am losesten, zuletzt da wo sie am innigsten ist. Sie erfolgt zuerst vor dem Embryonalbezirke der Keimscheibe und in dessen Seitenabschnitten, später im Stammgebiete, zuletzt längs der Axe. In beistehender Fig. 43 ist eine, während 15 Stunden

Fig. 43. Keimscheibe, 15 St. bebrütet. Vergr. 10mal.
Kw. Keimwall (Ring von anhaftendem weissen Dotter).
Em. Erste sichtbare Spur der Embryonalanlage.
Dd. Rand des abgerissenen Darmdrüsenblatts.

bebrütete Keimscheibe in der Flächenansicht dargestellt. Den Ort der Embryonalanlage erkennst Du an einem, in der hinteren Hälfte der Scheibe vorhandenen, unscharf begränzten dunklen Streifen. Soweit dieser Streifen reicht, sind die beiden Schichten noch ungeschieden, soweit die Scheibe hell, sind sie von einander getrennt. Vorn und theilweise noch seitlich vom axialen Streifen ist der freie Theil des Darmdrüsenblattes bei der Reinigung in grösserer Ausdehnung weggerissen worden und man sieht dessen scharfen Rand.

Treten nun die beiden Gränzblätter auseinander, so werden die dazwischen befindlichen Zellen theils dem einen, theils dem anderen Blatt folgen, oder sie werden, ihre Verbindung mit beiden aufgebend, eine mittlere Schicht bilden, die ihrerseits wieder in zwei zerfällt. Erstere Reihenfolge der Trennungen tritt im Schwanz- und grossentheils im Parietalgebiet.

letztere im Stammgebiet in den Vordergrund. Das Endergebniss ist, wie wir früher schon sahen, die Bildung zweier Muskelplatten, deren eine dem oberen, deren andere dem unteren Gränzblatt bleibend zugetheilt wird.

Alle die Trennungen erfolgen nicht mit einem Male, sie leiten sich ein durch Zerrungen und fadenförmiges Ausziehen der verbindenden Zellen zwischen den am stärksten auseinander weichenden Strecken der Schichten, dann reisst die Verbindung durch, die Zerrung hat mittlerweile neue, am Rand der Trennung liegende Strecken ergriffen, und so geht die Sache

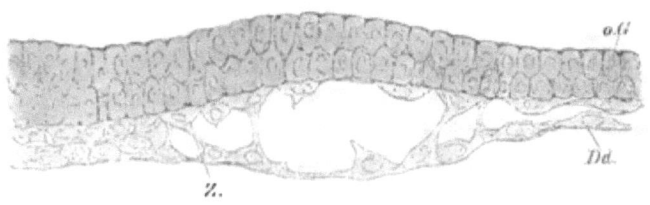

Fig. 41. Embryonalbezirk der Keimscheibe im Stadium der Blätterspaltung senkrecht durchschnitten. 250mal vergrössert.
o. G.   oberes Gränzblatt.
Dd.   Darmdrüsenblatt.
Z.   Zwischenliegende Zellen zum Theil fadenförmig sich umspannend   Die dichtere Anhäufung links gehört dem Mittelbezirk der späteren Stammzone an.

von bestimmten Stellen aus successive weiter. Das Ausspannen fadenförmiger Verbindungen geht stets der vollständigen Lösung voraus. Wie lange und wie innig an einzelnen Stellen die ursprünglichen Verbindungen sich erhalten, davon hast Du früher schon Beispiele kennen gelernt in der Verbindung des Medullarrohres mit der Chorda dorsalis, und dieser mit dem Darmdrüsenblatt, sowie in der Verbindung des äusseren Randes der oberen Muskelplatte mit dem oberen Gränzblatt.

Gehst Du noch einmal die Schnitte durch, die ich Dir auf den letzten paar Seiten, bei stärkerer Vergrösserung gezeichnet, mitgetheilt habe, so wirst Du auch bemerkenswerthe Verhältnisse in der Form der Zellen wahrnehmen. Verfolge zunächst das obere Gränzblatt: bei Fig. 41, die unbebrütete Keimscheibe darstellend, findest Du dessen Zellen annähernd rundlich, oder leicht oval mit Orientirung der grösseren Axe senkrecht zur Oberfläche. Schon bei Fig. 42 tritt die ein-

seitige Verlängerung der Zellen mehr in den Vordergrund, noch
mehr bei Fig. 40 sowie bei Fig. 44; und zwar wirst Du bei
dieser letzten Figur wahrnehmen, dass die radiäre Verlängerung
der Zellen vom Rand der Embryonalanlage gegen die Mitte
hin zunimmt, und dass sie in der Medullarplatte ihr Maximum
erreicht.

Die Zellen der unteren Schichten haben Anfangs eine kuglige Gestalt, dann beginnt mit der Bildung des unteren Gränzblattes in dessen Zellen eine zunehmende Abplattung Platz zu
greifen. In den Zellenschichten der Muskelplatten tritt im
Verlaufe der Entwicklung, wie im oberen Gränzblatte, radiäre
Schichtung ein, auch hier in einem vom Seitenrand gegen die
Axe hin zunehmenden Maasse.

Die Bedeutung dieser Eigenthümlichkeiten ist unschwer
zu verstehen. Wenn das obere Gränzblatt aus dem früher
angegebenen Grunde Falten bildet, so muss es als comprimirter
Körper in seiner ganzen Breitenausdehnung im Zustande elastischer Spannung sich befinden. Jedes Theilchen drückt vermöge
seiner elastischen Kräfte auf die seitlich davon liegenden Nach-
bartheilchen, jede Zelle als Ganzes auf ihre Nachbarzellen. Die
Folge davon wird sein, dass die einzelnen Zellen als weiche
Körper in der Richtung geringsten Druckes, d. h. senkrecht
zur Oberfläche sich ausdehnen, in der Richtung grösseren Druckes
aber verkürzen, sie werden spindelförmige oder prismatische
Gestalten annehmen. Die Form der Zellen giebt uns also
innerhalb gewisser Gränzen geradezu ein Kriterium für die
Grade der elastischen Spannung. Es ist nun leicht verständlich, wie mit zunehmender Ausdehnung des oberen Gränzblattes
die Spannung in ihm stets wachsen, und wie bei dessen über-
wiegendem axialen Wachsthum dieselbe gerade in der Medullarplatte ihr Maximum erreichen muss. Ferner ist aus den
bekannten Sätzen über die Biegung fester Platten ersichtlich,
dass am convexen Bogen der Falten die Spannung stets geringer sein muss, als am concaven und dass sie hier unter
gewissen speciellen Bedingungen negativ sein wird. [1]

Für die Muskelschichten treten die Bedingungen einer Com-
pressionsspannung viel später ein als für das obere Gränzblatt,
im unteren Gränzblatt haben wir statt Spannungserscheinungen
Anfangs Erscheinungen der Dehnung, als deren Folge die für

bestimmte Strecken früh eintretende Abplattung der Zellen
aufgefasst werden muss.

Die Form einer Zelle kann, wie Du aus den eben besprochenen Erfahrungen ersiehst, nicht als eine durch die innere
Organisation allein bedingte, somit specifische Eigenschaft angesehen werden, sie ist eine Function einestheils allerdings
der Organisation, anderntheils aber der auf die Zellen wirken-
den äusseren Kräfte.

Es ist kaum nöthig, Dich darauf aufmerksam zu machen,
dass die Analyse sämmtlicher Spannungsbedingungen für eine
gegebene Stelle ein Problem äusserst verwickelter Natur ist.
Von der Zeit ab, wo in der Keimscheibe Ungleichheiten des
Wachsthums Platz gegriffen haben, entspricht ihre augenblickliche Form der jeweiligen Gleichgewichtslage eines ganzen
Systems elastischer Kräfte. Jeder Schnitt oder Riss wird das vorhandene Gleichgewicht stören und die Annahme neuer Formen
veranlassen, welche zwar Gegenstand experimenteller Beobachtung, nicht aber derjenigen aprioristischer Voraussage sein können. Als Folge stärkerer Biegungen, Zerrungen oder Pressungen,
welche die Schichten der Keimscheibe im Verlaufe der Entwicklung erfahren, können ferner stellenweise Ueberschreitungen
der Elasticitätsgränze nicht ausbleiben, womit dann wieder
neue Bedingungen in das ganze formbildende Kräftesystem eingeführt werden.

Ein interessantes Beispiel von der Entstehung neuer Gleich-
gewichtsbedingungen nach Ueberschreitung der Elasticitätsgränzen giebt die Geschichte des Axenstranges. Du er-
innerst Dich der tiefen Rinne (Fig. 15), welche bald nach Entstehung der ersten Keimscheibenfalten das obere Gränzblatt längs
der Mittellinie bildet. Die Embryologen haben sie Primitivrinne
genannt, am Kopfe geht sie in eine seichte Furche über. Der
die Rinne bildende Theil des Gränzblattes springt, wie die
Querschnitte zeigen, mit scharfer Kante gegen die unterliegenden Schichten vor, die Muskelanlagen zur Seite drängend.
Längs dieser scharf geknickten Kante nun hört die radiäre
Streifung des oberen Gränzblattes auf, die Lücke zwischen
den beiden streifigen Seitenhälften wird von runden Zellen
eingenommen. Dieselben sind bereits als Bestandtheile des
Axenstranges anzusehen und sie gehen ohne scharfe Gränze

in die Zellenmassen über, welche die Verbindung mit dem
Darmdrüsenblatt herstellen, und die als Seitenfortsätze zwischen
die Muskelplatten treten.

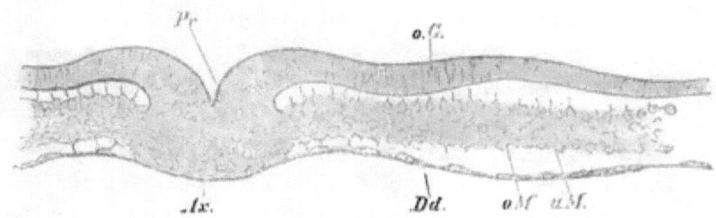

Fig. 45. Keimscheibe vom Huhn nach 26 stündiger Bebrütung. Senkrechter Durchschnitt.
Vergrösserung 150.
o. G. oberes Gränzblatt.
Pr. Primitivrinne.
Ax. Axenstrang.
o. M. obere und
u. M. untere Muskelplatte, von einander nicht geschieden.
Dd. Darmdrüsenblatt.

Wir haben hier einen Fall vor uns, wie er eintreten
müsste, wenn in einer durch Zusammendrücken gebogenen
Gummiplatte der am stärksten gebogene Theil sich plötzlich
in Thon, oder in eine andere, sehr wenig elastische Substanz
verwandelte. Es würde diese Substanz aus der Fläche der
Platte herausgetrieben werden und sich längs der Kante zu
einem mehr oder minder unförmlichen Klumpen ansammeln.

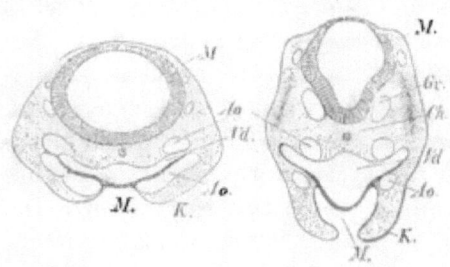

Fig. 46 (18). Querschnitt durch
den Kopf von Fig. 17. 40mal
vergrössert.
M. Mundbucht.
K. Kieferleiste.
Vd. Vorderdarm.
Ch. Chorda dorsalis.
H. Gehirnrohr (Mittel-
hirn).
Ao. aufsteigende und ab-
steigende Aorta.
Gv. Gehirnvenen.

Fig. 47 (19). Querschnitt
durch den Gesichtstheil d.
Kopfes von Fig. 5. 40mal
vergrössert. Bezeichnun-
gen wie bei Fig. 18.

Du siehst jetzt, wel-
chen Grund ich hatte
zu der früher ausge-
sprochenen Behaup-
tung, dass ein Theil
der Zellen des Axen-
stranges aus dem obe-
ren Gränzblatt stamme.
Du wirst ferner leicht
verstehen, dass wach-
sende Zellen aus dem
Gränzblattantheile des
Axenstranges   leicht
nach den Seiten hin
ausweichen   können,

und dass später, wenn das Medullarrohr und die Chorda im
Uebrigen scharf sich isolirt haben, letztere doch noch wie ein
Keil in ersteres kann festgeklemmt sein.

Du würdest mich übrigens missverstehen, wolltest Du
glauben, dass alle Zellen des Axenstranges in der Weise dem
oberen Gränzblatte entstammen.   Das Aufbrechen des oberen

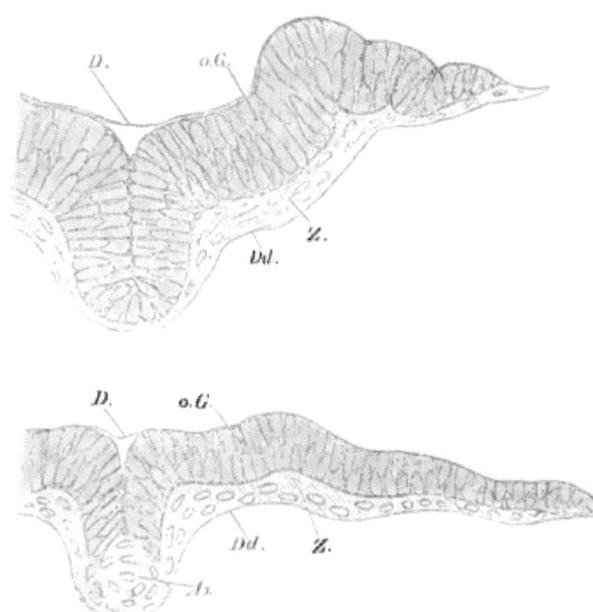

Fig. 18 und 19.
Querschnitt des Lachskeimes. 8 Tage p. foec. Vergrösserung 85.
o. G. oberes Gränzblatt.
D. Rinne, darüber liegende Deckschicht.
Dd. Darmdrüsenblatt.
Z. Zellenschicht zwischen den beiden Gränzblättern.

Gränzblattes erfolgt im Kopftheile nicht, hier bildet das Medullarrohr eine auch in ihrem unteren Theile gleich dicke
Platte mit durchgehender radiärer Streifung.   Gleichwohl fehlen der Axenstrang und die aus ihm hervorgehende Chorda
im Kopftheile nicht, wie Du aus Fig. 18 und 19 trotz der
etwas schwachen Vergrösserung entnehmen kannst.   Zur Vergleichung setze ich Dir auch 2 Querschnitte durch die Kopfanlage eines Knochenfisches (Lachs) bei, deren eine, Fig. 38,

die Gegend der Augenanlagen trifft, deren anderer, Fig. 49,
diejenige des Hinterkopfes. An ersterem ist die Medullarplatte
ununterbrochen, an letzterem siehst Du den zwischenliegenden
Axenstrang concentrisch geschichtet.

Nicht allein die Elasticitätsgränzen, auch diejenigen der
Festigkeit werden bei den stattfindenden Umformungen der
Keimscheibe vielfach überschritten. Die oben besprochenen
Blätterspaltungen gaben hierfür ein erstes Beispiel, ein anderes,
gleichfalls in frühe Perioden fallendes, giebt die Scheidung
der Urwirbelplatten und diejenige der Urwirbel. Die Scheidung der Urwirbelplatten fällt in die Zeit vor der Erhebung
der Medullarplatte, mit dieser hebt sich der durch zahlreiche Zellen ihrem Rande anhaftende Stammtheil der Inter-

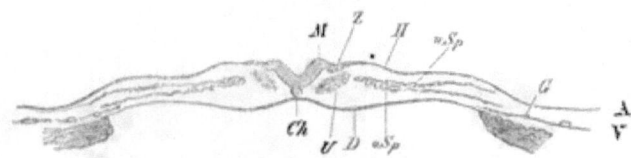

Fig. 50 (13). Querschnitt durch den Embryo Fig. 10 bei a. 40mal vergrössert.
Dorsalansicht.

M. Medullarplatte.
Z. Zwischenrinne.
H. Hornblatt.
U. Urwirbelplatte.
S. Seitenplatte.
D. Darmdrüsenblatt.
Ch. Chorda dorsalis

mediärgebilde. Die Verbindung des letzteren mit dem Pa-
rietaltheile wird erst ausgezogen und weiterhin getrennt. Die
zurückbleibenden Zellenverbindungen der Urwirbel mit dem
Hornblatt sind weiterhin auch der Grund, weshalb jene von
der Chorda seitwärts wegrücken und die Verbindung mit ihr
allmählig lösen.

Mit der Hebung der Urwirbelplatten hängt auch die Gliederung der Urwirbelplatten in einzelne hintereinanderliegende
Stücke zusammen. Dieser Scheidung geht nämlich eine,
während des betreffenden Stadiums an Flächenbildern sehr
auffällige Kräuselung voraus, die Du leicht verstehen wirst,
wenn Du ins Auge fassest, dass die Körperaxe auch im Rumpftheile zu keiner Zeit gestreckt ist, sondern theils concave,
theils convexe Ausbiegungen macht. Für die sich aufstellende
Medullarplatte und für die Urwirbelplatten sind somit die

Bedingungen dieselben, als wenn wir versuchen wollten, einen bandartigen Leder- oder Stoffstreifen längs einer concaven Linie zu befestigen. Der Streifen würde sich mehr oder minder regelmässig kräuseln. Am Medullarrohr sind, selbst nach vollendetem Schlusse, bei der Flächenansicht Ausbiegungen sichtbar, welche je in die Interstitien zwischen zwei Urwirbel fallen; in der lockeren Urwirbelplatte aber bleibt es nicht bei den Kräuselungen, es kommt zur wirklichen Trennung der sich faltenden Stücke.

Etwas anders als in den eben betrachteten Fällen ist der Trennungsmechanismus bei der Scheidung der Leibeswand vom Amnion, der Darmwand von der Nabelblase, bei der Isolation des Herzens, und bei der Trennung des Amnion von der serösen Hülle. In allen diesen Fällen ist der Grundvorgang folgender: Zwei Falten begegnen sich mit ihren Firsten, und sie

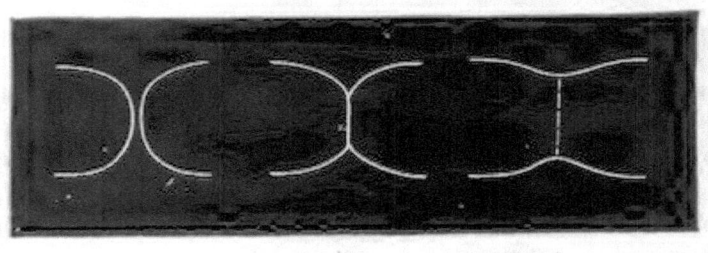

Fig. 51.
Schema der Nathbildung.

verwachsen mit einander. Der obere Schenkel der einen bildet mit dem oberen der anderen eine zusammenhängende, Anfangs noch rinnenförmig vertiefte Platte, ebenso die unteren Schenkel. Das gleichfalls zur Verlöthung gelangte Zwischenstück verjüngt sich bei der, mit der Zeit unvermeidlich eintretenden Spannung, und dann zerreisst es, ohne merkliche Reste zu hinterlassen. Nach ähnlichem Princip geschehen eine Anzahl sogen. Abschnürungen der nachfolgenden Entwicklungszeit, wie die Abschnürung der Linse, diejenige der Gehörblase u. a., deren Verständniss einer aufmerksamen Betrachtung keine Schwierigkeiten in den Weg legt.

Sechster Brief.

Allgemeinheit des Faltungsprincipes bei der Bildung von Organanlagen. Bildung von Herz, Luftröhre, Lungen, Leber, Schilddrüse, Magen und Milz.

Lieber Freund! Die Ungleichheit des Wachsthums verschiedener Keimtheile und die Bedeutung derselben als formbildendes Princip haben sich als das feste Ergebniss der in den letzten beiden Briefen mitgetheilten Beobachtungen und Messungen herausgestellt. Wir wissen nunmehr, dass jene Ungleicheit im Wachsthum nicht allein die Bildung der den Keim abtheilenden Falten bedingt, sondern dass sie mittelbar auch die Ursache ist für die Scheidung der Keimblätter, für die Abspaltung der Urwirbelplatten und der Urwirbel, für die Trennung der Chorda dorsalis, kurz für die gesammte Gliederung des Keimes, soweit sie in den ersten Perioden der Entwicklung sich vollzieht.

Es erhebt sich nun, wie Du siehst, die Frage, ob es möglich ist, unter Zugrundelegung desselben Principes auch die weitergehenden Organabgliederungen, die Bildung des Herzens, der vegetativen Organe und der Sinnesorgane abzuleiten, oder ob es dazu der Herbeiziehung neuer Principien bedarf. Diese Frage hängt innig zusammen mit einer andern, ob der Gang des Wachsthums einem Gesetze einfacher zeitlicher und räumlicher Abstufung folge, oder ob derselbe bei Bildung besonderer Organe auch zu besonderen Anläufen oder Sprüngen sich erhebe.

Die früheren Embryologen hatten bereits die Erfahrung gemacht, dass die Bildung mancher Organe von bestimmten Flächen ausgeht. Die Bildung des Herzens, der Luftröhre und

Lungen, der Schilddrüse, sowie diejenige der Leber und des Pankreas wurden in Beziehung zur Geschichte des Primitivdarmes gebracht, die Bildung der Linse, der Gehörblase und diejenige der Hautdrüsen wurden als sogen. Abschnürungen des Hornblattes aufgefasst. Immerhin ging man dabei von der Voraussetzung aus, dass da, wo ein solches Organ sich zu bilden habe, die Substanz in einem gegebenen Augenblicke zu wuchern beginne. Es sollte die Bildung des Organs das Ergebniss eines aus der Ordnung der Nachbarschaft heraustretenden localen Wachsthumsprocesses sein. Nun ergiebt aber die Beobachtung der früheren Stadien keine solchen localen Wucherungen. Von den, in den Ort des späteren Gehirnes fallenden Strecken maximalen Wachsthums aus stuft sich, soweit aus dem vorhandenen Material erkennbar ist, das Wachsthum stetig nach allen Richtungen hin ab, rasch nach vorn, langsamer und symmetrisch nach den beiden Seiten, am langsamsten nach rückwärts. Ebenso findet sich Abstufung in der Wachsthumsgeschwindigkeit von den oberen zu den tiefen Schichten der Keimscheibe. Mit Rücksicht auf die histologische Bestimmung der Anlagen heisst das: es wächst im Beginn der Entwicklung am raschesten die Anlage für das Nervengewebe, langsamer diejenige für die quergestreiften, noch langsamer die für die organischen Muskeln, und am langsamsten (wenigstens gilt dies vom Darmdrüsenblatte und vom Rande des Hornblattes) die Anlagen für Epithelien und für drüsige Theile.

Wir gelangen somit zu folgender Alternative: entweder berechtigen uns die Erfahrungen über Bildung bestimmter Organe zum Schlusse, dass an gegebenen Stellen und zu gegebenen Zeiten locale Wucherungen auftreten, oder aber es müssen sich alle bei Organanlagen in Betracht kommenden Substanzanhäufungen als durch Faltenbildung bedingte Zusammendrängungen auffassen lassen.

Ist ersteres der Fall, dann müssen wir uns von vornherein sagen, dass das Gesetz, welches das embryonale Wachsthum beherrscht, unmöglich einen einfachen Ausdruck haben kann, in letzterem Falle aber wird es wahrscheinlich, dass dieser Ausdruck ein verhältnissmässig einfacher sei. Es ist nämlich alsdann zu vermuthen, dass auch im weiteren zeitlichen Verlaufe der Entwickelung die Wachsthumsgeschwindigkeit für irgend eine der gegebenen Anlagen nicht sprungweise, sondern nur in allmähligen Abstufungen sich ändert. An und für sich empfiehlt sich, wie Du siehst, diese Annahme durch ihre grösstmögliche Einfachheit, auch erlaubt sie, wie ich Dir später zeigen werde, über das Wesen der Zeugung und der erblichen Uebertragung Vorstellungen zu formuliren, welche sich ungezwungen dem Rahmen mechanischer Naturvorstellungen einreihen.

Die Beobachtung hat bis dahin kein Organ aufgedeckt, dessen Bildungsgeschichte zur Annahme localer Wucherungen nöthigt. Für einige wenige Organe, wie für die Nieren und die Nebennieren, ist unsere Kenntniss der ersten Anlagen noch unvollkommen. Für die grosse Mehrzahl der übrigen ist der Nachweis von deren Bildung durch Faltungsvorgänge unmittelbar zu führen. Für einige Hauptorgane werde ich Dir das bezügliche Material vorlegen, und ich beginne mit der Geschichte des Herzens.

Wir haben in früheren Briefen die doppelte Gliederung der Muskelanlagen, einmal in Stammtheil und Parietaltheil und dann in die obere, oder animale und in die untere, oder vegetative Platte, besprochen. Für den Kopf erleidet dieses Gliederungschema einige Modificationen. Im Vorderkopf sind an und für sich die Muskelanlagen unbedeutend, und die Gliederung in Stamm- und Parietaltheil tritt nur unvollkommen ein. Im Hinterkopf dagegen sind die Muskelanlagen beträchtlicher, und es ist ihre Scheidung in Stamm- und Parietaltheil bestimmt ausgeprägt. Der Parietaltheil ist zu innerst eine einfache Platte, dann spaltet er sich in zwei Schichten (s. Fig. 52), von welchen die untere breiter und unverhältnissmässig viel dicker ist, als die obere. Aus der unteren Schicht entwickelt sich die Musculatur des Herzens, des Pharynx und des Diaphragma. Es sind dies lauter quergestreifte Musculaturen, und als unmittelbarer Ausdruck der Thatsachen ergiebt sich somit, dass am Kopf die vegetative Platte als selbstständige Anlage fehlt, die animale dagegen in zwei Schichten von ungleicher Stärke, eine schwächere obere und eine stärkere untere, gespalten ist. Die untere Platte lässt sich bis zum vordersten Abschnitte des Halses verfolgen, hier legt sie sich an die obere an. Dahinter gestaltet sich

die Schichtung so, wie ich Dir sie früher als typisch beschrieben
habe. Die spaltförmige Leibeshöhle besteht demgemäss aus
einem vorderen, beiderseits von animaler Musculatur umgränzten
Raume, und aus einem hinteren, dessen eine Wand durch animale, dessen andere durch vegetative Musculatur gebildet wird.
Ersterer ist die Anlage der Brust- und letzterer die der Bauchhöhle. Die Abgränzung beider ist die mit der Herzanlage
verbundene Anlage des Zwerchfells. Unter den umstehen-
den Zeichnungen sind es Fig. 58 und Fig. 64 und 65, welche
die Verbindung der beiden animalen Schichten auf dem Querschnitte zeigen; Fig. 57 ist der Stufe Fig. 9, die beiden andern
sind der Stufe Fig. 5 entnommen.[1])

Es darf Dich nicht befremden, dass hier von einer Brusthöhlenanlage am Kopf, von einer Zwerchfell- und einer Bauchhöhlenanlage am Halse die Rede ist. Auch das Herz bildet
sich, wie Du schon aus den Figuren des ersten Briefes entnommen hast, am Kopf, und wandert, indem es das Zwerchfell mitnimmt, erst später in seine definitive Lage. Darin liegt
auch der Grund, weshalb das Herz von einem Kopfnerven,
das Zwerchfell von einem Halsnerven innervirt ist.[2])

Die Bildung des Herzens hängt in inniger Weise mit derjenigen des Vorderdarms zusammen. Der Vorderdarm schliesst
sich durch das mediane Zusammenwachsen der zwei seitlichen
Falten des Darmdrüsenblattes (Fig. 52 u. Fig 55). Nachdem
die beiden Falten sich erreicht und vereinigt haben, isolirt
sich die neugebildete untere Wand des Vorderdarms auf die,
im vorigen Briefe besprochene Weise. Mit den zwei Falten
des Darmdrüsenblattes bewegen sich gleichläufig die unteren
animalen Platten, und unter dem sich schliessenden Vorderdarm begegnen sich, der Zeit nach etwas später, auch sie.
Würden die Muskelplatten dem Darmdrüsenblatt durchweg genau anliegen, so würde der Vorderdarm zwar eine musculöse
Wand bekommen, ein Herz indess käme dabei nicht zu Stande.
Die Bildung des letzteren ist davon abhängig, dass jederseits
die Muskelplatte, breiter als das zugehörige Darmdrüsenblatt,
von diesem sich faltenartig abhebt. Die der innern Falten-
fläche entsprechende Rinne der Muskelplatte ist die erste Andeutung eines Herzraumes, die Wand der Faltenrinne wird
zum Muskelschlauche des Herzens.

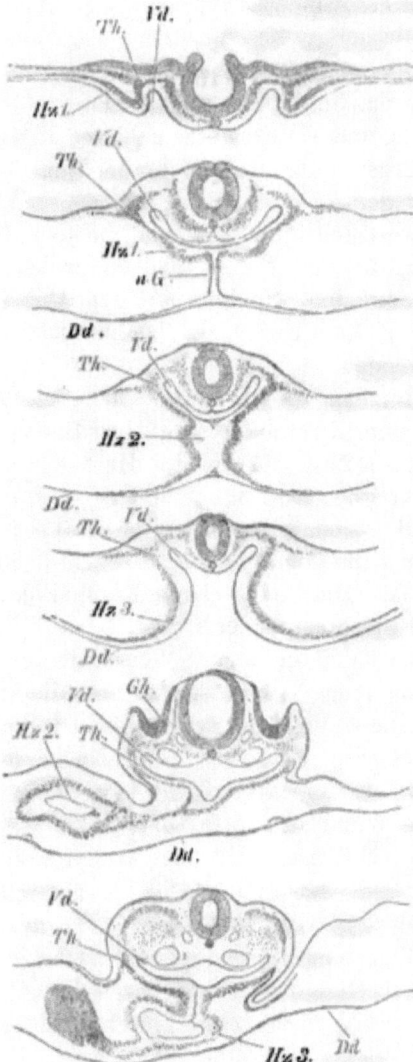

Fig. 52 entstammt einem Embryo
der Stufe 14 (S. 10), Fig. 53—55 einem
und demselben Embryo von der Stufe
10 (S. 12) und Fig. 56 und 57 einem
Embryo von der Stufe 9 (S. 12).

Fig. 52 ist durch die Gegend des
späteren Herzbulbus geführt, die
Herzbildung hat noch nicht begonnen.
Der Ort Hz. 1 bezeichnet die Spalte,
welche später zum Bulbustheil wird.

Bei Fig. 53—55 ist der Bulbustheil und der vordere Ventrikeltheil
angelegt, die hintere Herzhälfte noch
nicht.

Fig. 56 zeigt den Ventrikel-, und
Fig. 57 den vorderen Vorhofstheil
eines bereits pulsirenden Herzens.

Th. Theilungsstelle der animalen
    Muskelplatte in die obere und
    untere Schicht.
Hz. 1. Herzanlage, Bulbustheil.
Hz. 2.   „   Ventrikeltheil.
Hz. 3.   „   Vorhofstheil.
Vd. Vorderdarm.
Dd. unterer (ausserembryonaler)
    Theil des Darmdrüsenblattes.
Gh. Gehörgrube (Fig. 5).

Bei den unteren zwei Figuren
ist der Endocardialschlauch eingezeichnet, bei den Fig. 53—55 ist er
der Kleinheit der Figuren halber
weggelassen.

Fig. 52—57.
Querschnitte zur Bildungsgeschichte des Herzens,
sämmtlich 40mal vergrössert.

Die Art und Weise, wie sich die beiderseitigen Rinnen
zu einander und zum Vorderdarm verhalten, ist nicht in der
ganzen Länge der Herzanlage dieselbe. In dem, zuerst sich

anlegenden vorderen Herzdrittel kehren die Rinnen ihre Convexität nach abwärts, ihre offene Seite nach aufwärts, letztere
wird von oben durch die Wand des Vorderdarms, d. h. durch das
Darmdrüsenblatt geschlossen, oder richtiger gedeckt (Fig. 53).
Im mittleren Herzdrittel kehren beide Rinnen ihre Höhlung
der Medianebene, somit einander gegenseitig zu (Fig. 54). Der
ursprünglich dazwischen liegende verticale Theil des Darmdrüsenblattes wird binnen Kurzem durchrissen. — Im hinteren

Herzdrittel gelangen die
Rinnen mit ihrer Höhlung
auf die untere oder
Uebergangsplatte des
Darmdrüsenblattes, letz-
teres schliesst auch wie-
derum den Kanal, aber
diesmal von unten her.
Gleich nachdem das Herz
in seiner ganzen Länge
angelegt ist, lassen sich,
dem Gesagten zu Folge,

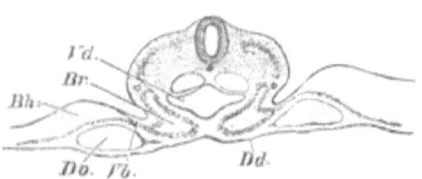

Fig. 58. Schnitt vom gleichen Embryo wie Fig. 56 und
57, etwas weiter hinten. Vergr. 40.
u. M. hinteres Ende der unteren animalen Muskel-
platte, bei
Vb. sich mit der oberen verbindend.
Dv. die in das hintere Herzende tretende Dottervene.
Br. Anlage der Brusthöhle.
Bh. Anlage der Bauchhöhle.

drei Abtheilungen unterscheiden, die drei späteren Hauptabtheilungen entsprechen, es sind dies der Bulbustheil, der
Ventrikeltheil und der Vorhofstheil. Von diesen dreien
ist nur die mittlere Abtheilung von Anbeginn an einfach, die
vordere und die hintere Abtheilung sind gablig gespalten, und
nur nachträglich rücken deren Seitenschenkel in der Medianebene zusammen, und schliessen sich mehr und mehr zu einem
selbstständigen Rohr mit rings umgreifender Muskelwand. Mit
Bezug auf die Lage der drei Herzabtheilungen magst Du Dir
auch noch einmal den Längsschnitt Fig. 59 ansehen, an welchem
der schräge Verlauf des, als Falte angelegten Herzens und
seine Beziehung zum Vorderdarm deutlich hervortreten.

Nach der Art seiner Entstehung muss das Herz sowohl
nach oben als nach abwärts mit einer medianen Platte, einer
Gekrösplatte, wie wir sie nennen können, versehen sein.
Das obere Herzgekröse fehlt im Bulbustheil und entwickelt
sich hier später (Fig. 60). Im Ventrikeltheil ist es von Anfang
an vorhanden, reisst aber frühzeitig durch, im Vorhofstheil
bleibt es kurz. — Das untere Gekröse ist im Bulbustheil gut

ausgebildet (Fig. 52) und verliert sich schon im Ventrikeltheil, es ist von sehr vorübergehender Existenz. — Vom oberen

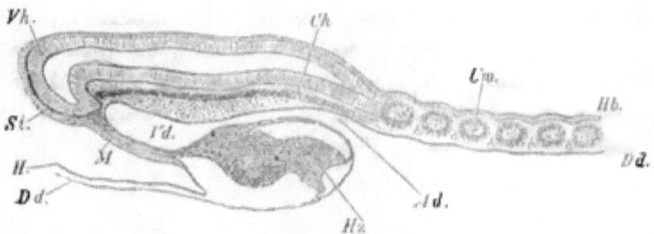

Fig. 59 (12). Längsschnitt durch einen Embryo vom zweiten Bebrütungstage. 44 mal vergrössert.

Vh. Vorderhirn.
Vd. Vorderdarm.
Ad. Zugang zum Vorderdarm.
Hz. Herz.
Ch. Chorda dorsalis.
Uw. Urwirbel.
St. Stirnwulst.
M. Mundbucht.
Dd. Darmdrüsenblatt.
Hb. Hornblatt.

Gekröse erhält sich ein Rest im Bulbus- und im Vorhofstheil, dort ist er der Träger der aus dem Bulbus hervorgehenden Arterien, und hier wird er zum Leitband für die in den Vorhof einmündenden Venen.

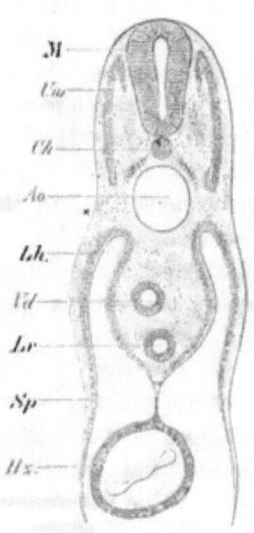

Fig. 60 (3).

Das Herz ist, wie Du aus Fig. 10 S. 12 siehst, ursprünglich gestreckt und symmetrisch gestellt; so bleibt es aber nicht lange, es biegt sich mit seinem frei werdenden Ventrikeltheil zur Seite (nach rechts). Später rücken sich, nach der, in den Lehrbüchern beschriebenen Weise, Bulbus- und Vorhofstheil entgegen, wobei ersterer mehr nach vorn und rechts zu liegen kommt als der letztere.

Der Schlauch, dessen erste Bildungsgeschichte ich Dir soeben beschrieben habe, ist die Muskelwand des Herzens, er ist nicht unmittelbar zur Aufnahme des Blutes bestimmt.

In seinem Innern bildet sich aus parablastischen Anlagen jederseits eine Gefässröhre vom Bau der Aorten, oder anderer primitiver Gefässe. Beide Röhren verschmelzen zuerst im Ventrikeltheil mit einander, und ihr Inneres wird in der Folge von rothem Blute durchströmt. Zwischen diesen Endocardialröhren, wie wir sie nennen wollen, und der Muskelwand bleibt ein ziemlich breiter Zwischenraum, nur von klarer Flüssigkeit erfüllt, übrig. Später verliert sich dieser Raum mehr und mehr dadurch, dass die Wandungen des musculösen und des endocardialen Herzschlauches sich entgegenwachsen und theilweise durchdringen.[3])

Sowie das Herz gebildet ist, fängt es auch an rhythmisch sich zusammenzuziehen. Die Flüssigkeit im innern Schlauche

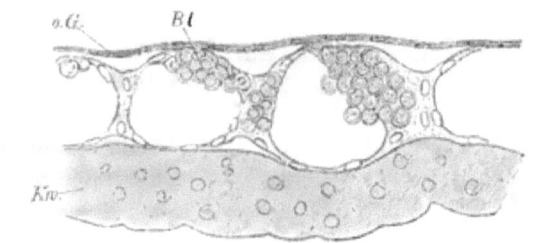

Fig. 11. Querschnitt aus dem Aussenbezirk der Stufe Fig. 9. Vergr. 250mal.
Bt. Blutgefässe mit den in der oberen und Seitenwand sitzenden Blutinseln.
o.G. oberes Gränzblatt.
Kw. Keimwall.

ist Anfangs noch klar, später mengen sich rothe Blutkörper in wachsender Zahl bei. Dieselben sind, wie die ersten Gefässanlagen, ausserhalb des Embryonalleibes, in den sogen. Blutinseln entstanden. Man hat, ehe man die Geschichte der Blutgefässe genauer kannte, oft geglaubt, die letzteren als Folge der Herzwirkung ansehen zu müssen, als Kanäle, die das vom Herzen ausgepresste Blut sich gebildet habe. Diese Annahme ist völlig unhaltbar; denn ehe ein Herz da ist, sind, weit ausserhalb des Embryonalbezirkes, schon Blutgefässe angelegt, und deren Höhlung schreitet in centripetaler, nicht in centrifugaler Richtung vorwärts. Die eben erwähnten Blutinseln sind Zellenanhäufungen in der Wand der äussern Blutgefässe, deren Zusammenhang allmählig sich lockert, und

deren Bestandtheile durch den sich bewegenden Blutstrom
aus den ursprünglichen Lagern entfernt werden.

Wir werden später wieder auf einige Punkte der Herz-
entwicklung zurückkommen, für diesmal verlassen wir das
Organ und werfen einen kurzen Blick auf die Entstehungsgeschichte anderer, in Verbindung mit dem Primitivdarm sich

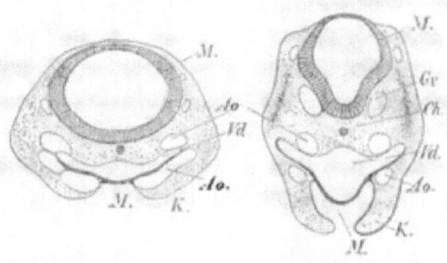

entwickelnder Organe,
zunächst auf diejenige
der Luftröhre und
der Lungen.

Aus einer Anzahl
bereits mitgetheilter
Querschnitte (Fig. 62,
63 u. Fig. 53—57) hast
Du ersehen können,
dass der Vorderdarm
unmittelbar nach er-
folgtem Schlusse eine
flache Spalte von nicht
unbeträchtlicher Breite
ist. Seine Gestalt auf
dem Querschnitt ist

Fig. 62 (18). Querschnitt durch
den Kopf von Fig. 17. 40mal
vergrössert.
M. Mundbucht.
K. Kieferleiste.
Vd. Vorderdarm.
Ch. Chorda dorsalis.
M. Gehirnrohr (Mittel-
hirn).
Ao. aufsteigende und ab-
steigende Aorta.
Gv. Gehirnvenen.

Fig. 63 (19). Querschnitt
durch den Gesichtstheil d.
Kopfes von Fig. 5. 40mal
vergrössert. Bezeichnun-
gen wie bei Fig. 18.

halbmondförmig, die obere concave Wand schmiegt sich den
Stammgebilden der animalen Schicht und den Aorten an,
stellenweise bis zum Hornblatte heranreichend, die untere convexe Wand ist im Gesicht der Mundbucht, am Hinterkopf der
Herzanlage zugekehrt.

Je mehr die Abplattung des Körpers sich geltend macht,
um so mehr verschmälert sich der Vorderdarm und es vertieft sich die convexe Ausbiegung seiner vorderen Wand zur
schmalen Rinne. Dass es sich dabei wirklich um ein seit-
liches Zusammengedrücktwerden handelt, zeigen nicht allein
die Bilder, sondern auch die Zahlen:

Maasse in Millimetern.	Breite des Vorderdarms		Tiefe in der Mittellinie ge- messen
	über den vorderen 2 Herzabtheilungen.	über dem Vorhofstheil.	
Stufe von Fig. 10	0,32—0,35	—	0,02
„ „ „ 9	0,45—0,55	0,32—0,25	0,1
„ „ „ 5	0,3 —0,45	0,1 —0,15	0,2

Das Rohr verliert an absoluter Breite, was es an Tiefe gewinnt. Die mediane untere Rinne wird zur Luftröhre und zum Kehlkopf (Fig. 64 und 65).

Folgst Du nun in den Reihen der **Schnitte der fraglichen** Rinne von vorn nach rückwärts, so triffst **Du bei der Entwicklungsstufe** von Fig. 5 **dicht hinter dem Vorhofstheil des Herzens** auf eine Stelle, wo **die Rinne doppelt ist**, d. h. **Du gelangst** zu den Anlagen der beiden Lungen (vergl. **Fig. 65**); noch weiter zurück ist der Primitivdarm offen, und **Du überzeugst** Dich, dass die rinnenförmigen Anlagen der **Lungen in die** früher (S. 10) erwähnten seitlichen Rinnen des **Mitteldarmes** sich fortsetzen. Die nach einem Modell gezeichnete Fig. 66

kann Dir dieses Verhältniss **klar machen**. Die **zwei auf dieser** Stufe noch **offenen, drei**eckigen Seitentheile schliessen sich bald darauf gleichfalls, und werden zu **den paarigen** Anlagen der **Leber.**

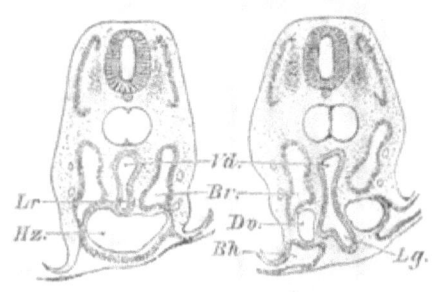

Fig. 64 und 65.
Querschnitte durch einen Embryo von der Stufe Fig. 5.
40mal vergrössert.
Vd. Verdauungsrohr.
Lr. Luftröhrenanlage.
Lg. Lungenanlage.
Br. Brusthöhlenanlage.
Bh. Bauchhöhlenanlage.
Hz. Vorhofstheil des Herzens.
Dv. Dottervene.

Die **Lichtung der** Luftröhren - und der Lungenanlage trennt sich weiterhin von derjenigen des Verdauungsrohres, und wir finden nunmehr eine, bez. zwei

vordere und eine hintere, von Epithel ausgekleidete Röhren (s. Fig. 60 S. 72), die noch von **einer gemeinsamen Muskel- und** Gefässwand umgeben sind. Erst später, mit zunehmender Ausdehnung der Röhren vollzieht sich auch äusserlich ihre Scheidung.

Aus der unteren **Wand des Vorderdarms**, und zwar aus den, seitlich **von der medianen Rinne gelegenen Strecken gehen** auch die Anlagen für die **einzelnen Abtheilungen der Schild**drüse hervor. Umstehende Zeichnung (Fig. 67) giebt Dir in schematischer Darstellung 1) die Bildungsweise der Luftröhre, 2) der Luftröhre nebst Schilddrüse, und 3) der Lungen.

Wir gehn zu den, weiter nach rückwärts liegenden Abschnitten des Primitivdarms über, und ich lade Dich ein,
einen nochmaligen Blick auf die
Schnittzusammenstellung des zweiten
Briefes (S. 33) zu werfen. Du wirst
bemerken, dass der, zum eigentlichen
Verdauungsrohr bestimmte mittlere
Theil des Darmdrüsenblattes Anfangs
keine musculöse Bekleidung hat. Dann
rücken (Fig. 29 u. f.) von der Seite her
die unteren Seitenplatten medianwärts
vor, und erreichen sich nahezu in der
Mittellinie. Das Verdauungsrohr erhält sonach seine Muskelwand nicht
vom Stammtheile, sondern vom Parietaltheil der unteren Muskelplatte.

Die Darmanlage kann, wenn sie
von den Seitenplatten erreicht wird,
von der Aorta und der Chorda dorsalis sich bereits ein Ende entfernt
haben, alsdann bilden die einander
begegnenden Platten im Zwischenraume ein unpaares Gekröse, wie Dir
solches die unterste Figur jener Zusammenstellung vor Augen führt.

Hat man sich für verschiedene Embryonen fortlaufende Reihen von Querschnitten angefertigt, und misst man
an denselben die Höhe zwischen dem
Darmdrüsenblatt und der Chorda dorsalis, so überzeugt man sich, dass sie
schon in ziemlich früher Zeit (bei der
Stufe von Fig. 9) einem gesetzmässigen Wechsel unterworfen ist. An
bestimmten Stellen ist der Abstand
zwischen dem Darmdrüsenblatte und
der Chorda grösser, an anderen kleiner.

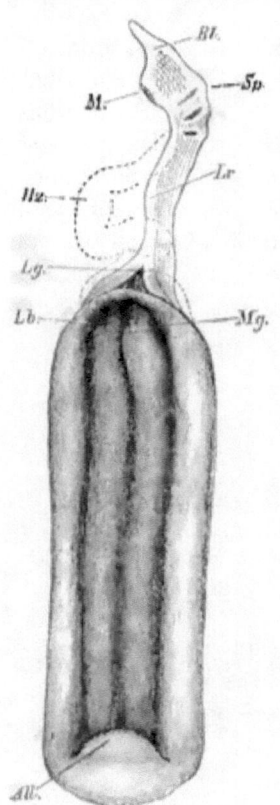

Fig. 66 (s). Primitivdarm des obigen
Embryo. 20mal vergrössert. Die
punktirte Linie zeigt die Lage des
Herzens.
Bl. Blindes mit dem Hirn verbun-
denen Ende des Vorderdarms
(sog. Rathke'sche Tasche).
M. Berührungsstelle des Vorder-
darms mit dem Grund der
Mundhöhle.
Sp. Schlund-palten.
Hz. Herz.
Lr. Luftröhrenanlage.
Lg. Lungenanlage.
Lb. Ort der Leberanlage.
Mg. Ort der Magenanlage.
All. Ort der Allantoisanlage.

Die Unterschiede nehmen noch zu in den späteren Entwicklungsperioden. In Fig. 68 habe ich den Gang dieser Be-

wegungen verzeichnet. Im vorderen Halsabschnitte erreicht
die Entfernung des Primitivdarms von der Chorda und vom
Medullarrohr ein erstes Maximum, dann folgt weiter hinten
ein Minimum, ein neues Maximum u. s. w. Es sind diese
Biegungen der Darmaxe deshalb von Wichtigkeit, weil sie
einestheils die spätere Gliederung des eigentlichen Verdauungsrohres bestimmen und weil sie anderntheils für die Tren-

Fig. 67.

nung der hinter einander liegenden Nebenorgane des Primitivdarmes entscheidend sind.

In den Ort der unteren ersten Ausbiegung fällt die Bil-
dungsstelle des Magens mit seinem ziemlich beträchtlichen
Gekröse. Die nach abwärts gerichtete Convexität der Biegung
bestimmt als einspringende Querfalte die Gränze zwischen der
Lungen- und der Leberanlage. An der mit Md bezeichneten Stelle minimalen Abstandes zwischen Darm und Chorda

Fig. 68 (59).

bilden sich das Duodenum und das Pankreas; der nachfolgende, mit breiter Gekrösanlage versehene Abschnitt liefert
den übrigen Dünndarm, und hinter der mit Hd bezeichneten
Stelle folgt die Anlage des Dickdarms.

So lange der Körper noch völlig gestreckt ist, liegen die
Gebilde des Primitivdarmes symmetrisch zu einer durch die
Axe gelegten Mittelebene, das Herz weicht zuerst aus der
symmetrischen Stellung zur Seite. Erfolgt nun aber jene Seit-

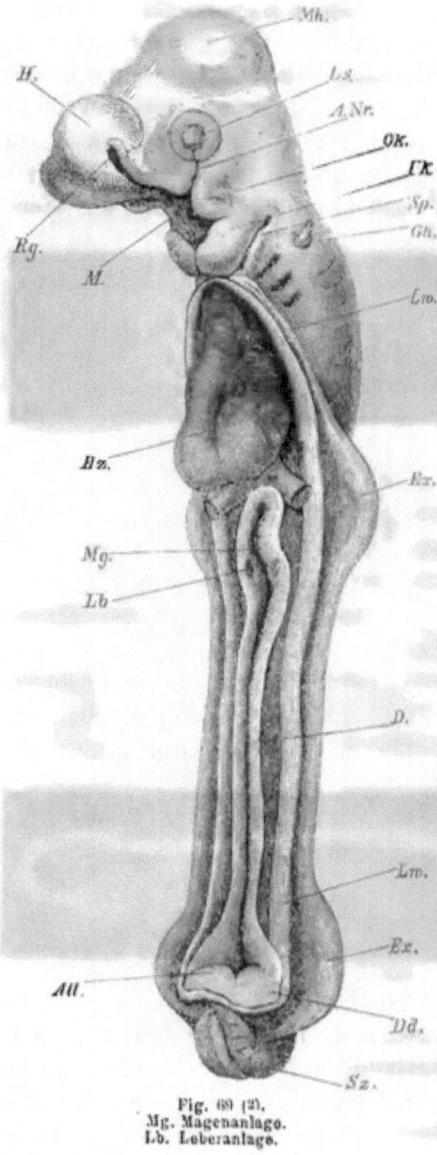

Fig. 69 (2).
Mg. Magenanlage.
Lb. Leberanlage.

wärtslegung von Kopf und von Hals, welche Du von Fig. 5 und 6 her kennst, so treten auch im Bereich des Primitivdarmes Störungen der Symmetrie auf. Nach erfolgter Seitwärtslegung wird eine den Körper halbirende Fläche windschief sein. Verliefe der gesammte Primitivdarm symmetrisch, so müsste er auch jetzt noch von der windschiefen Fläche seiner ganzen Länge nach halbirt werden. Dies trifft aber nicht zu: mit seiner mittleren, vor den Buchstaben Md des obigen Schema liegenden Strecke weicht er stellenweise nach rechts, stellenweise nach links ab. Mit Hülfe von Schnittreihen lässt sich der Gang dieser Krümmungen leicht feststellen und Du findest sie sowohl in Fig. 66 als in Fig. 69 verzeichnet: erst Abweichung der Darmaxe nach rechts, dann wieder nach links und dann wieder nach rechts (vergl. auch den Schnitt Fig. 70). Du wirst keine Mühe haben, Dich zu überzeugen, dass mit jener Axenkrümmung die Abgliederung des Magens eingeleitet ist.

Zu derselben Zeit und wohl auch aus denselben Ursachen,
bildet sich im Gekröse des Magens eine kleine, längsgerich-
tete Falte, die Dn an Fig. 70 auf dem Querschnitt wiedergegeben findest. Es ist diese Falte die Anlage der Milz.[4])

Du ersiehst aus der obigen Dar-
legung, wie auch die Gliederung des
Verdauungsrohres und der vegetativen Organe in frühester Zeit schon
vorbestimmt wird durch einige einfache, in ihrer Entstehung unter einander verknüpfte Faltungen, theils
longitudinalen, theils queren Verlaufes.

Fassest Du die Lage ins Auge,
welche die vom Darmdrüsenblatt
gelieferten Anlagen zu einander ein-
nehmen müssen, so lange dieses flach
und ausgebreitet ist, so siehst Du,
dass alle zum eigentlichen Verdauungsrohr einbezogenen Strecken unmittelbar neben der Axe liegen. Aus

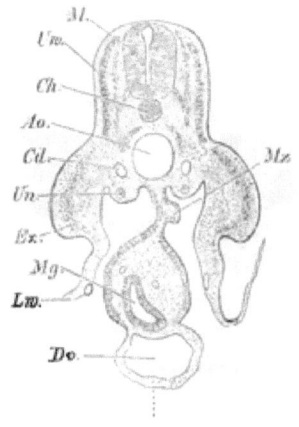

Fig. 70 (32).
Mg. Magenanlage.
Mz. Milzanlage.

mehr seitwärts liegenden Strecken bilden sich die Anlagen
für die Luftröhre, für die Lunge und für die Leber. Ich stelle
Dir beifolgend eine schematische Uebersicht zusammen. Der
verticale Strich bedeutet die Axe, die beiden ausgezogenen
queren Striche den Ort der vorderen und der hinteren Keimfalte, die punktirten den der beiden Gränzrinnen. In der
vorderen Körperhälfte wird eine weit grössere Strecke des
Darmdrüsenblattes zur Organbildung einbezogen, als in der
hinteren Hälfte und der Grund davon ist unschwer zu erkennen, wenn man sich die völlig verschiedenen Bedingungen
vergegenwärtigt, unter welchen der Schluss des Primitivdarmes
in der vorderen und in der hinteren Körperhälfte geschieht.
Siehst Du die Figuren 52—55 S. 70 durch, so bemerkst Du,
dass der Vorderdarm zu einer Zeit sich schliesst, wo die Leibeswand noch flach ausgebreitet ist. Breit legt sich das, von
den Muskelanlagen noch unvollkommen getrennte Darmdrüsenblatt um die überliegenden Gebiete und erstreckt sich beiderseits bis zur Gränze der Stammzone. Zur breiten oberen

Pha rynx
(vo rn)

Luft-   Luft-
        Schild-   Pha rynx   Schild-
        drüse   drüse
röhre   röhre

                    Oeso phagus

Lunge   Lunge

Leber   Ma gen   Leber
                    Pan kreas

                    Dünn darm

        Blind-   Dick darm   Blind-
        darm   darm

                    Clo ake

                    Allan tois

bildet sich eine, nicht minder breite untere Wand des Vorderdarms. Tritt alsdann die Compression des Körpers ein, so
wird ein bedeutender Theil der unteren Schlauchwand für die
Bildung von Nebenorganen verfügbar, welche durch Längsfalten vom Hauptrohr sich abgränzen.

In der hinteren Körperhälfte hat sich dagegen das Darmdrüsenblatt von der Chorda und von den übrigen Stammgebilden getrennt, lange bevor der Darmschluss beginnt. Während
die seitliche Zusammenschiebung der äusseren Körperwand
schon im Gange ist, liegt das Darmdrüsenblatt noch ziemlich
flach ausgebreitet (Fig. 30 S. 33). Mit der zunehmenden Verengung des Leibesraums werden auch die Bedingungen un-
günstig für die Anlage eines breiten, zu weiteren Abschnürungen Material bietenden Rohres. Nur die beiden Blinddärme
werden aus mehr seitwärts liegenden Strecken der vegetativen
Schicht als Anfangs kurze, stumpfe Kegel herausgeschnitten.

Was die Leber anbetrifft, so entsteht sie, wie früher schon
erwähnt wurde, aus jener dreieckigen, taschenförmig gestalte-
ten Strecke des Darmdrüsenblattes, welche in der Verlängerung
der Lungenanlage liegt (Lb Fig. 66). Indem sich die Wandungen
jener Tasche aneinanderlegen, entsteht jederseits eine hohle
Platte. Beide Platten umfassen den in das hintere Herzende
eintretenden, Anfangs doppelten, weiterhin einfachen Venen-
stamm, und vereinigen sich in der Folge zu dem einen gemeinsamen, von Gefässanlagen bald auf das reichlichste durch-
setzten Organe.

Siebenter Brief.

Die weiteren Folgen vom Princip ungleichen Wachsthums. Die Folgen der Abflachung des Körpers; Umbildung des Gesichtes.

Lieber Freund! Bis dahin hat uns das einfache mechanische Princip der, als Folge ungleichen Wachsthums auftretenden Faltungen den Schlüssel zum Verständniss einer Reihe von fundamentalen Entwicklungsvorgängen an die Hand gegeben. Allein wie stellt sich, so fragst Du mich, die Sache, wenn einmal eine gewisse Summe von Organen sich abgegliedert, und zu selbstständigen Massen gesammelt hat? Entzieht sich nicht von da ab die Formbildung des Organes jeder ferneren mechanischen Betrachtung?

Die Antwort hierauf wird sich ergeben, wenn Du Dir die Grundbedingung klar machst, um die es sich bei jeder ferneren Körperentwicklung handelt.

Jede Organanlage fährt, nachdem sie vom Gesammtkeime sich abgelöst hat, fort zu wachsen und sie vergrössert sich, sei es rascher, sei es langsamer, bis sie ihren Endtermin und ihr Endvolum erreicht hat. Zwar steht (worauf ich schon oben hingewiesen habe) der Gang des Wachsthums, den das abgegliederte Organ befolgt, in bestimmten gesetzmässigen Beziehungen zum Wachsthum des betreffenden Keimscheibenbezirkes vor eingetretener Abgliederung, sowie auch zu demjenigen der aus früheren Nachbarbezirken hervorgegangenen Organe. Allein von derartigen Beziehungen wollen wir für jetzt absehen und uns an die empirisch gegebene Thatsache halten, dass jeder Theil seinem partialen Gesetz des Wachsthums gemäss zunimmt. Die unmittelbare Beobachtung ergiebt

Verschiedenheiten jener Partialgesetze für verschiedene Organe. In gleichen Zeiten nimmt ein Theil in stärkerem Verhältniss zu, als ein anderer, und daraus folgt mit Nothwendigkeit, dass die zur Zeit der Organablösung vorhandenen Lagebeziehungen mannigfach sich ändern müssen. Ein wachsendes Organ wird an einer Stelle Druck, an einer anderen Zerrung auf seine Nachbartheile ausüben. Sind in ihm selbst Abschnitte verschieden raschen Wachsthums vorhanden, so enthält es in sich die Bedingungen neuer, sei es mehr, sei es minder tiefgreifender Gliederungen. Die Gestaltung, die das Organ schliesslich annimmt, ist daher abhängig von dem Gesetze seines eigenen Wachsthums, von seinen räumlichen Beziehungen zu Nachbartheilen und von dem Wachsthume dieser letzteren.

Das Princip ungleichen Wachsthums behält dem Gesagten zufolge auch im weiteren Verlaufe der Entwickelung seine Bedeutung als formbestimmendes Princip. Allerdings verwickeln sich mit fortschreitender Gliederung des Körpers auch vielfach die speciellen Bedingungen der Formung, und es wachsen damit die Schwierigkeiten mechanischer Erklärung. Ohne grosse Sorgfalt und ohne umsichtige Berücksichtigung aller concurrirenden Verhältnisse wird man den Irrwegen willkührlicher Deutungen nicht entgehn, und die grösste Gefahr liegt jedenfalls darin, zu vorzeitig Alles erklären zu wollen. Nach meinen bisherigen Erfahrungen ist es am sichersten, aus der Summe der vorkommenden Umgestaltungen diejenigen herauszusuchen, deren Mechanismus einfach genug ist, um jedes Missverständniss auszuschliessen. Die Zahl solcher Fälle ist grösser, als man von Anfang an erwartet, eine Reihe scheinbar verwickelter Umbildungen erhält ihre Erklärung durch den Vergleich mit richtig gewählten Paradigmen. Der Fall der nach der Kante gekrümmten Platte, derjenige des geknickten Schlauches, und ähnliche mehr, kehren in ihren elementaren Bedingungen häufig wieder, und der Wiederkehr gleicher Bedingungen entspricht durchweg das Zustandekommen gleichartiger Gestaltungen. Durch Vorführung einiger Beispiele wird es mir, wie ich denke, gelingen, Deinen Sinn für mechanische Auffassung so zu schärfen, dass Du beim Blick auf organische Formen Dir selbst vom innern Zusammenhang Rechenschaft giebst, welcher deren verschiedene Einzelnheiten umfasst.

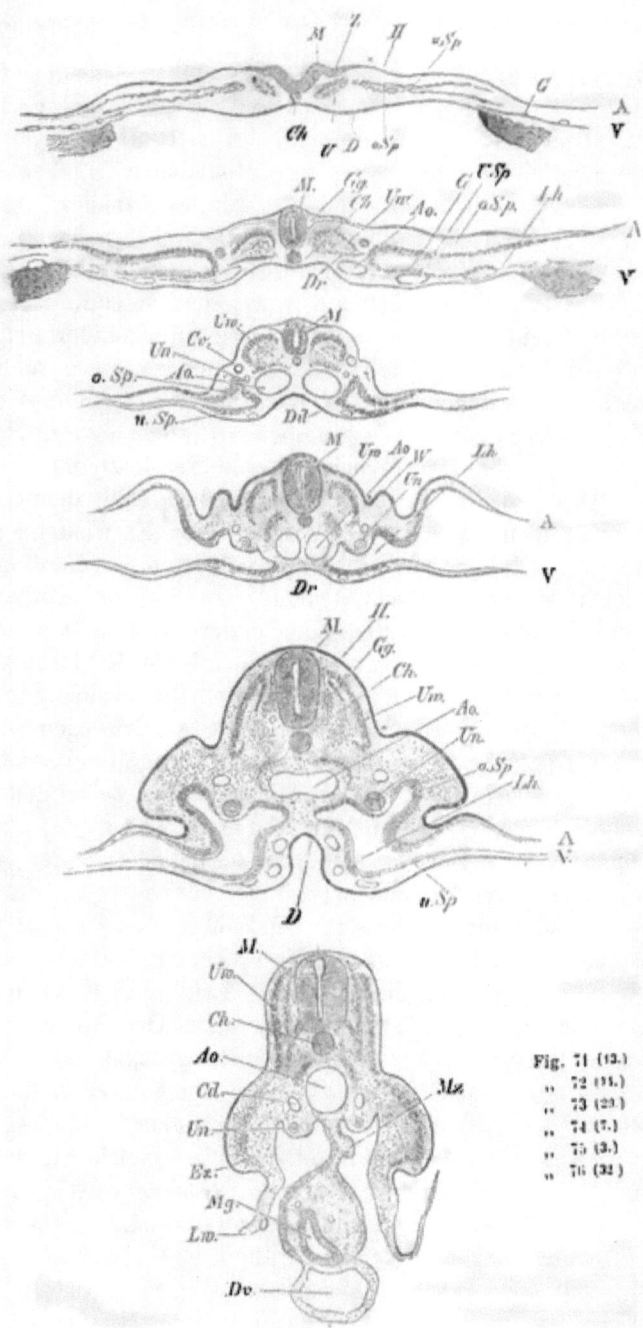

Fig. 71 (12.)
„ 72 (11.)
„ 73 (23.)
„ 74 (7.)
„ 75 (3.)
„ 76 (32.)

Umlagerung der primitiven Organe bei zunehmender Abflachung des Körpers. Ich habe Dir im dritten Briefe eine Zusammenstellung von Querschnitten annähernd derselben Körpergegend bei verschieden entwickelten Embryonen mitgetheilt, und Dich auf die, während einer gewissen Zeit mit der Entwickelung fortschreitende Abflachung des Körpers aufmerksam gemacht. Der Körper wird, während er an Breite abnimmt, höher, gerade so, wie die durch Zusammenschieben eines Papierstreifens entstehende Falte mit zunehmendem Zusammenschieben der Ränder an Höhe gewinnt, was sie an Breite verliert. Währenddem nun aber diese allgemeine Aenderung der Gestalt vor sich geht, erfolgen im Einzelnen eine Reihe von Umlagerungen, welche sich sämmtlich als Theilerscheinungen jenes einen Grundvorganges herausstellen. Ich komme nicht zurück auf die Umlegung der seitlichen Keimfalten und auf die Annäherung der Gränzrinnen an die Mittellinie, als auf früher erledigte Dinge. Von den Veränderungen in der Stellung der Urwirbel und von der Trennung ihrer verschiedenen Bestandtheile habe ich Dir früher gleichfalls schon gesprochen. Du wirst bei einem nochmaligen Blick auf die Abbildungen selbst wahrnehmen, dass ihre Umlagerung eine nothwendige Folge von der allgemeinen Abflachung der Stammzone ist. Die Muskeltafeln der Urwirbel stellen sich mehr und mehr vertical, d. h. in die Lage, welche den geringsten Breitenraum beansprucht. Die übrigen Bestandtheile der Urwirbel, der Kern und die untere Rindenhälfte werden in die Tiefe gedrängt, und breiten sich im Raume aus unterhalb des Medullarrohres. Es löst sich nämlich, in gleichfalls leicht verständlicher Weise, das Darmdrüsenblatt von der Chorda los, und durch seine Entfernung von ihr wird der in der Breitenausdehnung verlorene Raum wieder eingebracht, wobei eine Reihe von Gebilden sich beiderseits gegen die gebildete Lücke vordrängen. Ausser den ebenerwähnten tiefern Bestandtheilen der Urwirbel nimmt diese zunächst die absteigenden Aorten auf, welche, ursprünglich auf der Gränze von Stamm- und Parietalzone liegend, erst unter die Urwirbel und von da aus unter die Chorda geschoben werden, und die schliesslich hier zu einem gemeinsamen Rohre verschmelzen. Ferner rücken sich, wie ich Dir im vorigen

Briefe gezeigt habe, noch unterhalb der Aorta die unteren Seitenplatten entgegen, und liefern so dem Primitivdarm seine obere Wand. Als eine weitere Folge der zunehmenden Abplattung erscheint die Verschiebung der Urnierenanlagen und der Cardinalvenen. Diese Theile, ursprünglich auf der Gränze zwischen Urwirbeln und Seitenplatten und unterhalb des Hornblattes entstanden, rücken in die Tiefe und treiben das Verbindungsstück der oberen mit der unteren Seitenplatte vor sich her, auf diese Weise die Urnierenleiste bildend. Es ist diese Leiste, wie Du aus Fig. 74 und 75 ersiehst, die untere First einer Längsfalte, an deren Bildung die Leibeswand in ihrer gesammten Dicke Theil nimmt. Ihr entspricht an der Oberfläche eine seitwärts von den Urwirbeln liegende Rinne, welche in der Folge sich mehr verwischt, während durch das Wachsthum der Urnieren die Leiste an Mächtigkeit stetig zunimmt.

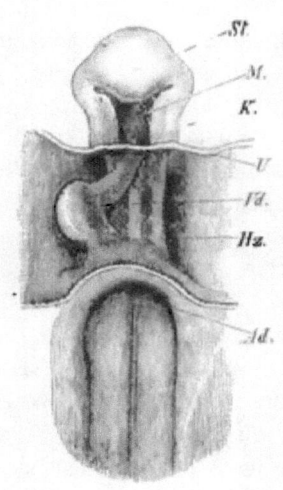

Dass endlich auch die Umbildung des Primitivdarmes mit der seitlichen Compression des Körpers in ursächlichem Zusammenhange stehe, das ist Dir im vorigen Briefe entwickelt worden.

Umbildung des Gesichtes. Als ein zweites Beispiel tiefgreifender Umgestaltung unter einfachen mechanischen Bedingungen wähle ich die Geschichte des Gesichtes. Du hast im zweiten Briefe die einfache Form kennen gelernt, welche dem Gesicht zur Zeit seines ersten Bestehens zukommt. Es bedarf einiger Einbildungskraft, um aus der wiedergegebenen Fläche das herauszulesen, was später daraus wird;

Fig. 77 (17). Gesicht des Embryo von Fig. 9. 2umal vergrössert.
St. Stirnwulst.
M. Mundbucht.
K. Kieferleisten.
U. Umschlagsrand des animalen Blattes.
Vd. Vorderdarm.
Ad. Zugang zu obigem.
Hz. Herz.

wogegen Du ohne sonderliche Mühe in der Physiognomie Dich zurecht finden wirst, welche Figur 78 abgebildet ist, und noch besser natürlich in derjenigen von Fig. 79. Und doch ist zwischen der Entwicklungsstufe von Fig. 77 und derjenigen von Fig. 78 ein geringer zeitlicher Sprung. Es bedarf höchstens eines halben Tages, um die eine in die andere überzuführen.

Nehmen wir erst einmal das entwickelte Gesicht von Fig. 78 durch: Seine Mitte wird von der Mundhöhle eingenommen, deren Zugang eckig von Gestalt und unverhältnissmässig weit ist. Die hintere Gränze bildet der, in der Mitte winklig gebrochene Unterkieferfortsatz, seitlich davon liegen, als einwärts gebogene Leisten, die zwei Oberkieferfortsätze, vorn ist der mächtige, die Ebene des Mundzuganges weit überragende Stirnwulst. Vom vorderen Theil der Mundhöhle gehen jederseits zwei Rinnen ab, deren jede in einer vertieften Endgrube blind endigt. Die eine dieser Rinnen, die Nasenrinne, verläuft am Stirnwulst selbst und endigt an ihm als Riechgrube, die andere liegt zwischen Stirnwulst und Oberkieferfortsatz, ihre Endgrube ist die Linsengrube, sie selbst heisst die Augennasenrinne. Aus der Linsengrube nämlich bildet sich durch Erhebung des Bodens die Linse des Auges, als ein Product des Hornblattes. Die Augennasenrinne, noch während längerer Zeit offen bleibend, schliesst sich später zum Augennasenkanale.

Am Stirnwulst wird in früherer Zeit das Vorderhirn von seinen Hüllen (dem Hornblatt, den parablastischen und event. den Muskel-

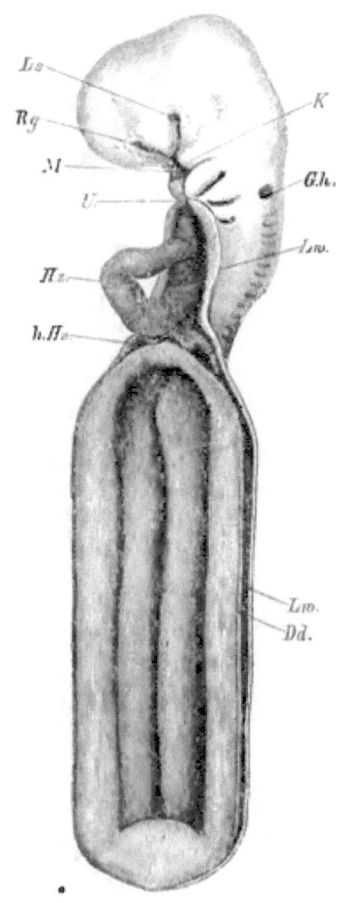

Fig. 78 (61). Dasselbe in der Ventralansicht.
R. Riechgrube.
Ls. Linsengrube.
Gh. Gehörgrube.
M. Mundhöhle.
O. Oberkieferfortsatz.
U. Unterkieferfortsatz.
Hz. Herz.
h. Hz. Hinterer Herzschenkel.
l.w. Umschlagstelle der Leibeswand in das Amnion.
Dd. Darmdrüsenblatt.

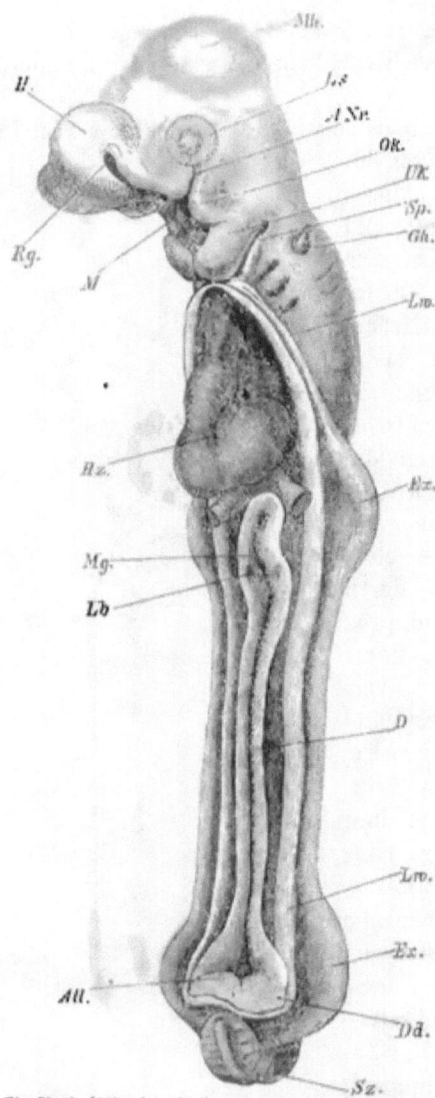

Fig. 79 (2). Hühnchen in der Ansicht von d. Bauchseite

Rg. Riechgrube.
Sp. Schlundspalten.
H. Hemisphäre.
Hz. Herz
Mh. Mittelhirn.
Ex. Extremitäten.
Ls. Linse.
Mg. Magenanlage.
Ok. Oberkieferfortsatz.
Lb. Leberanlage.
Uk. Unterkieferfortsatz.
D Darm.
M. Mundhöhle.
All. Allantoisanlage.
Gh. Gehörblase.
Sz. Schwanz
Lw. Umschlagsstelle der Leibeswand am Leibesnabel in das Amnion
Dd. Umschlagsstelle des Darmdrüsenblattes.

anlagen knapp umschlossen. Dann aber falten sich diese im Zwischenraum zwischen den beiden Augenanlagen selbstständiger hervor, und entwickeln sich zur vorderen Bedeckung des primitiven Mundraums. Es entstehen so der mittlere und die beiden seitlichen Stirnfortsätze; ersterer erhebt sich im Raume zwischen den beiden Nasenrinnen, letztere drängen sich jederseits als dreieckige Keile in die Lücke, welche seitlich von der Nasenrinne, zwischen ihr und der Linse nebst Augennasenrinne übrig bleibt. Die drei Stirnfortsätze liefern das Material für den mittleren Theil des Gesichts, beim Hühnchen für den Schnabel, beim Säugethier und beim Menschen für die Nase und den mittleren Theil der Oberlippe (bez. den Zwischenkiefer). Du wirst die verschiedenen, die Mundhöhle umrahmenden Fortsätze nicht allein an Fig. 79, sondern auch an dem etwas weiter entwickelten Gesicht von Fig. 80 wiedererkennen. Auch wirst Du beachten, dass dieselben im **Umfang der betreffenden Gruben und Rinnen** mehr und mehr wulstartig **sich emportreiben.**

Hinter dem Unterkieferfortsatze **liegt die Reihe der** in das Innere des Vorderdarms mündenden **Schlundspalten** (Anfangs 3, später 4), welche dorsalwärts **strahlig divergiren.** Ueber der zweiten Spalte befindet sich die, bei Fig. 6 noch offene Gehörgrube, deren Querschnitt Du an Fig. 55 des vorigen Briefes kennen **gelernt hast.**

Vergleichst Du nun dieses Gesicht mit dem primitiven von Fig. 77, so erkennst Du **in der** Mundhöhle die **stark vertiefte** Mundbucht wieder, **im mittleren** freien Theile des **Unterkieferfortsatzes** die **Umbiegungsstelle** U der animalen **Schicht, in dessen** mit den **Oberkieferfortsätzen** verbundenen seitlichen Strecken und in diesen Fortsätzen **selbst** die winklig **verbogenen** und höher gewordenen Kieferleisten.

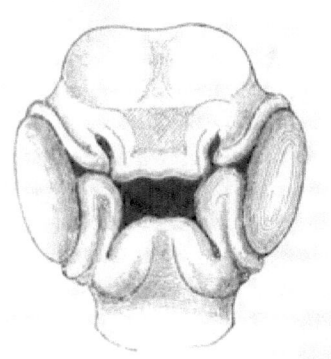

Fig. 80 Gesicht eines Hühnchens nach 5tägiger Bebrütung. 8mal vergrössert.

Am Stirnwulst sind die **Riechgruben** nebst den **Nasenrinnen** neu aufgetreten, oder, richtiger, durch die seitliche Compression des **Kopfes** aus einer unscheinbaren zu einer scharf abgegränzten Bildung geworden. Dagegen ist die Augennasenrinne als seichte, die Kieferleisten vom Stirnwulst trennende **Furche** schon auf der Stufe des primitiven Gesichtes vorhanden.

Die wesentlichen Unterschiede des secundären **von dem** primären Gesicht **sind somit:**

1) Vertiefung der Mundhöhle und Verengung ihres Zuganges,

2) Vertiefung der Augennasenrinne und scharfe **Ausprägung** der Linsengrube,

3) winklige Biegung **und Einwärtsdrängung der Kiefer**fortsätze,

4) Auftreten der Nasenrinne und **der Riechgruben, und**

5) starkes Hervortreten des Stirnwulstes.

Betrachtest Du die Köpfe **im Ganzen, so siehst Du, dass**

diejenigen von Fig. 78 und 79 sich von dem von Fig. 77 bez.
Fig. 81 in einem Hauptpunkte sehr wesentlich unterscheiden.
Nicht allein sind sie seitlich stark abgeplattet, sondern sind sie
mehrfach im Winkel gebrochen. Das früher am meisten nach
vorn gerichtete Ende sieht nach abwärts (oder correctererweise
nach rechts) und der Theil, der früher am höchsten lag, ist
jetzt der vorderste geworden. Diese winkligen Biegungen
zeichnen sich besonders scharf im Verhalten der einzelnen
Hirnabtheilungen ab, worauf ich in einem späteren Briefe
zurückzukommen gedenke.

Alle die oben aufgezählten Unterschiede des secundären
vom primären Gesicht, d. h. also die Vertiefung der Mundbucht zur Mundhöhle, die Verbiegung der Kieferleisten, die
Ausbildung der Linsengrube und Vertiefung der Augennasenrinne und endlich das starke Vornübertreten des Stirnwulstes,
sind in ihrer raschen Entwickelung bedingt durch die mit deren
Abplattung sich combinirende Axenkrümmung des Kopfes.
Sollte die blosse Ueberlegung nicht genügen, Dir diesen Zusammenhang klar zu machen, so magst Du Dir die Sache
mit Hülfe eines Wachs- oder Thonklumpens veranschaulichen.
Giebst Du einem solchen Klumpen die allgemeine Gestalt des
Kopfes von Fig. 77, fassest Du ihn alsdann an seinen vier
Seiten mit den vier Fingern einer Hand, und drückst diese
rasch zusammen, so wird der comprimirte Klumpen alle wesent-
lichen Charaktere des Gesichtes von Fig. 78 annehmen.

Woher kommt nun aber die so rasch und stark sich entwickelnde Krümmung des Kopfes? Wir müssen, um dies zu
verstehen, den Bezirk der eigentlichen Embryonalanlage verlassen und uns die Verhältnisse im Aussengebiet etwas näher
ansehen:

Auch ausserhalb des Embryonalbezirkes bilden sich quere
und longitudinale Falten, und zwar in derselben Reihenfolge,
wie im Embryonalbezirke. Eine bogenförmige Querfalte tritt
zuerst auf, später jederseits eine Längsfalte, und in der Folge
auch eine hintere Querfalte. Du findest diese Falten in den
Figuren 15, 14, 10 und 9 des ersten Briefes verzeichnet. Für
sie gilt in umgekehrtem Sinn dasselbe, was von den Keimfalten. Sie erheben sich bis zu einer gewissen Höhe und legen
sich dann gegen den Embryo um, zuerst die vordere Querfalte,

dann der vordere Abschnitt der Seitenfalten, später auch die hintere. Durch ihre Verwachsung, vor Allem durch die longitudinale Verwachsung der beiden
seitlichen Längsfalten wird jene
schon früher erwähnte Hülle um
den Embryo gebildet, welche als
Amnion den Embryologen seit
ältester Zeit bekannt ist.

In Fig. 81 haben wir die
Stufe, welche die Umlegung der
vordern Amnionfalte zeigt: Ca-
puzenartig beginnt die umgelegte Falte das freie Kopfende
zu decken. Hat erst diese
Ueberlagerung begonnen, dann
folgt rasch die Bildung der
Längsnath.

Embryonen der Stufe von Fig.
78 sind in ihrer vorderen Hälfte,
die der Stufe von Fig. 79 vollständig von Amnion umhüllt. Es fällt
die Ueberlagerung der vorderen Amnionfalte über das freie
Kopfende zeitlich zusammen mit
der beginnenden Periode der
Kopfkrümmung. Beide stehn in
einer unmittelbaren causalen Beziehung. Durch jene dem Kopf
übergeschobene Capuze erfährt
die fernere Längsausdehnung des
Kopfes einen kräftigen Widerstand, der vom wachsenden
Kopfe nicht überwunden wird,
sondern dem dieser sich dadurch
anpasst, dass er sich krümmt.
Mittelbar ist auch die Seitwärtslegung des Embryo, sowie die
spätere Krümmung des gesammten Rumpfes auf dieselbe Be-

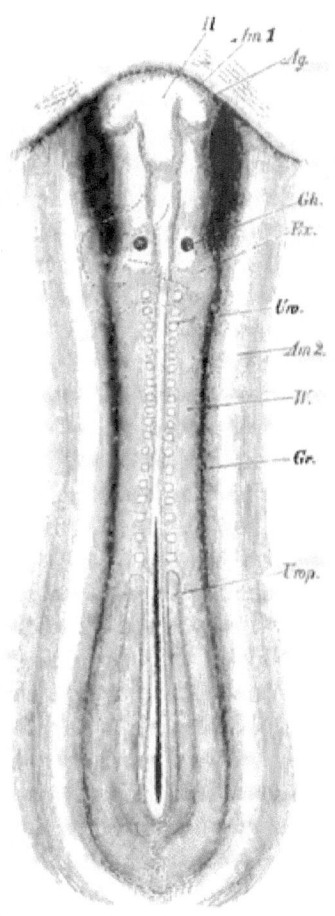

Fig. 81 (9). Hühnchen zwischen dem zweiten
und dritten Bebrütungstag. 20mal vergrösserte
Dorsalansicht.
H. Hirn, in Vorderhirn, Mittelhirn und
Hinterhirn sich gliedernd.
Ag. Augenblase.
Gh. Gehörblase.
Ex. Formanlage der vordern Extremitäten.
W. Wolffsche Leiste.
s. Gr. Seitliche Gränzrinne.
Uw. Urwirbel.
Uwp. Urwirbelplatte.
Am. 1. Vordere Amnionfalte.
„ 2. Seitliche „
G. Grube unter dem freien Kopfende.
Die punktirte Linie bezeichnet den Ort des
Herzens.

dingung des neu aufgetretenen longitudinalen Ausdehnungs-
widerstandes zurückzuführen.

Eine entscheidende Controle dafür, dass wirklich das
Amnion die Ursache der entstehenden Kopfkrümmung ist,
liefert die vergleichende Embryologie. Die charakteristische
Kopfkrümmung finden wir bei den Säugethieren, Vögeln und
den Reptilien, sie fehlt den Fischen und den Amphibien.
Jene drei Klassen sind es aber allein, bei welchen der Embryo von einem Amnion umhüllt wird, auch kommt bei ihnen
allein die temporäre Zusammenkrümmung des gesammten
Körpers vor, von welcher der, absichtlich gestreckte Embryo
Fig. 1 nur eine schwache Idee giebt. Ueberall finden wir
ferner, soweit bis jetzt exacte Beobachtungen reichen[1] bei den
höheren drei Wirbelthierklassen, dass der Eintritt der Kopfkrümmung, sowie derjenige der nachfolgenden Krümmungen des
Rumpfes, zeitlich genau an die dichte Umschliessung durch die
Amnionanlage geknüpft ist. Wir haben hier eine jener Form-
abhängigkeiten zwischen Bildungen scheinbar ganz differenter
Natur, für welche ich Dir später noch fernere Beispiele werde
anführen können.

Nur im Vorbeigehen gedenke ich noch der oben erwähnten Schlundspalten. Auch die Geschichte dieser vielbesproche-
nen Bildungen ist physiologisch höchst einfach. Sie sind nämlich ihrer Entstehungsgeschichte nach Fältelungen der seitlichen Wand des Vorderdarms, dadurch bedingt, dass diese
Wand, ähnlich wie früher die Urwirbelplatten, nach der Kante
gebogen wird. Ihre Richtung entspricht den Krümmungs-
radien des betreffenden Bogens. Ganz unter denselben Bedingungen entstehen auch die Kiemenspalten der niedrigen Wirbelthierklassen. Die Faltenberge der Vorderdarmwand stossen
auf das Hornblatt, indem sie die zwischenliegenden Muskelanlagen verdrängen, und brechen alsbald zur Oberfläche durch.

Achter Brief.

Das embryonale Gehirn. Formen einer sich biegenden elastischen Röhre. Ableitung der ersten Gehirnformen.

Lieber Freund! Wir wenden uns heute zu der im Bisherigen etwas stiefmütterlich behandelten Anlage des Centralnervensystems, speciell zu derjenigen des Gehirns. Aus dem ersten Briefe weisst Du bereits, dass der Zeit nach das Gehirn unter allen, aus der Keimscheibe sich abgliedernden Organen, die erste Stelle einnimmt, und dass es, gleich dem, mit ihm fortlaufend verbundenen Rückenmark, durch Einrollen einer langgestreckten Platte, der Medullarplatte, entsteht. Beide bilden nach vollendeter Abscheidung eine zusammenhängende Röhre von nicht unbeträchtlicher Lichtung.

Die Breite des eben geschlossenen Gehirns nimmt, wie Du aus der Fig. 10 (S. 12) ersiehst, von hinten nach vorn zu, und erreicht ihr Maximum unweit vom vorderen Ende. Die Zunahme ist indess keine gleichmässige, es wechseln ausgebauchte Strecken mit Einschnürungen, wodurch das Gehirn in mehrere Hauptabschnitte zerfällt. Von Anfang an sind drei hintereinanderliegende Anschwellungen vorhanden, welche nach v. Baer's Vorgang als primäres Vorderhirn, Mittelhirn und Hinterhirn bezeichnet werden. Die hintere Anschwellung entspricht zwei späteren Hirnabtheilungen, dem Hinterhirn kurzweg und dem Nachhirn, deren Gränze in die grösste Breite der Anschwellung fällt, und im Grunde sofort bestimmbar ist. Aus dem primären Vorderhirn gliedern sich beiderseits die Augenblasen ab. Dieselben sind, unmittelbar nachdem das Gehirn sich geschlossen hat, als seitliche Vorwölbungen angelegt und ihre selbstständigere Ablösung erfolgt weiterhin durch eine Furche, welche von oben herab zwischen sie und das übrige Vorderhirn einschneidet. Nach erfolgter Abgliederung der Augenblasen zeigt sich die vordere Hälfte des letzteren von der hinteren durch eine Rinne getrennt; die hintere Hälfte des primären Vorderhirns heisst nunmehr Zwischenhirn, die vordere Vorderhirn kurzweg, oder Hemisphärenhirn. Wir haben somit folgendes Schema der Gliederung:

erste Anschwellung (primäres Vorderhirn)	vordere Hälfte	Vorderhirn (Hemisphärenhirn)
	Seitenstücke	Augenblasen
	hintere Hälfte	Zwischenhirn
zweite Anschwellung		Mittelhirn
dritte Anschwellung (primäres Hinterhirn)	vordere Hälfte	Hinterhirn
	hintere Hälfte	Nachhirn.

Die Axe der hintereinander liegenden Abtheilungen des Gehirnes beschreibt einen flachen, S-förmigen Bogen. Concav im Hinterkopf, wird diese Linie beim Uebergang auf den Vorderkopf convex und biegt sich mit ihren vordersten Schenkel hakenförmig nach rückwärts. Wir nennen diese drei Krümmungen Brückenkrümmung, Mittelwölbung und Hakenkrümmung.

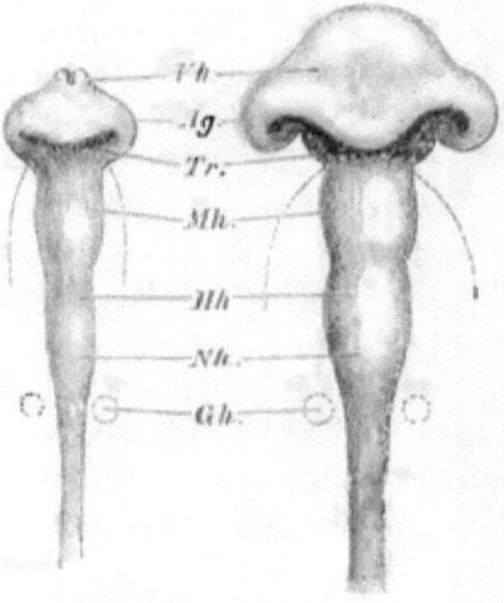

Das hakenförmig zurückgebogene Stück der Axe reicht bis hinter die Abgangsstelle der Augenblasen. An der Basis ist die Endstelle durch einen spitzen Vorsprung bezeichnet, den

Fig. 82. Gehirn eines Hühnchens von der Stufe Fig. 10, von der Basis her gesehen. Vergr. 40.
Vh. Vorderhirn.
Ag. Augenblase.
Mh. Mittelhirn.
Hh. Hinterhirn.

Fig. 83. Gehirn eines Hühnchens von der Stufe Fig. 9, von der Basis her gesehen. Vergr. 30.
Nh. Nachhirn.
Gh. Ort der Gehörblase.
Tr. Trichterfortsatz.

Die punktirte bogenförmige Linie bezeichnet die vordere Gränze des Vorderdarms.

Trichterfortsatz. Zu ihm tritt von jeder Augenblase her eine scharfe Leiste, welche eine an deren unterer Fläche befindliche Grube begränzt.

Zu den oben genannten drei primären Hirnkrümmungen
kommt als vierte die zwischen Rückenmark und Nachhirn
sich entwickelnde Nackenkrümmung (dorsalwärts convex).
Sie ist beim Hühnchen Anfangs sehr schwach angedeutet. —
Secundär, als Theilerscheinung der allgemeinen Kopfkrümmung
treten in der Folge an den Gränzen des Mittelhirns die zwei
Scheitelkrümmungen auf, durch deren Ausbildung das
Mittelhirn zur vordersten von sämmtlichen Gehirnabtheilungen
wird.

Das Medullarrohr, sowie es zuerst sich anlegt, besteht ausschliesslich aus Zellen. Aus die-
sen werden später die Elemente
der grauen Substanz von Hirn
und Rückenmark; ein kleiner
Theil derselben liefert auch die
Epithelien der Adergeflechte.
Bedeutend später, als die Anlage
der grauen Substanz und Anfangs
nur als dünner Anflug der letzteren entwickeln sich die ersten
Spuren weisser Substanz. Ihre
Fasern sind, wie dermalen kein
Histologe bezweifelt, als Ausläufer aus den vorhandenen Zellen hervorgewachsen, und sie
sind Anfangs ausserordentlich
fein und zart. Wie lange die

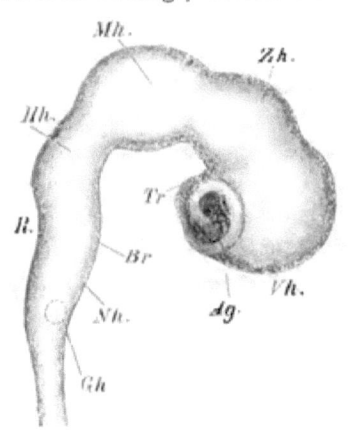

Fig. 84. Gehirn eines Hühnchens von der
Stufe Fig. 5. 30mal vergrössert.
R. Ort der Rautengrube
Zh. Zwischenhirn.
Br. Brückenkrümmung.
Uebrige Buchstaben wie bei Fig. 82 u. 83.

Bildung neuer Fasern und die Verlängerung schon gebildeter
andauert, das wissen wir nicht; soviel ist sicher, dass die
Massenzunahme der weissen Substanz sehr allmählig fortschreitet. Erst mit der reichlicheren Entwicklung der weissen
Substanz wird das Gehirn aus einem dünnwandigen Hohl-
körper zu einem compacten Organe.

Es ist nöthig, von der spätern Entwicklung der weissen
Substanz Notiz zu nehmen, weil dadurch die Frage von der
Formbildung des Gehirns und des Rückenmarks in verschiedene besondere Aufgaben zerfällt. Zuerst nämlich sind die
verschiedenen grauen Substanzmassen des ausgebildeten Gehirns zurückzuführen auf die einzelnen Wandstrecken des ur-

sprünglich gegebenen Rohres, eine Aufgabe, die auf dem
directen Wege der Beobachtung gelöst werden muss, und die
für einige Hirntheile sehr geringe, für andere dagegen sehr
bedeutende Schwierigkeiten darbietet. Hand in Hand mit
dieser empirischen Ableitung hat die Erforschung der mechanischen Bedingungen zu gehen, welche der Gliederung des
primären Rohres zu Grunde liegen. Völlig davon getrennt
bleibt dann zum Schlusse die Aufgabe übrig, die Gesetze der
Bildung und Vertheilung weisser Substanz zu suchen.

Es ist nicht mein Zweck, Dir eine volle Entwicklungsgeschichte des Gehirns zu geben, ich beschränke mich auf
das Herausgreifen einiger Abschnitte, aus welchen Du Dir
Dein Urtheil über die Anwendbarkeit und die Tragweite unserer bisherigen Betrachtungsweise bilden magst. Wir werden
dabei von der Thatsache ausgehen müssen, dass das Gehirn
auf seiner Anfangsstufe ein Schlauch mit mässig elastischer
Wandung und mit einer verhältnissmässig weiten Lichtung ist,
und es wird gut sein, wenn Du Dir von vornherein die Formen
in Erinnerung rufst, die ein solcher Schlauch in einer Reihe
besonderer Fälle annimmt. Jeder beliebige, nicht allzu dickwandige Gummischlauch kann Dir dazu die Mittel an die Hand
geben.

1) Wenn Du den Schlauch biegst, so bildet sich (je nach
der relativen Wandstärke bald früher, bald später) an der
stärkst gebogenen Stelle eine Knickung. Die geknickte Stelle
wird breiter als das übrige Rohr, der Quere nach abgeplattet,
und an ihrer Concavität bildet sich eine Rinne. Diese Rinne
ist in der Mitte am tiefsten, der äussere Rand des Rohres
nimmt an ihrer Bildung keinen Theil, er überragt sie als ohr-
förmig gebogene Wulst. Der rascheren Verständigung halber
wollen wir seinen vortretenden Theil geradezu als das Ohr
der Knickung bezeichnen.

2) Fixirst Du eine Randstelle des Schlauches mit Hülfe
einer starken Pincette oder eines Zwirnfadens, und suchst Du
nun denselben in der Richtung der Fixationsstelle zu verschieben, so wird er sich im Allgemeinen etwas vorwölben und
zugleich in der Nähe seines vorderen Endes einknicken, so
zwar, dass der vordere Rand beider Ohren als schräge Leiste
zur Fixationsstelle sich zurückbiegt und die dahinter liegende,

bis zu ihrer unteren Fläche reichende Furche abgränzt (siehe Fig. 86).

3) Du schlitzest das Rohr eine Strecke weit der Länge nach auf, oder noch besser, Du schneidest einen spindelförmigen Riemen aus seiner Wand heraus, und biegst dasselbe in einem nach abwärts convexen Bogen, Fig. 87, so werden die Ränder klaffen. Die Röhrenlichtung weitet sich aus zu einer flachen rautenförmigen Grube, deren grösste Breite in den Ort der stärksten Biegung fällt.

4) Du schiebst das ge-
schlitzte Rohr von seinen Enden her zusammen, so wird
im Bereich der geschlitzten
Stelle ein Theil unter den
anderen sich vorschieben, und
Du erhältst an der betreffenden Stelle eine Reihe cha-
racteristischer Configuratio-
nen, welche rascher zu übersehen als zu beschreiben sind
(s. Fig. 89).

5) Du biegst das aufge-
schlitzte Rohr in aufwärts convexem Bogen (Fig. 88), so
flacht sich sein Boden gleich-

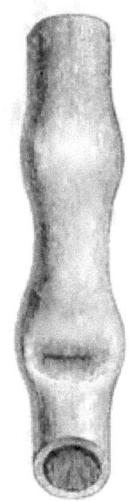

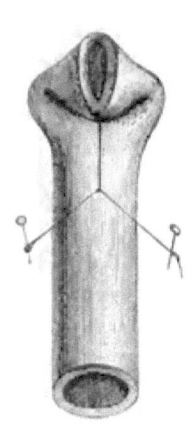

falls ab, und erhebt sich an
der Stelle der stärksten Biegung zu einem queren Sattel.

Fig. 85. Gummischlauch oben convex unten concav gebogen.

Fig. 86. Gummischlauch dessen oberes Ende durch einen eingesetzten Zwirnfaden zurückgezogen ist.

Diese Stelle erreicht die grösste Breite; von ihr aus conver-
giren nach vorn sowohl, als nach rückwärts die Ränder des Rohres.

Schon im Beginn, und noch während der Periode der Schliessung begegnen wir am Medullarrohre vorübergehenden Eigenthümlichkeiten seiner Gestalt, welche als Illustrationen eben aufgezählter Fälle dienen können. Ein Beispiel für den dritten Fall giebt Dir die Ausweitung des Medullarrohres in Fig. 14 Seite 16, welche dem Orte nach zusammenfällt mit der rinnenförmigen Einbiegung zwischen Kopf und Hals. Noch viel bemerkenswerther aber ist die spindelförmige Verbreitung

der Medullarplatte hinter den eben gebildeten Urwirbeln der
Stufe von Fig. 90. Diese Verbreiterung hat schon von früh

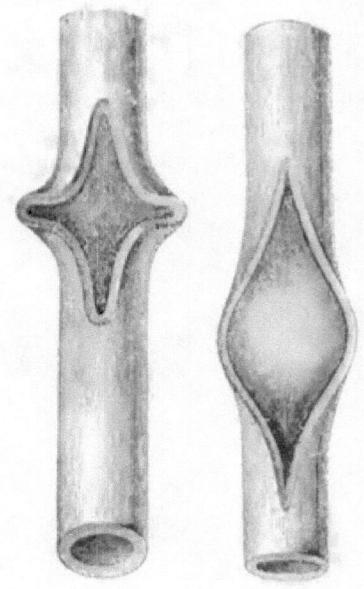

an die Aufmerksamkeit der
Beobachter auf sich gezogen,
und in der Regel hat man
sie für die Anlage des sog.
Sinus rhomboidalis des Vogel-
rückenmarkes angesehen.
Das ist sie nun keinenfalls:
einmal findet sich während
der betreffenden Entwick-
lungsstufe dieselbe Ausweitung der Medullarrinne auch
bei Säugethierembryonen;[1)]
sodann lässt sich durch Zählung der davor liegenden Urwirbel leicht zeigen, dass
sie in den Bereich der Rü-
ckenzone fällt, während der
Sinus rhomboidalis dem Sa-
cralmark angehört, und endlich ist jene Ausweitung eine
durchaus vorübergehende
Bildung, welche bereits auf

Fig. 87. Geschlitzter   Fig. 88. Geschlitzter
Gummischlauch mit con- Gummischlauch mit con-
caver Biegung.   vexer Biegung.

der nächstfolgenden Stufe von Fig. 9 geschwunden ist. Ihr tem-
poräres Vorhandensein hat seinen Grund in der convexen Bie-

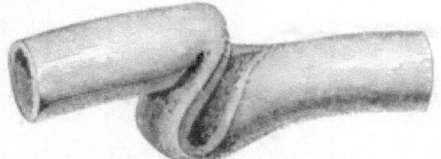

Fig. 89.   Geschlitzter und der Länge nach zusammen
gestossener Gummischlauch.

gung, welche die Körperaxe im Dorsaltheile beschreibt, und
über deren Existenz Längsschnitte und Flächenansichten gleich
überzeugende Bilder geben. Ihre Bedingungen sind diejenigen des vierten unserer oben betrachteten Fälle, und alle
Einzelheiten der Configuration, denen wir dort begegnen, finden

wir hier auf das vollständigste wieder. Für mich persönlich knüpft sich das Interesse an dies besondere Beispiel, dass ich an ihm zuerst auf den Zusammenhang aufmerksam geworden bin, welcher zwischen einer entstehenden Form und den mechanischen Bedingungen ihrer Entstehung vorhanden ist.

Was nun das Gehirn anbetrifft, so entsprechen seine drei primären Krümmungen den drei hintereinanderliegenden Ausweitungen seiner Seitenwand, die Hakenkrümmung derjenigen des Vorderhirns, die Mittelwölbung der des Mittelhirns und die Brückenkrümmung der Verbreiterung auf der Gränze des Hinter- und des Nachhirns. — Das Vorhandensein der primären Gehirnkrümmungen knüpft sich an dasjenige der ersten Querfaltungen der Keimscheibe. Die Medullarplatte beschreibt jene Krümmungen schon bevor sie sich schliesst; späterhin nehmen sie aber, wie die Beobachtung zeigt, sämmtlich zu, eine Zunahme, welche in nachweislicher Abhängigkeit von den Beziehungen zwischen der animalen und der vegetativen Keimschicht steht. Schon wiederholt ist in früheren Briefen der Verbindung gedacht worden, welche durch den Axenstrang, und später durch die aus ihm entstandene Chorda dorsalis zwischen der Medullarplatte und dem Darmdrüsenblatte längs der Mittellinie unterhalten wird. Du weisst auch, dass diese Verbindung

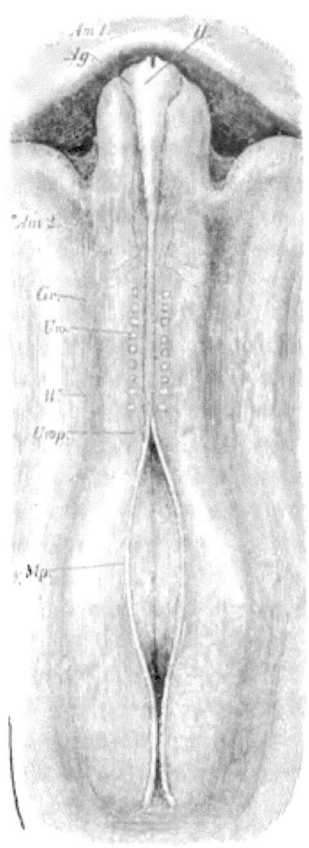

Fig. 90 (10). Hühnchen vom zweiten Bebrütungstag. 20mal vergrösserte Dorsalansicht.

H. Hirn, in Vorderhirn, Mittelhirn und Hinterhirn sich gliedernd.
Ag. Augenblase.
W. Wolff'sche Leiste.
s Gr. Seitliche Gränzrinne.
Uw. Urwirbel.
Uwp. Urwirbelplatte.
Am. 1. Vordere Amnionfalte.
Am. 2. Seitliche ,,
G. Grube unter dem freien Kopfende.
Mp. Offener Theil des Medullarrohres.
Medullarplatte.
Der Ort des Herzens ist durch punktirte Linien angegeben, das Herz ist noch gestreckt.

7*

in der Folge sich löst, indem zuerst das Darmdrüsenblatt von
der Chorda, und, viel später, diese vom Medullarrohre sich entfernt. Am innigsten ist die Verbindung durch zwischengelagerte
Masse zwischen dem ursprünglich vordersten Rande der Medullarplatte und dem vorderen Ende des Vorderdarmes. Die Verbindung ist hier eine so innige, dass, wenn in sehr später Zeit der
Vorderdarm vom Gehirn sich trennt, die Trennung nicht im Ver-
bindungsstücke geschieht, sondern in der Continuität des Vorderdarmes selbst. Ein kleines Stück von diesem bleibt als vorderer Lappen der Hypophysis in dauernder Verbindung mit
dem Gehirn. Es wächst aber das Medullarrohr, und speciell
das Gehirn rascher in die Länge als der Vorderdarm; da es
nicht zu einer Trennung beider Theile kommt, so muss der
längere Theil sich krümmen, und müssen ferner die unmittelbaren Folgen der Zerrung in den mit einander verbundenen
Strecken des Vorderdarms sowohl, als des Medullarrohres zu
Tage treten. Beides trifft in sehr prägnanter Weise ein: nicht
allein erhebt sich das Medullarrohr über dem Vorderdarm in
wachsendem Bogen, sondern es ziehen sich an beiden Theilen
die verbundenen Enden trichterförmig aus, wir bekommen
auf die Weise am Gehirn den oben betrachteten Trichterfortsatz, am Vorderdarm die aus Fig. 91 bekannte sog. Rathke'sche
Tasche.

Für den vorderen Abschnitt des Gehirns wird durch die
Verbindung mit dem Vorderdarm jene Bedingung hergestellt,
welche wir oben beim Gummischlauch als zweiten Fall er-
örtert hatten, der Vorderdarm spielt hier die Rolle des fixiren-
den Fadens, und die Form, welche das vordere Gehirnende
annimmt, ist genau jenem Paradigma entsprechend. Du brauchst
in der That nur die Fig. 82 mit der Fig. 86 zu vergleichen,
um die grösstmöglichste Uebereinstimmung in allen wesentlichen Punkten wiederzufinden. Die fixirte Spitze des gebogenen
Schlauches findest Du in dem Trichterfortsatz, seine beiden
Ohren in den zwei Augenblasenanlagen wieder; ebenso sind
die beiden schrägen Leisten von der Fixationsstelle zu den
Ohren und die dahinter liegende Rinne vorhanden, letztere
an der unteren Fläche der Augenblasen endigend. Noch viel
schärfer treten diese Dinge bei Fig. 83 hervor, nur hat hier
schon die Abgliederung der Augenblasen vom Vorderhirn be-

gonnen, ein Vorgang, der auf ein anderes Moment zurückzuführen ist, auf die Wirkung nämlich des zur Seite gerückten
Zwischenstranges. Dies Gebilde, aus
der Wandung der Zwischenrinne entstanden, liegt am Kopf ursprünglich über
der Schlussstelle des Medullarrohres.
Dann aber verschiebt es sich, wohl in
Folge der dasselbe treffenden Längs-
spannung zur Seite, und kommt neben
das Hinterhirn und das Mittelhirn zu
liegen. Am Vorderhirn aber schneidet
es zwischen den eigentlichen Gehirn-
theil des Rohres und die Augenblase
ein, auf Querschnitten als 3kantiger
Keil sich darstellend. Aus dem Zwi-
schenstrang entstehen die Anlagen der
spinalen Ganglien des Kopfes (Trige-
minus-, Acusticus-, Glossopharyngeus-
und Vagusganglien). Aus demselben
Materiale stammt die Anlage der Gehörblase. Dieselbe tritt stets an derselben Stelle neben dem Nachhirn,
etwas hinter der Rautengrube auf,
d. h. an der Kreuzungsstelle der
Zwischenrinne mit der, auf der Gränze
des Hinterkopfes befindlichen Quer-
rinne, und sie leitet sich, soweit ich
einsehe, davon ab dass an dieser Stelle
die Rinne sich als offene Grube erhält und erst später in gesonderter
Weise schliesst.

Von nicht geringerem Interesse
als die Verhältnisse im Bereiche der
Hakenkrümmung sind die im Bereiche
der Brückenkrümmung. Es ist zwar
gerade das Hirn des Vogelembryo
wegen der nur mässigen Ausbildung
jener Krümmung kein sehr schlagendes Object. Dagegen stossen
wir auf sehr ausgeprägte Verhältnisse am Gehirn der Knochen-

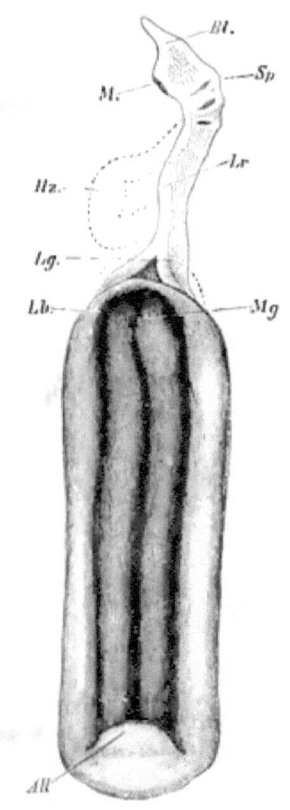

Fig 91 (s). Primitivdarm des obigen
Embryo. 20mal vergrössert. Die
punktirte Linie zeigt die Lage des
Herzens.
Bl. Blindes mit dem Hirn verbun-
　denen Ende des Vorderdarms
　(sog. Rathke'sche Tasche).
M. Berührungsstelle des Vorder-
　darms mit dem Grund der
　Mundhöhle.
Sp. Schlundspalten.
Hz. Herz.
Lr. Luftröhrenanlage.
Lg. Lungenanlage.
Lb. Ort der Leberanlage.
Mg. Ort der Magenanlage.
All. Ort der Allantoisanlage.

fische und dann wiederum an demjenigen des Menschen und
einer Anzahl von Säugethieren.   Nehmen wir zunächst als Bei-

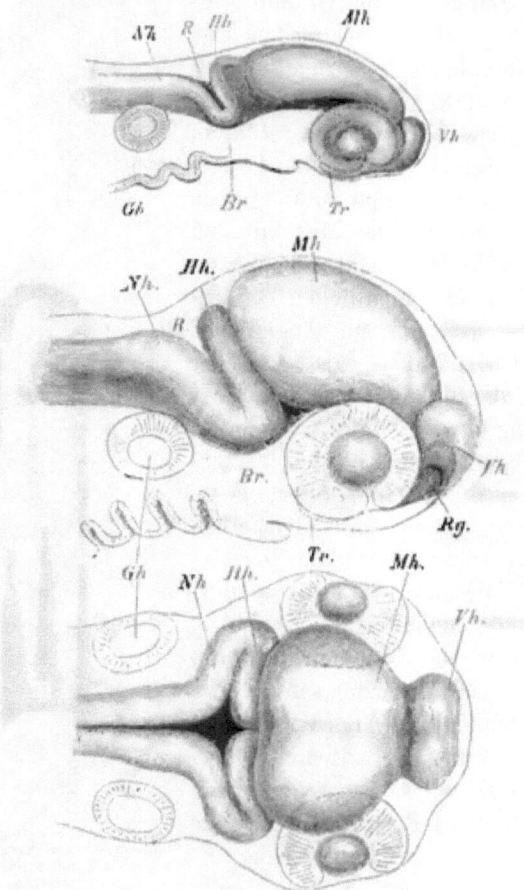

Fig. 92.   Gehirn eines
Hechtembryo. 3 Tage p.
foec. Vergrösserung 30.
Buchstabenbezeichnung
wie oben.
Br. Brückenkrümmung
Der Trichterfortsatz ist
in punktirten Linien ein-
gezeichnet.

Fig. 93. Gehirn eines Fo-
rellenembryo. 4 Wochen
p. foec. im Profil gesehen.
Vergrösserung 30.
Rg. Riechgrube.

Fig. 94. Dasselbe von
oben gesehen.

spiel das Gehirn eines Hechtembryo vom 3. Tage, oder dasjenige
eines Forellen- oder eines Lachsembryos von etwa 14 Tage nach
der Befruchtung. Ein solches (s. Fig. 92) besitzt eine wohl ent-

wickelte Hakenkrümmung mit starkem Trichterfortsatz und
ein langgestrecktes Mittelhirn. Besonders aber zeichnet es
sich aus durch eine scharf ausgebildete Brückenkrümmung,
welcher an der oberen Fläche ein tiefer Einschnitt entspricht.
Weit treten an dieser Stelle die Ränder des Rohres zur Seite,
genau nach dem Falle des geschlitzten und scharf eingeknick-
ten Gummischlauches. Die auf diese Weise entstehende breite
Grube ist die Anlage einer Rautengrube; aus den hinteren
divergirenden Rändern der Grube werden die Verbindungs-
stücke des Markes mit dem Kleinhirn (Corpora restiformia),
die vorderen convergirenden Ränder aber und ihr, hinter dem
Mittelhirn liegendes Verbindungsstück liefern das Material zur
Bildung des Kleinhirns.

Folgen wir dem eben betrachteten Gehirn auf die etwas
vorgerückte Stufe Fig. 92 und 93, so begegnen wir einer
zunehmenden Entwicklung der verschiedenen Krümmungen.
Durch die wachsende Zusammenschiebung der Theile ist der
hintere Hirnabschnitt, oder das Nachhirn unter die davor liegende Anlage des Kleinhirns, und diese unter diejenige des
Mittelhirns geschoben worden. Wie ein Klappdeckel legt sich
nunmehr die Kleinhirnanlage, oder der ursprünglich vordere
Rand der Rautengrube über diese weg, und verengt ihren
Zugang. Dies Verhältniss nimmt in dem Maasse zu, dass bei
einem Fische von etwa 2 Cm. Länge das Kleinhirn beinahe

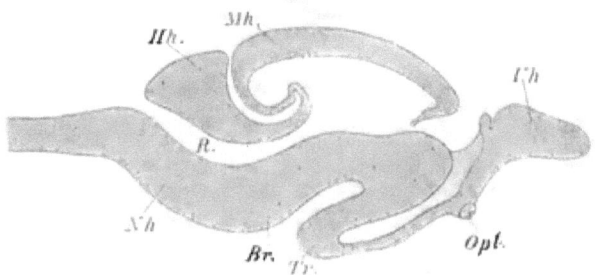

Fig. 95. Hirn eines Salmenembryo von 2 Ctm. Länge im Längsschnitt. Vergr. 20.
Bezeichnung wie oben.

ganz unter das Mittelhirn gerückt erscheint und nur mit
einem mittleren Lappen frei nach hinten vortritt, und so finden wir die Sache auch am Hirn des ausgewachsenen Thieres.[2])

Eine auffallende Uebereinstimmung in dem Verhalten dieser hinteren Abschnitte finden wir beim Gehirn des Menschen.
Ich lege Dir einige nach Photographien entworfene Zeichnungen
bei. Die Betrachtung der übrigen Unterschiede zwischen diesem und dem embryonalen Fischhirn vorerst bei Seite lassend,
mache ich Dich darauf aufmerksam, wie enorm stark auch
hier die Brückenkrümmung entwickelt ist, und wie weit zugleich das Nachhirn unter das Hinterhirn, und dieses unter das

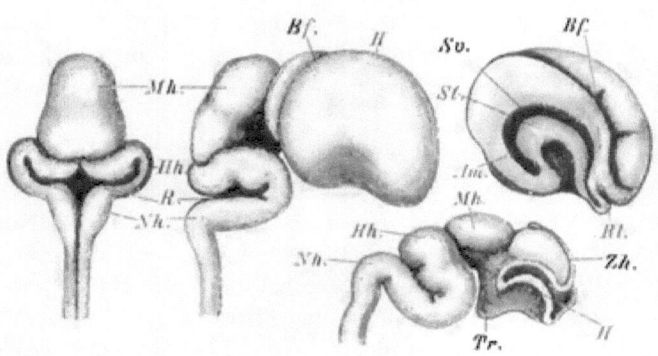

Fig. 96. Hirn eines menschlichen Fötus von ca. 7 Wochen. Die Vorderhirnhemisphären
sind mit Ausnahme ihres Wurzelstückes entfernt, man sieht das blossliegende Zwischen-
hirn (Zh) und den Trichterfortsatz (Tr). Buchstabenbezeichnung wie oben.
Fig. 97. Hirn eines 10wöchentlichen menschlichen Fötus in der Seitenansicht.
H. Hemisphäre.
Fig. 98. Dasselbe von hinten her gesehen.
Fig. 99. Mediale Fläche der abgetragenen Hemisphäre.
St. Streifenhügel.
Sv. Seitenventrikel.
Am. Anlage des Ammonshorn.
Bf. Bogenfurche.

Mittelhirn geschoben ist. Entsprechend dieser starken Entwicklung der Brückenkrümmung findest Du auch eine sehr breit
angelegte Rautengrube.

Wenn Du Dich an obigen Beispielen von der Abhängigkeit überzeugt hast, in welchen die Gehirngliederung von den
auftretenden Longitudinalbiegungen des Organes steht, so wird
es Dich interessiren, nach der Richtung eine kleine vergleichende Umschau zu halten, und eine solche gedenke ich Dir
im nächsten Briefe vorzuführen.

Neunter Brief.

Bedeutung der Brückenkrümmung für die Entwicklung des Kleinhirns und der Medulla oblongata; Hemisphären des Grosshirns und deren Umbildung. Auftreten der weissen Substanz.

Lieber Freund! Nach den Auseinandersetzungen des letzten Briefes werden Dir keine Zweifel geblieben sein über den causalen Zusammenhang zwischen der primären Gliederung des Gehirns und seinen primären Krümmungen. Wie jene Gliederung, so kommen auch die Krümmungen dem Gehirn sämmtlicher Wirbelthiere zu. Andeutungen davon scheinen, soweit man aus den Kowalewsky'schen Abbildungen schliessen kann, in früher Lebensperiode selbst dem Amphioxus nicht[1]) zu fehlen. Die Gehirnkrümmungen sind indess bei Vertretern verschiedener Wirbelthierordnungen auf gleicher Entwicklungsstufe ungleich stark ausgeprägt, und auch ungleich über die Gesammtlänge des Hirnrohres vertheilt. In diesen Ungleichheiten liegt ein Grund für spätere Verschiedenheiten des Gehirnbaues, und es ist leicht verständlich, wie eine einzelne Abweichung, sei es im Grade einer Krümmung, sei es im Orte derselben, ihren Einfluss stets auf einen ganzen Complex von Hirntheilen erstrecken wird. Wo z. B., wie beim Fischhirn, durch die langgestreckte Mittelwölbung eine lange Mittelhirnanlage abgesteckt wird, da wird nothwendig in einer anderen Anlage (hier in derjenigen des Vorderhirns) eine entsprechende Verkürzung eintreten, und diese erste Feststellung der Proportionen wird auch durch secundäres Wachsthum nicht wieder ausgeglichen. Eine gegenseitige Entwicklungsabhängigkeit besteht für die Theile des Gehirns gleichermaassen, wie für die grossen Districte des Gesammtkeimes.

Die zuletzt erörterte Brückenkrümmung mag uns sofort als Beispiel des Einflusses dienen, welchen die Ausbildung einer gegebenen Krümmung auf die Entwicklung der umgebenden Theile ausübt.

Der Ort der Brückenkrümmung bestimmt, wie wir das letztemal gesehen haben, denjenigen der Rautengrube; letztere ist die, durch die Knickung verbreiterte Röhrenlichtung. Je stärker die Knickung, um so breiter wird unter übrigens gleichen Bedingungen die Grube sein, und um so grösser die Längenausdehnung ihrer auseinanderweichenden Ränder. Die grösste Breite der Rautengrube bezeichnet die Gränze zwischen dem Nachhirn und dem Hinterhirn, oder mit den bleibenden Namen, zwischen dem verlängerten Marke und dem Kleinhirn.

Das Kleinhirn zerfällt, wie die Anatomie zeigt, bei den meisten Abtheilungen der Wirbelthiere in ein Mittelstück, den sog. Wurm, und zwei durch eine Furche davon abgesetzte

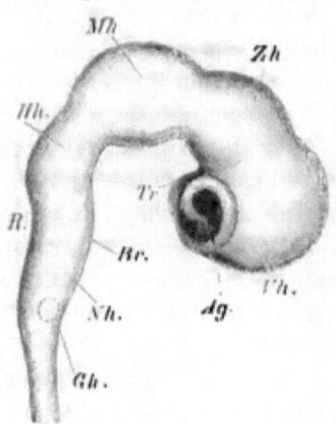

Seitenstücke. Das erstere bildet sich aus den in der Mittellinie vereinigten Strecken der oberen Röhrenwand, d. h. aus solchen Substanzmassen, die hinsichtlich der primitiven Lagerung vor den Anlagen der Seitenstücke befindlich waren. Beim Vogelembryo ist, wie Du aus der Fig. 100 ersiehst, zwischen dem Mittelhirn und dem vorderen Rande des Rautengrubenzuganges ein ziemlich langes ungeschlitztes Stück vorhanden, aus welchem der gleichfalls langgestreckte Wurm entsteht. Wo ein solches Zwischenstück ursprünglich geringere Entwicklung besitzt, da kann durch secundäres Zusammenschieben der Seitentheile gleichwohl ein starker Mitteltheil des Kleinhirns sich entwickeln, wofür die Knochenfische ein Beispiel liefern. Im Uebrigen bilden sich aus den offenen Vorderwänden der Rautengrube die Seitenstücke des Kleinhirns.

Fig. 100 (80). Gehirn eines Hühnchens von
der Stufe Fig. 5. 30mal vergrössert.
R. Ort der Rautengrube.
Zh. Zwischenhirn.
Uebrige Buchstaben wie bei Fig. 82 u. 83.

An der, basalwärts vorspringenden Querleiste der Brückenkrümmung entstehen bei Säugethieren die Querfasern der Brücke, ferner brechen an ihr ganz allgemein **die Wurzeln** des N. trigeminus durch. Daran und theilweise **an der Vorwölbung** kann man noch am ausgebildeten **Gehirn den Ort** jener Leiste erkennen. Allerdings wird durch die **an der** Hirnbasis auftretenden weissen Substanzmassen **die Schärfe der** Anfangsformen vielfach verwischt, und die **Orientirung** wesentlich erschwert. Wie die übrigen Hirnkrümmungen, so pflegt auch die Brückenkrümmung im **Laufe der Entwicklung** zuzunehmen, bei dem einen **Geschöpf** mehr, **bei dem andern** weniger, und je stärker **die Zunahme ist,** um so mehr schieben sich die hinteren Hirntheile unter die mittleren.

Aus **den allgemeinen** Bedingungen des sich knickenden Schlauches **haben wir sonach** folgende Abhängigkeiten zu erwarten:

Schwache Brückenkrümmung: Schmale Rautengrube, kleines Cerebellum, wenigstens kleine Seitentheile desselben.

Geringe Vorschiebung der Brückenkrümmung: Weit offener, vom Cerebellum unvollständig gedeckter Zugang zur Rautengrube; Cerebellum **hinter dem Mittelhirn** liegend, **Austrittsstelle des N. trigeminus** noch **unter dem offenen Theile der Rautengrube, und** nahe an deren **breitester** Stelle.

Starke Brückenkrümmung: Breite Rautengrube, starkes Cerebellum, insbesondere starke Seitentheile desselben.

Starke Vorschiebung der Brückenkrümmung: Enger, vom Cerebellum **bedeckter,** und schräg verlaufender Zugang zur Rautengrube; Cerebellum vom Mittelhirn überlagert; Austrittsstelle des N. trigeminus über die breiteste Stelle der Rautengrube nach vorn gerückt.

Um zu sehen, inwieweit diese Ableitungen mit den Thatsachen stimmen, betrachten wir einmal die auf gleichen Entwicklungsstufen befindlichen Gehirne des Hühnchens Fig. 101 und des Hechtembryo Fig. 92 (S. 102) und fügen ihnen dasjenige des Froschembryos Fig. 102 bei. Alle 3 Zeichnungen sind bei derselben Vergrösserung aufgenommen, **und** es tritt

Dir daraus die bemerkenswerthe Thatsache entgegen, dass
alle drei Gehirne in ihren absoluten Maassen sich sehr nahe
stehen.   Es ist diese geringe Grössenschwankung des sich
formenden Rohres, wie Du siehst, neben dem Vorhandensein
der primären Krümmungen ein neues Moment zur Erklärung
des ähnlichen Ganges der Gliederung.

Im Vorbeigehen mache ich Dich auch auf die Länge
des in der Hakenkrümmung zurückgebogenen Stückes beim
Fisch- und beim Froschhirn gegenüber dem des Hühnchens
aufmerksam, sowie auch auf die bedeutende Länge des Mittelhirns beim ersteren.

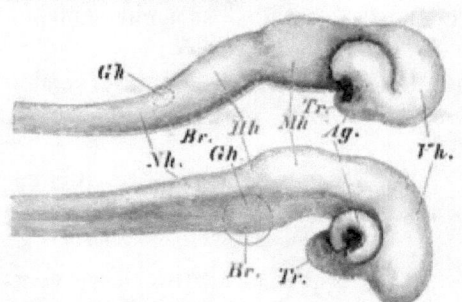

Fig. 101. Gehirn des Hühn-   Fig. 102. Gehirn des Frosch-
chens, Profilansicht von   embryo. 30mal vergr.
Fig. 83. 30mal vergr.

Was nun speciell
die Brückenkrümmung
anbetrifft, so ist diese
beim   Froschembryo
sehr unbedeutend, beim
Hühnchen etwas erheb-
licher, beim Fischem-
bryo ausnehmend stark
ausgebildet. Bei letz-
terem nimmt sie, wie
Du aus dem vorigen
Briefe weisst, noch er-
heblich zu, und führt zu einer weitgehenden Vorschiebung
der hinteren Hirntheile unter das Mittelhirn.   Auch beim
Hühnchen nimmt die Krümmung noch etwas zu, und es geschieht eine, obwohl geringe Vorrückung (vgl. Fig. 1 S. 3).
Beim Frosch dagegen bleibt die Krümmung gering und schiebt
sich auch kaum in merklicher Weise vor.

Der starken Entwicklung der Brückenkrümmung beim
Fischhirn entspricht die starke Entwicklung des Cerebellum
und eine weite Vorlagerung der Austrittsstelle des N. trigeminus.   Anders liegen die Dinge beim Vogelhirn. Das Cerebellum besitzt zwar, aus den früher erörterten Gründen, einen
ziemlich starken Wurm, dagegen sind dessen Seitentheile sehr
schwach und nicht über die Rautengrube zurückgebogen. Das
Maximum der basalen Wölbung liegt ziemlich weit hinten und
auch der Trigeminusaustritt fällt um weniges vor den Ein-
gangsschlitz der Rautengrube.

Ausnehmend schwach bleibt bekanntlich das Cerebellum beim Frosch; es ist hier eine dünne, nur das vordere Ende der Rautengrube überbrückende Lamelle. Seiner geringeren Entwicklung entspricht eine, gleichfalls geringe, weit hinten liegende basale Vorwölbung, an welcher, noch unterhalb des

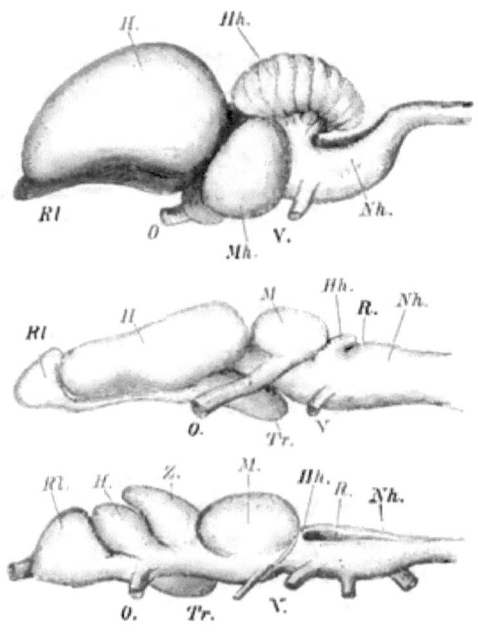

Fig. 103. Gehirn des erwachsenen Huhnes. 2mal vergr.
Fig. 104. Gehirn des Frosches. 5mal vergr.
Fig. 105. Gehirn von Petromyzon fluviatilis (nach Joh. Müller).
          R. Eingang zur Rautengrube.
          V. Nervus trigeminus.
          Br. Brücke.
    Uebrige Buchstabenbezeichnung wie oben.

offenen Theiles der Rautengrube, der N. trigeminus hervortritt. In noch höherem Grade zeigt das Gehirn von Petromyzon diesen Complex von Eigenthümlichkeiten.

Säugethierhirne haben im Allgemeinen eine wohl entwickelte Brückenkrümmung; im Grade der Ausbildung bestehen erhebliche Unterschiede. Am Ende der Reihe steht in der Hinsicht das menschliche Hirn und es erklärt dies die Mächtigkeit seiner Kleinhirnhemisphären, sowie die starke Vorschiebung seiner Brücke und seines Trigeminusaustrittes. Da-

gegen erreicht beispielsweise bei einem unserer, embryologisch
beststudirten Haussäugethiere, dem Kaninchen, die Brückenkrümmung nur einen mässigen Grad, und dasselbe gilt von
den Seitentheilen seines Kleinhirns.

Unter den verschiedenen primären Abschnitten des Gehirn-
rohres erfährt das Mittelhirn im Laufe der weiteren Entwicklung die unbeträchtlichsten, das Vorderhirn aber die bedeutendsten Abweichungen von der anfänglichen Grundform. Aus dem
primären Vorderhirn gehen nämlich bei der successiven
Abgliederung hervor:

  das Zwischenhirn, oder die Umgebung des dritten Ventrikels (Seh-
      hügel, Zirbel und Boden des Ventrikels bis zum Infundibulum);
  die Augenblasen, oder Anlagen der Netzhaut und der Pigment-
      haut;
  die Grosshirnhemisphären einschliesslich der Streifenhügel;
  die Vorderwand des dritten Ventrikels,
  das Gewölbe, und
  die Riechlappen.

Die Verfolgung dieser Abgliederung im Einzelnen und die
Aufsuchung ihrer mechanischen Bedingungen würde ein ziemlich tiefes Eingehen in die Gehirnanatomie verlangen, wozu
mir hier nicht der Ort scheint; auch sind bei der Complication der Verhältnisse eine Reihe von Punkten noch des
weiteren Studiums bedürftig. Dagegen kann ich mir nicht ver-
sagen, auf eins von den Gliedern des Vorderhirns, und zwar
auf das bedeutendste und zugleich das bedeutsamste einzu-
gehen, auf die Hemisphären und deren Entwicklung bei
Säugethieren.

Unmittelbar nachdem, zugleich mit der scharfen Abgliederung der Augenblasen, die Furche zwischen dem Zwischenhirn und dem secundären Vorderhirn aufgetreten ist, ist letzteres
noch unpaarig und enthält eine einzige Höhle als Fortsetzung
der Höhle des Zwischenhirns. Bald jedoch tritt an ihm, vom
vorderen Ende der Basis ausgehend, eine Furche auf, welche
in seine vordere und in seine obere Wand einschneidet, und
welche dann an der Gränze des Zwischenhirns in zwei seitliche Schenkel auseinander weicht. Durch diese Furche wird
eine Theilung des Vorderhirns in die zwei Hemisphären an-
gebahnt. Die Höhlung der letzteren oder die Seitenventrikel

sind Anfangs Divertikel der medianen Vorderhirnhöhle. Je tiefer aber die trennende Furche einschneidet, um so mehr reducirt sich das Mittelstück der Höhle, und um so enger wird der Zugang zu den Seitenventrikeln.

Für die Ursache der, das Vorderhirn spaltenden Furche, halte ich den in der Mittellinie wirksamen longitudinalen Zug, der vom Trichterfortsatz ausgeht. Mit dem Vorhandensein eines solchen Zuges würde auch die Verdünnung der Hemisphärenwand im Bereiche der Furche in Uebereinstimmung zu bringen sein.

Jede Hemisphärenanlage ist dem Obigen zufolge ein blasenartiger Körper, welcher an der Hirnbasis mittelst einer breiten flachen Wurzel festsitzt, nach vorn, nach oben und nach hinten hin aber seine Wurzel frei überragt.

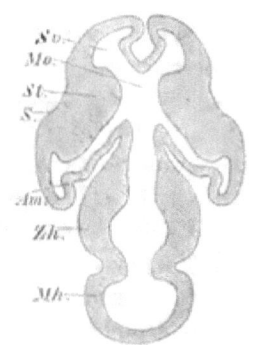

Fig. 106. Horizontalschnitt durch das Gehirn eines Rehfötus. 6mal vergrössert.
Sv. Seitenventrikel.
Mv. Mittelventrikel des Vorderhirns.
S. Sylvische Grube.
St. Streifenhügel.
Am. Anlage des Ammonshorns.
Zh. Zwischenhirn.
Mh. Mittelhirn.

Es bestehen zur Zeit des ersten Auftretens manche Uebereinstimmungen im Verhalten der Hemisphärenblasen und der

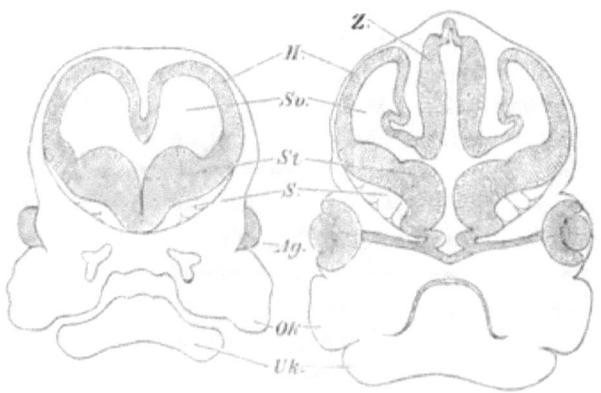

Fig. 107. Frontalschnitt durch den Kopf eines Kaninchenfötus (11täg. p. f.) 10mal vergrössert. Der Schnitt fällt vor die Gränze des Zwischenhirns.
Ag Auge.
Ok. Oberkiefer.
Uk. Unterkiefer.
Uebrige Buchstabenbezeichnung wie oben.

Fig. 108. Schnitt etwas weiter hinten, das vordere Ende des Zwischenhirns zeigend.

Augenblasen, und am Hirn des Hühnchens nehmen sich jene
Anfangs geradezu aus wie eine vordere Wiederholung der
letzteren. Constant ist das Vorhandensein einer, an der Aussenwand befindlichen Grube, welche von der Basis aus sich an
die Wurzel und von da aus noch ein Stück weit auf den
freien Theil der Hemisphären erstreckt. Diese Grube ist die
Fossa Sylvii. Ihr entspricht an der Innenfläche des Hemi-
sphärenraumes ein wulstiger Vorsprung, die Anlage des Strei-
fenhügels (s. Fig. 106, 107 und 108). Den frei vortretenden
Theil der Hemisphärenblase pflegt man in der Anatomie als
Hirnmantel zu bezeichnen.

Von aussen betrachtet, hat jede Hemisphäre eine annähernd bohnenförmige Gestalt: die der Wurzel angehörige
Fossa Sylvii wird von dem vorgewölbten Mantel in convexem
Bogen umspannt. Mit Ausnahme der Fossa Sylvii und einer nach-
her zu betrachtenden Furche am hinteren Ende pflegt Anfangs
die Hemisphäre an ihrer Aussenwand keine Furchen oder Vertiefungen, wenigstens keine von bleibender Bedeutung zu zeigen.
Anders die mediane Wand. Diese ist, soweit meine Erfahrungen
reichen, zu keiner Zeit völlig glatt, sondern stets von einer
bogenförmigen, und zu einer bestimmten Zeit auch von einer
Anzahl radiärer Furchen durchzogen. Letztere sind meistens
vorübergehender Natur, die Bogenfurche dagegen ist, wie
wir theilweise schon aus den Arbeiten von Arnold und von
Fr. Schmidt wissen, von durchgreifender Bedeutung für die
spätere Organisation des Gehirns. Sie erzeugt einen in die
Hirnhöhle vorspringenden bogenförmigen Wulst, dessen hinterer Theil zum Ammonshorn wird, während der mittlere
und der vordere die Bildung des Gewölbes bedingen.[2]) Das
vordere Ende der Bogenfurche läuft in den vorderen Rand
der Hemisphäre aus und eine Zweigfurche begränzt den darunter liegenden Riechlappen. Am hinteren Hemisphären-
rande überschreitet die Furche, auch beim menschlichen Fötus,
auf früheren Entwicklungsstufen den Rand, und ist von aussen
her noch eben sichtbar (Fig. 97).

Weshalb gerade an der medialen Hemisphärenwand Faltungen zuerst auftreten, ist nicht schwer zu verstehen. Nicht
allein ist dieselbe dünner als die äussere, sondern durch das
Zusammentreffen in der Mittelebene wirken ja die beiden

Hemisphären gegenseitig raumbeschränkend aufeinander; anstatt bauchig sich vortreiben zu können, sind sie genöthigt, sich der ebenen Begränzungsfläche zu adaptiren.

Es ist Dir bekannt, wie die Gehirne der Säugethiere und speciell dasjenige des Menschen, durch hervorragende Hemisphärenentwicklung sich auszeichnen, und wie die einmal hervorgewölbten Hemisphären der Reihe nach das Zwischenhirn, das Mittelhirn und das Hinterhirn nebst dem Nachhirn zu überdecken vermögen. Wir bleiben zunächst beim menschlichen

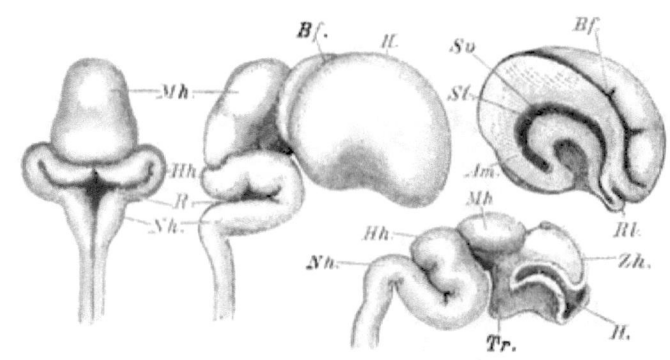

Fig. 109 (¾). Hirn eines menschlichen Fötus von ca. 7 Wochen. Die Vorderhirnhemisphären sind mit Ausnahme ihres Wurzelstückes entfernt, man sieht das blossliegende Zwischenhirn (Zh) und den Trichterfortsatz. Buchstabenbezeichnung wie oben.
Fig. 110 (¾). Hirn eines 10wöchentlichen menschlichen Fötus in der Seitenansicht.
H. Hemisphäre.
Fig. 111 (¾). Dasselbe von hinten her gesehen.
Fig. 112 (¾). Mediale Fläche der abgetragenen Hemisphäre.
St. Streifenhügel.
Sv. Seitenventrikel
Am. Anlage des Ammonshorn.
Bf. Bogenfurche.

Gehirn stehen, bei welchem die Ueberlagerung dahinter liegender Theile den höchsten Grad erreicht, und wir betrachten kurz die Hauptphasen der Hemisphärenverschiebung.

Es besitzt der, vom Hemisphärenmantel beschriebene Bogen, wie Du aus Fig. 110 siehst, Anfangs eine ziemlich gleichmässige Wölbung, und nur um weniges ist er hinten höher, als vorn. Dann aber ändert sich dies Verhältniss. An dem fast gleichmässigen Bogen entsteht in der hinteren Hälfte eine, erst stumpfe, dann spitz werdende Ecke, welche nach hinten überhängt, und zugleich etwas medianwärts sich ein-

biegt. Es wird diese Ecke zum sog. Hinterhauptslappen
des Grosshirns. Mit der Schrägschiebung des Hemisphären-
bogens steht eine Reihe von weiteren Veränderungen in Zusammenhang: Die an der Aussenfläche befindliche Fossa Sylvii
nimmt, wie der Hemisphärenmantel, eine winklige Gestalt an,
und verlängert sich in eine nach rückwärts sehende Spitze.
Der zuvor bogenförmige Seitenventrikel wird zu einer dreizipf-
ligen Höhle, deren neu auf-
tretender Zipfel als sogen.
hinteres Horn eben dem
Hinterhauptslappen ange-
hört.   An der medialen
Wand aber macht sich der
Einfluss jener Hemisphären-
umlegung dadurch geltend,
dass die Bogenfurche in zwei
sich kreuzende Schenkel aus-
einandergeht, deren einer
als Verlängerung des vor-
deren, der andere als Verlängerung des unteren Theiles der Bogenfurche auftritt.
Jener bildet die sog. Fissura calcarina der Ana-
tomen, dieser die innere Oc-
cipitalspalte. Beide Fur-
chen können bei ihrem er-
sten Auftreten sich wohl
derart stören, dass zuerst
nur die eine oder die andere
zur Ausbildung gelangt, und

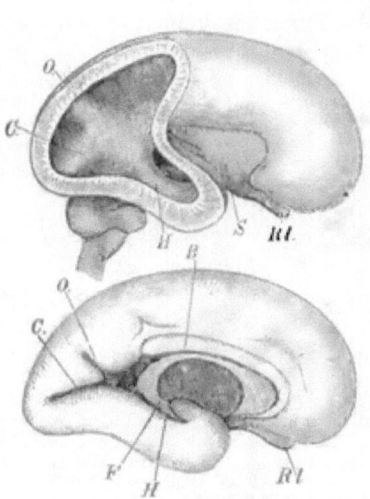

Fig. 113. Gehirn eines ca. 4½ monatl. mensch-
lichen Fötus von Aussen her gesehen. Ein Theil
der Hemisphärenwand ist weggenommen, um die
inneren Falten zu zeigen.
Fig. 114. Dieselbe Hemisphäre von der media-
len Fläche.
F. Fornix mit Sept. pell.
C. Fissura calcarina
O. Fiss. occipitalis
Rl. Riechlappen.
B. Balken.
H. Fissura bez. Pes Hippocampi.

man findet fötale Gehirne aus dem 5. Monate, an welchen
auf der einen Seite nur die Fissura calcarina, auf der anderen
nur die F. occipitalis vorhanden ist.
     Suchst Du nun nach der Ursache, welche jener starken
Verschiebung der Hemisphären zu Grunde liegen mag, so
findest Du folgende: Durch die starke Brückenkrümmung ist
die Anlage des Kleinhirns und der Brücke beim menschlichen
Embryonalhirn sehr weit nach vorn gerückt.   Es dauert

daher nicht lange, bis die sich ausdehnende Hemisphäre mit
dem hinteren Rande ihres Bogens an jene Theile anstösst, und
nunmehr sind die Bedingungen für das weitere Hemisphären-
wachsthum verändert. Die sich ausdehnende hintere Hemi-
sphärenhälfte weicht, da ihr unten ein Widerstand geboten wird,
nach dem Raume aus über dem Cerebellum und dem Mittelhirn, und gewinnt dabei eben jene dreizipflige Gestalt. Die
Bildung des Hinterlappens und des Hinterhornes, sowie der
Fiss. occip. int. und calcarina sind daher mittelbare Folgen
der stark entwickelten Brückenkrümmung.

Ein vergleichenden Blick auf andere Säugethierhirne
giebt dieser Ableitung ihre Bestätigung. Die oben erörterten
Eigenthümlichkeiten kommen in voller Ausbildung nur dem
menschlichen Gehirne und dem Gehirn höherer Affen zu, sie

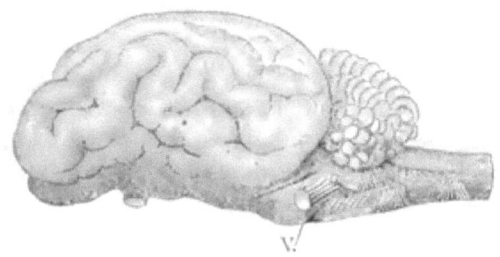

Fig. 115. Gehirn des Schafes (nach Leuret auf ³/₅ reducirt).

fehlen dagegen oder sind nur schwach vorhanden bei denjenigen anderer Säugethiere. Du magst, um Dich darüber zu
unterrichten, den schönen Hirnatlas von Leuret, oder allenfalls auch die Copien daraus von Huguenin[3]) durchblättern,
durchweg findest Du die Rückwärtsschiebung der Hemisphären
genau der Berührung entsprechend, welche zwischen ihnen und
dem vorderen Rande des Cerebellum und der Brücke vorhanden ist.

Als Beispiel lege ich Dir die Copie eines Schafhirnes bei,
an welchem die Zurücklegung der Hemisphäre nahezu null ist,
und die Fossa Sylvii die Gestalt einer verticalen Spalte besitzt.

Ich habe Dir im Obigen einige Gruben und Furchen der
Hemisphärenoberfläche namhaft gemacht, welche mit einander
das gemein haben, dass sie frühe auftreten und dass sie

Falten der gesammten Wand sind. Jeder derselben entspricht somit ein innerer Wulst oder Vorsprung. Wir können diese Furchen als Primärfurchen, oder noch passender vielleicht als Totalfalten der Hemisphärenwand bezeichnen. Es sind, um sie nochmals mit den entsprechenden inneren Vorsprüngen aufzuzählen:

Furche:	Vorsprung:
Fossa Sylvii	Streifenhügel
Bogenfurche, vorderer Theil	Fornix
Bogenfurche, hinterer Theil oder Fiss. Hippocampi	Pes Hippocampi
Fissura calcarina	Calcar avis
Fissura occipitalis	Convexität des Hinterhornes,

endlich kann noch genannt werden, die mit der Fiss. calcarina und F. Hippocampi parallel auftretende Fissura collateralis, welcher im Ventrikel die Eminentia collateralis entspricht.

Eine Anzahl von Totalfalten hauptsächlich radiären Verlaufes, welche in früher Zeit (3 Monat) vorhanden sind, gleichen sich mit zunehmendem Wachsthum wieder aus, und hinterlassen keine bleibenden Spuren.

Die Dicke der Hemisphärenwandung nimmt, besonders durch Entwicklung von weisser Masse, vom fünften Monate ab erheblich zu, und die Ventrikel erfahren eine entsprechende Verengung. Gegen das Ende des fünften Monats tritt beim Menschen jenes neue System von Furchen auf, welches der Hemisphäre ihre bleibende Configuration ertheilt. Zu diesen Furchen gehören einige, die sich durch erhebliche Tiefe und durch die Constanz ihres Auftretens auszeichnen (wie die Centralfurche, die Stirnfurchen, die Schläfenfurchen, die Interparietalfurche u. s. w.); allein bei alle dem nehmen sie eine ganz separate Stellung ein gegenüber den früher betrachteten. Konnten wir dort von Totalfalten der Hemisphärenwand reden, so haben wir es hier nur mit Rindenfalten zu thun, d. h. es ist blos die graue Rinde in Falten erhoben, und nur schmale Fortsätze der weissen Substanz dringen den Raum ausfüllend, in deren Basis ein. Keinerlei Eigenthümlichkeit der Ventrikelwand spiegelt das Vorhandensein dieser äusseren Bildungen wieder. Auch in der Art ihres ersten Auftretens unterscheiden sich diese secundären, oder Rindenfalten von den Totalfalten. Während diese gleich in scharfer Ausprägung auftreten, entwickeln sich jene allmählig, zuerst als seichte Vertiefungen, deren Ausdehnung und Tiefe nach und nach sich vergrössert.

Es ist klar, dass bei den durchaus verschiedenen Eigenschaften der primären und der secundären Furchen und bei der so verschiedenen Art ihres Auftretens, beide nicht auf dieselben Entstehungsbedingungen zurückgeführt werden können. Hatten wir es dort mit Faltungen einer verhältnissmässig dünnwandigen Blase zu thun, bei welcher nachweisbar äussere Momente mitbestimmend waren, so handelt es sich hier um Veränderungen an einer dicken, aus zwei Schichten bestehenden Wand, bei welchen nur die eine, äussere Wandschicht direct betheiligt ist, und bei welchen auch nicht an Kräfte gedacht werden darf, die von aussen her wirken. Unter diesen Umständen kann man kaum im Zweifel darüber sein, dass nur das relativ stärkere Flächenwachsthum der äusseren (grauen) Wandschicht der Grund ist, weshalb diese über ihrer Unterlage sich erhebt und sich in Falten wirft.

Nur wenige Worte füge ich noch bei über das Auftreten der weissen Substanz, einen Gegenstand, den man kaum angefangen hat zu bearbeiten. Du hast früher gehört, dass die weisse Substanz sehr langsam sich entwickelt, und dass ihre Fasern als Ausläufer der früher vorhandenen Nervenzellen anzusehen sind. Eine Reihe höchst interessanter Fragen thut sich nun dabei auf. Wenn die Fasern von einem Endpunkte auswachsen, wie gelangen sie zu ihrem anderen Endpunkte hin? wie entwickeln sich die secundären Faserverbindungen innerhalb der Centralorgane? wie kommt es, dass jede Muskelfaser, oder dass jeder Hautbezirk ihre Nervenfasern, jene motorische, diese sensible erhalten u. s. w.? Es sind dies Fragen, zu deren Beantwortung bis jetzt fast alle Angriffspunkte fehlen. Nur in Betreff der gröberen Vertheilung weisser Substanz liegt einiges Material vor. Darnach ergiebt sich der höchst einfache Satz, dass die weisse Substanz da auftritt, wo sie Raum hat. Um Dir diesen Satz zur völligen Ueberzeugung zu bringen, müsste ich Dir ein ziemliches Detail vorführen, ich begnüge mich statt dessen mit einigen kurzen Hinweisen. An den Gross- und Kleinhirnhemisphären, welche von

ihren Hüllen knapp umschlossen sind, sammelt sich die weisse
Substanz an der innern, der Ventrikelhöhle zugewendeten
Fläche; am Rückenmark, wo der enge Kanal wenig Raum
bietet, bilden sich die Stränge aussen; an der Hirnbasis schmiegen
sich die weissen Substanzzüge in die einspringenden, Anfangs
nur von schwammigem, wasserreichem Bindegewebe ausgefüllten
Winkel und Rinnen der Oberfläche. Die peripherischen Nerven folgen, meist mit den Gefässen laufend, den offenen Lücken
zwischen den Muskel- und sonstigen Anlagen des Körpers
u. s. w. Eines der hübschesten Beispiele findet sich am Boden
der Rautengrube. Hier liegt beim dreimonatlichen menschlichen Fötus eine tiefe offene Kreuzfurche, der Längsschenkel
des Kreuzes wird später von der Raphe, der Querschenkel von
Fasern der Striae acusticae ausgefüllt.

Wir müssen zwar die weissen Substanzzüge als grosse
Strassen ansehen, welche von Fasern der verschiedensten Bestimmung durchmessen werden können, immerhin kann der
Umstand, dass scheinbar äussere Bedingungen, wie das Vorhandensein von Lücken und Rinnen jenen Massen den Weg
vorschreiben, für die eigentliche Organisation des Systems
nicht bedeutungslos sein. Wir haben schliesslich keinen Grund
anzunehmen, dass besondere Anziehungskräfte eine Faser nothwendig zu diesem oder jenem Endpunkte hinziehen, und es
liegt zum Mindesten ebenso nahe, sich zu denken, dass jede
auswachsende Faser schliesslich da endigt, wo ihr natürlicher
Ausbreitungsweg sie hinlenkt, und dass eben in der primären
Anordnung dieser Wege die Grundbedingung der Organisation
enthalten sei.

Zehnter Brief.

Das Wachsthumsgesetz; räumliches und zeitliches Wachsthumsgefälle und deren Bedeutung für die schliessliche Ausbildung des Körpers.

Lieber Freund! In meinen letzten Briefen bin ich wohl etwas tiefer in anatomisches Detail hineingerathen, als dem ursprünglichen Plane entsprechen mochte, und es erscheint an der Zeit, dass wir wieder zu den Fragen allgemeinerer Natur zurückkehren.

Ueber folgende Punkte bist Du jetzt eines mit mir geworden: einmal, dass der erste Faltenwurf der Keimscheibe und deren primitive Gliederung durch die ungleiche Vertheilung ihres Wachsthums bedingt wird, und dass ferner die nach erfolgter Abgliederung eintretende Umformung der Organanlagen vom Wachsthume dieser Anlagen selbst und von demjenigen der übrigen Körpertheile abhängt. Allgemein gefasst lautet unser Ergebniss also:

Es ist bei gegebener Anfangsform des Keimes die Form des, aus demselben hervorgehenden Körpers eine abgeleitete Folge der räumlichen und zeitlichen Vertheilung des Keimwachsthums.

Die Vertheilung des Wachsthums nach Raum und nach Zeit folgt für jedes Geschöpf einem gegebenen Gesetze, dessen Bestimmung Sache der empirischen Forschung ist. Wir bezeichnen die auf Zeit- und auf Masseneinheit bezogene Massenzunahme eines Keimbezirkes als dessen Wachsthumsgeschwindigkeit. Da das specifische Gewicht des Keimes überall nahezu gleich gesetzt werden kann, so ist in continuirlichen Theilen desselben jener Werth zugleich als Maass des Volumwachsthums anzusehen. Du weisst bereits aus früheren Briefen, dass beim Beginn der Entwickelung das Maximum der Wachsthumsgeschwindigkeit in die Anlage des Gehirns fällt, dass sie in der Anlage des Rückenmarkes etwas geringer ist, dass sie, von einer, jene Anlagen halbirenden Linie ausgehend, nach beiden Seiten hin symmetrisch sich abstuft, sowie sie auch nach der Tiefe hin abnimmt. In gleicher Weise zeigt die Erfahrung, dass die Wachsthumsgeschwindigkeit innerhalb einer gegebenen Anlage mit der Zeit sich ändert.

Das Wachsthumsgesetz, dessen Kenntniss für jedes Geschöpf besonders anzustreben ist, hat die Wachsthumsgeschwindigkeiten aller einzelnen Punkte des Keimes als eine Function der Lage, der Zeit und der äusseren Bedingungen auszudrücken. Haben wir uns früher den eben befruchteten Keim in eine Anzahl organbildende Bezirke zerlegt gedacht, so können wir heute einen Schritt weiter gehen, und sagen, dass innerhalb eines jeden dieser Bezirke den Theilen eine Wachsthumserregung innewohnt, die sie bei ihrer Ablösung vom Gesammtkeime als Mitgift mit sich nehmen. Die ursprüngliche Ausdehnung des organbildenden Keimbezirkes einerseits und die seinen Theilen innewohnende Wachsthumserregung andererseits, sind die beiden von Anfang ab gegebenen Factoren, deren Verhalten die spätere Entwicklung des entstehenden Organes bestimmt. In der gesetzmässig geordneten Erregung zum Wachsthum liegt überhaupt der ganze Inhalt erblicher Uebertragung, und das Problem der Zeugung, sowie ich es verstehe, löst sich auf in die Frage: Wie wird die Wachsthumserregung auf das Ei übertragen, und welches ist der Antheil der beiden Erzeuger an dieser Uebertragung?

Die Zeugungsfrage wird uns später nochmals beschäftigen, bleiben wir vorerst bei Besprechung des Wachsthums stehen: Da die Wachsthumsgeschwindigkeiten in verschiedenen Bezirken des Keimes verschieden sind, so werden wir von einem gegebenen Punkte aus zu Punkten anderer, sei es grösserer, sei es geringerer Wachsthumsgeschwindigkeit fortschreiten. Von der, im Wachsthum voraneilenden Gehirnanlage ausgehend, gelangen wir durchweg nach Punkten geringerer Wachsthumsgeschwindigkeit, in allmähligem Abfalle nach der einen, in rascherem nach einer anderen Richtung.

Denken wir uns auf einer, der Keimscheibe entsprechend eingetheilten Horizontalebene ein System von Senkrechten errichtet, deren Längen je proportional sind den Wachsthumsgeschwindigkeiten der betreffenden Oberflächepunkte im Beginne der Entwicklung, so werden die freien Enden der Ordinaten eine Fläche bilden, deren Gestalt der augenblickliche geometrische Ausdruck der Wachsthumsvertheilung ist. Eine solche Fläche wird sich demnach im Gebiete der Gehirnanlage am höchsten über die Horizontalebene erheben, in den ausserembryonalen Bezirken aber wird sie sich dieser letzteren rings herum nähern, und annähernd parallel mit ihr verlaufen. Der Uebergang aber vom Erhebungsmaximum zu den peripherisch liegenden Minima wird nach verschiedenen Richtungen ungleich steil, und mit ungleicher Wölbung gesehehen. Wir wollen die Aenderung des Geschwindigkeitswerthes von einem Punkte zum nächstfolgenden als dessen räumliches Wachsthumsgefälle bezeichnen. Legst Du einen Verticalschnitt, sei es in der Längsaxe selbst, sei es in einer zu ihr senkrechten Ebene durch die Fläche, so schneidet er diese in einer gekrümmten Linie, deren Gefälle in verschiedenen Strecken selbstverständlich zu wechseln vermag. Jede solche Linie drückt aus, wie in der betreffenden Zone die Wachsthumsgeschwindigkeiten vom Ort eines Maximums zu demjenigen eines Minimums sich abstufen. Die Wölbung der Gesammtfläche ist der Ausdruck aller der Einzelverhältnisse. Wofern nun das Gesetz, nach welchem im Beginn der Entwicklung die Wachsthumsgeschwindigkeiten über den Keim vertheilt sind, ein einfaches ist, so muss auch jene geometrische Wachsthumsfläche eine gleichmässige Wölbung mit lauter vermittelten Uebergängen besitzen. Wo nicht, wird ihr Niveau unruhig sein, und, je verwickelter das Gesetz der räumlichen Wachsthumsvertheilung, um so mehr sind plötzliche Gruben, unvermittelte Buckeln, oder scharfe Ecken in ihr zu erwarten.

Zur Construction einer solchen Fläche fehlt uns das nöthige empirische Material, immerhin können wir uns über einige ihrer Eigenschaften ein Urtheil bilden an der Hand dessen, was wir über die Abstufungen der Keimscheibendicke beobachten. Zwar ist es nicht zulässig, die, für verschiedene Punkte wechselnden Dicken einer Keimscheibenschicht ein-

fach den betreffenden Wachsthumsgeschwindigkeiten proportional zu setzen, allein beide Werthe müssen, so lange keine
Zerrungsbedingungen mitspielen, stets in gleichem Sinne sich
ändern. Grössere Wachsthumsgeschwindigkeit einer Stelle wird
grössere Dicke im Gefolge haben, und umgekehrt. Da uns
nun die Beobachtung von Querschnitten zeigt, dass sowohl das
obere Gränzblatt, als die beiden Muskelplatten von der Mitte
gegen die Peripherie hin an Dicke stetig abnehmen, und da
entsprechende Erfahrungen auch für Längsschnitte sich wiederholen, so sind wir zu der Aussage berechtigt, dass auch die
geometrische Wachsthumsfläche keine Sprünge in ihren Gefällen hat, dass diese letzteren auf einer jeden Strecke von
einem Maximum zu einem Minimum durchweg absteigend verlaufen und dass ihre Wechsel stets durch Uebergänge vermittelt
sind. Es ist mit andern Worten das Gesetz der räumlichen
Vertheilung des Wachsthums im Beginn der Entwicklung ein
verhältnissmässig einfaches zu nennen.

Eine geometrische Fläche, wie wir sie uns oben construirt
dachten, ist für eine gegebene Schicht des Keimes nur der
momentane Ausdruck der Wachsthumsvertheilung, die Wachsthumsgeschwindigkeiten variiren auch nach der Zeit. Wollten
wir für einen einzelnen Punkt des Keimes etwa für einen
Punkt der Gehirnanlage die zeitlichen Aenderungen des Wachsthums graphisch verzeichnen, so würden wir wiederum eine
gekrümmte Linie bekommen, deren wechselnde Gefälle nunmehr als zeitliche Wachsthumsgefälle würden zu bezeichnen sein. Wollten wir aber, ähnlich wie oben, eine Fläche
der räumlichen Wachsthumsvertheilung für die aus einer Schicht
hervorgegangenen Theile in einer späteren Entwicklungsperiode
construiren, so wären zunächst die einzelnen Punkte nach bestimmten Grundsätzen auf eine Horizontalebene zu projiciren,
und dann wiederum ein System von Ordinaten proportional
den betreffenden Wachsthumsgeschwindigkeiten zu errichten.
Solche für verschiedene Zeitpunkte construirte Flächen würden
in ihren Formen nicht übereinstimmen und ihre Abweichungen
von der Anfangsform würden voraussichtlich wachsen mit der
Länge der zwischenliegenden Zeit. Ob eine jede solche Fläche,
und ob auch die für einzelne Punkte des Keimes construirten
zeitlichen Wachsthumscurven unter allen Umständen nur sanft

geschwungene Formen beibehalten, oder ob in ihren Gefällen grössere Sprünge auftreten, darüber darf man sich kaum bedingungslos aussprechen. Wenn ich geneigt bin, regelmässige Abstufungen auch im zeitlichen Ablaufe des Wachsthums für wahrscheinlich zu halten, so bestimmt mich dazu der Umstand, dass mir bis jetzt keine, einer solchen Voraussetzung widersprechende Erfahrung bekannt ist, und ich nach einem bekannten Grundsatze der Naturforschung der einfachen Voraussetzung bei gleichen Ansprüchen den Vorzug vor der verwickelten gebe. [1])

Der Gang des zeitlichen Wachsthumsgefälles ist im Allgemeinen ein absteigender, oder, was dasselbe besagt: alle Theile nehmen in späteren Entwicklungsperioden an Masse relativ weniger zu, als in früheren; schliesslich hören sie überhaupt auf zu wachsen. Diese absteigende Richtung scheint, soweit sich ersehen lässt, schon in früheren Perioden sich geltend zu machen. Es ist nicht leicht, letzteren Punkt für die allererste Periode mit völliger Schärfe festzustellen, weil Gewichts- oder auch nur Volumsbestimmungen an ganz jungen Keimen nicht möglich sind. Man ist somit zunächst auf die Bestimmung einzelner Dimensionen angewiesen, und auch da wird die Unzuverlässigkeit der Zeit als Entwickelungsmaassstab bei höheren Wirbelthieren zu einer schwer zu umgehenden Fehlerquelle. Ich habe, um einen Anhaltspunkt zu haben, bei 24 Hühnerembryonen die Länge der sichtbaren Embryonalanlage gemessen und daraus für 3 Gruppen von je 8 Stück die bezüglichen Mittelwerthe berechnet. Vor Ablauf der ersten 24 Stunden lassen sich Messungen nicht sicher ausführen, weil der Keimwall das hintere Leibesende deckt. Als Maximum der Anfangslänge kann der halbe Durchmesser der Keimscheibe gesetzt werden, weil vor Beginn der Bebrütung die Embryonalanlage nach vorn nur um Weniges die geometrische Mitte der Scheibe überschreitet. Die Körperlänge habe ich von der Zeit ab, da die Kopf- und die Rumpfkrümmungen eingetreten sind, im Bogen gemessen. Die erste Columne der kleinen Tabelle enthält die mittleren Bebrütungszeiten, die zweite die mittleren Längen der Embryonen, die dritte Columne die absoluten, die letzte die proportionalen stündlichen Längenzuwachse.

Mittlere Bebrütungszeit.	Mittlere Länge des Embryonalkörpers.	Absoluter Zuwachs in einer Stunde.	Proportionaler Zuwachs in einer Stunde.
0 Stunden	1,75 Mm.		
		0,055 Mm.	3,1 %
31,25	3,17		
		0,17	4,9 %
47,—	5,15		
		0,14	2,1 %
70,5	7,61		

Der Gang in den beiden letzten Columnen ist, wie Du siehst, kein stetig gleichgerichteter, und es muss ausgedehnteren Bestimmungen vorbehalten bleiben zu entscheiden, ob das Verhältniss des vorübergehenden Ansteigens mit nachfolgendem Abfalle der beiden Werthreihen ein gesetzmässiges ist. Soviel ist ersichtlich, dass das absolute Längenwachsthum in der allerersten Zeit am geringsten ist, und später etwas zunimmt, während vom relativen Wachsthum das umgekehrte zu gelten scheint.

Ausgedehntere Erfahrungen als über das Längenwachsthum des Hühnchens, besitze ich über dasjenige des Lachsembryo. Bei diesem hält sich der absolute Tageszuwachs während einer Reihe von Wochen ziemlich auf derselben Höhe zwischen 1/4 bis 1/3 Mm., um dann, etwa vom zweiten Monat, ab zu sinken; d. h. es findet von ziemlich früher Zeit ab eine gleichfalls stetige Abnahme der mittleren Geschwindigkeit des Längenwachsthums statt, welche später sogar in eine absolute Abnahme des Wachsthums übergeht.

Die eintretende Abnahme der Wachsthumsgeschwindigkeit macht sich nicht für alle Producte der ursprünglichen Keimscheibe in gleichem Maasse geltend. Eine bekannte Erfahrung zeigt uns, dass unter den Hauptorganen des Körpers das Gehirn und das Rückenmark zuerst zu wachsen aufhören. Länger als diese Theile wachsen die Muskeln, am längsten die epithelialen Theile. Letztere hören überhaupt gar nicht auf zu wachsen, wie das Längerwerden unserer Haare und Nägel, die Abschuppung unserer Epidermis und andere ähnliche Erfahrungen mehr bezeugen. Diejenigen archiblastischen

Gewebe, deren Wachsthumsgeschwindigkeit von Anfang **ab**
die bedeutendste war, erschöpfen **ihren** Wachsthumserregung
zuerst, die von Anfang an am wenigsten **rasch** wachsenden,
wachsen am längsten fort. Graphisch **veranschaulicht sich dies**
Verhältniss durch drei übereinandergezeichnete **Curven, deren**
eine, das **Nervenwachsthum (N)** bezeichnend, am höchsten
beginnt und am frühesten **abfällt**; die zweite, die Curve des
Muskelwachsthums (M), weniger **hoch beginnt und später ab-**
fällt; die dritte endlich, **die Epithelcurve (E)**, den niedrigsten
Gipfel, aber auch **das geringste Gefälle** hat.

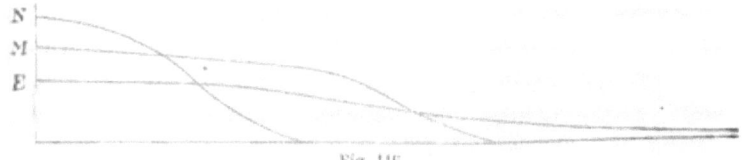

Fig. 116.

Bedeutsam ist die Beziehung zwischen diesen Wachs-
thumsverhältnissen und der physiologischen Stellung der gebildeten Gewebe. Das Nervengewebe, das **Du** hinsichtlich
seiner physiologischen **Bedeutung sicher an die Spitze aller**
übrigen stellen wirst, wächst Anfangs **am raschesten, hört aber**
am frühesten **zu wachsen auf, während** von den epithelialen
Geweben nach **beiden Richtungen** das Umgekehrte gilt. Das
Wachsthum der physiologisch tiefer stehenden Gewebe über-
dauert somit dasjenige der höher stehenden, und erreicht mit
der Zeit immer mehr das Uebergewicht über diese.

Der bedeutende Vorsprung, welchen auf früheren Entwicklungsstufen die Anlage des Centralnervensystems gegenüber **allen**
übrigen Embryonaltheilen besitzt, führt sich zunächst zurück
auf die Grösse des bei der primären Gliederung ihr zugetheil-
ten Urbezirkes, und dann auf ihre grössere Wachsthumsgeschwindigkeit. Dank der letzteren ändert sich das Verhältniss während einiger Zeit noch **mehr** und mehr zu ihren
Gunsten, dann aber tritt der Punkt **ein**, wo ihre Wachs-
thumsintensität unter diejenigen der übrigen Anlagen sinkt,
und von da ab wird ihr Antheil an der Gesammtmasse **des**
Körpers relativ immer geringer, der der Muskeln- **und der**
epithelialen Anlagen dagegen stetig grösser.

Du siehst aus Obigem, wie wichtig bei Beurtheilung der schliesslichen Massenvertheilung im Körper die Berücksichtigung der zeitlichen Wachsthumsverhältnisse ist. Nicht blos die relative Grösse des organbildenden Keimbezirkes, auch nicht blos die Höhe, bis zu welcher das Wachsthumsmaximum Anfangs sich erhebt, sind für die Massenentwicklung des Theiles von Bedeutung, sondern vor Allem das Gefälle der zeitlichen Wachsthumscurve: Je steiler im Allgemeinen dies Gefälle, um so kleiner wird der Theil absolut und relativ verbleiben und umgekehrt.

Vergleichst Du z. B. in früheren Entwicklungsperioden den Embryo eines Knochenfisches mit demjenigen eines Vogels oder eines Säugethieres, so findest Du auf gleicher Entwicklungsstufe bei jenem die Gehirnanlage absolut eben so gross, relativ, wie es scheint, noch grösser als bei diesem. Allein sehr früh schon hört das Fischhirn zu wachsen auf, während die Muskeln fort und fort zunehmen, und so wird im Laufe der Zeit das Missverhältniss immer grösser, bis schliesslich bei grossen Fischen das Hirn nur noch nach Zehntausendsteln der übrigen Körpermasse sich bemisst.[2])

Die Zeit, über welche sich das Gesammtwachsthum des Körpers erstreckt, beträgt bekanntlich meistens Jahre und bei manchen grösseren Thieren Jahrzehnte. Dem gegenüber vollzieht sich die erste Gliederung des Keims in Fristen, welche nur nach Tagen, oder höchstens nach Wochen zu zählen sind. Das Hühnchen von fünftägiger Bebrütungsdauer ist schon im Besitze aller seiner Hauptorgane, und nur untergeordnetere Abgliederungen, wie diejenigen der Horngebilde, der Federn und Klauen, sowie die der kleineren Drüsen der Haut und der Schleimhäute fallen in spätere Perioden der Entwicklung. Aehnliches gilt von Fisch- oder Säugethierembryonen, und es geht daraus hervor, dass für die grundlegende Eintheilung des Körpers die Wachsthumsverhältnisse der allerersten Zeit die entscheidenden sind. Die in diesen ersten Zeiten vorhandene räumliche Vertheilung des Wachsthums bestimmt das typische der gesammten Organisation. Das spätere, durch lange Zeiträume sich erstreckende Wachsthum beherrscht die besondere Ausbildung der Organe und deren Massenentwicklung.

Der Kürze halber können wir das, der Organabgliederung

vorausgehende Wachsthum als das primäre, das spätere als das secundäre bezeichnen. Wenn das primäre Wachsthum die typische Gliederung des Körpers bedingt, so liegen im secundären die Motive für die zahllosen generellen, specifischen und individuellen Differenzirungen. Alle Unterschiede in der ersten Gliederung des Keimes, mögen sie auch noch so unscheinbar sein, bedingen eine gewisse Divergenz der Entwicklungsrichtung, deren Folgen um so prägnanter in Erscheinung treten werden, je weiter überhaupt die Entwicklung fortschreitet. Ueberdies zeigt die vergleichende Entwicklungsgeschichte, dass die Verhältnisse des secundären Wachsthums in viel grösseren Breiten schwanken, als diejenigen des primären. Es gilt dies sowohl von der Dauer des Gesammtwachsthums, als auch von dem Verhältniss, in welchem neurales, musculäres und epitheliales Wachsthum zeitlich sich abstufen. Soeben habe ich Dich auf das frühe Aufhören des Gehirnwachsthums beim Fisch aufmerksam gemacht, dem als entgegengesetztes Extrem das langdauernde Wachsthum desselben Organes beim Menschen und bei einigen höheren Säugethieren gegenüber gestellt werden kann. In den am längsten fortwachsenden Gebilden epithelialen Ursprunges aber, in der Behaarung, Befiederung, Bezahnung u. s. w. stellt sich im Laufe der Zeit vor allem Andern jener Reichthum von Variationen her, welcher der beschreibenden Zoologie ihre Bände füllt. Auch die Entwicklung sexueller Charactere fällt vorzugsweise in den Bereich secundären Wachsthums, wie schon aus dem späten Erscheinen von vielen derselben sich ergiebt.

Daraus, dass im Obigen nur von neuralem, musculärem und epithelialem Wachsthum die Rede gewesen ist, ersiehst Du, dass ich bei den letzten Betrachtungen nur die Bildungen archiblastischen Ursprungs im Auge gehabt habe. In der That lässt sich nur für diese von einem eigenthümlichen Gesetze des Wachsthumes reden. Alle parablastischen Gewebe, Gefässröhren, Bindegewebe, Knorpel, Knochen, sind in ihrer Entwicklung abhängig von den archiblastischen und zwar in mehrfacher Weise: Fürs erste sind sie darauf angewiesen, die Räume auszufüllen, welche zwischen jenen ausgespart bleiben, und sie werden dadurch in ihrer Gesammtvertheilung von jenen bestimmt. Sodann aber steht auch ihre histologische Gliede-

rung unter dem Einfluss archiblastischer Anlagen. Die parablastischen Anlagen machen nämlich nachweislich ein Stadium
der Indifferenz durch, während dessen es durch äussere Um-
stände bestimmt wird, ob ihre Zellen zur Gefässbildung, zur
Knorpelbildung oder zur Bindegewebsbildung Verwendung finden.[3]) Dabei zeigt die Beobachtung, dass allenthalben, wo
parablastische Anlagen an archiblastische direct ´anstossen,
dichte Netze von capillaren Blutgefässen sich bilden, wo dies
nicht der Fall ist, entsteht faseriges Bindegewebe oder Knorpel. Bindegewebe entsteht da, wo ungleichmässiger Druck
oder Zug Seitens der Nachbartheile auf die parablastischen
Massen wirkt, Knorpel da, wo dies nicht der Fall ist. Demgemäss bereiten sich das wachsende Auge, das wachsende
Hirn, die wachsenden Drüsen ihre fibrösen Kapseln, es bereiten sich aus im Anfang indifferenten Anlagen die Muskeln
ihre Sehnen und ihre Fascien, und deren Faserung ist stets
parallel dem stattfindenden Zuge, oder senkrecht zu dem stattfindenden Drucke gerichtet.

Auch die morphologische Gliederung des festeren Skeletts,
des, dem Knochengerüst vorausgehenden Knorpelgerüstes ist
nur aus dem bestimmenden Einfluss der Muskelanlagen zu verstehen. Wo eine verknorpelnde Anlage von Muskeln abwech-
selnd, bald in einer, bald in der entgegengesetzten Richtung
bewegt wird, da bildet sich Anfangs eine erweichte Stelle,
weiterhin eine wirkliche Gelenkspalte. Die Endform der Ge-
lenkflächen hängt von der Vertheilung der einwirkenden Muskeln ab. Es schleifen sich, wie man dies ausgedrückt hat, die
Muskeln ihre Gelenke, und es erklärt sich daraus, warum die
Beweglichkeit eines Gelenkes stets der umgebenden Musculatur genau angepasst ist, und weshalb Muskeln nie zwischen
Punkten desselben Skelettstücks sich ausspannen. Die Entwicklung des parablastischen Körpergerüstes ist
eine mittelbare Folge des Gesetzes, nach welchem
der, die archiblastischen Gewebe liefernde Keim
wächst.

Bei der, alle Form- und Massenentwicklung beherrschen-
den Bedeutung des Wachsthumes muss, wie Du siehst, die
physiologische Entwicklungsgeschichte vor allem darauf aus-
gehn, für eine gewisse Summe von Geschöpfen den Gang die-

ser Function genau festzustellen. Wo wir jetzt allenfalls noch im Wege der Schätzung den allgemeinen Gang des Wachsthums, seine Zu- oder seine Abnahme constatiren, da ist eine strengere Forschung genöthigt, ausgedehnte Zahlenreihen und deren methodische Verknüpfung zu verlangen. Noch sind grossentheils die Messmethoden erst zu schaffen, und es lässt sich jetzt schon voraussehen, dass unter den verlangten Zahlenreihen manche nur das Ergebniss jahrelanger gewissenhafter Arbeit sein kann. Allein die Menge der zu überwindenden Schwierigkeiten darf uns da am wenigsten entmuthigen, wo der Weg klar vorgezeichnet ist. — In endloser Ferne steht die Möglichkeit, dereinst die Wachsthumsgesetze organischer Wesen in Formeln niederzuschreiben, und solcher Aussicht gegenüber tritt einem allerdings unwillkührlich der Spruch v. Baer's vor die Seele: „Die Wissenschaft ist ewig in ihrem Quell, unermesslich in ihrem Umfang, endlos in ihrer Aufgabe, unerreichbar in ihrem Ziele."

Elfter Brief.

Lieber Freund! Den Beginn des gesetzmässigen Keimwachsthums, aus dem alle nachfolgende Formung sich ab-
leitet, müssen wir auf die Zeit verlegen, da Samen und Ei
zusammentreffen, da letzteres von jenem befruchtet wird. Es
führt uns die rückläufige Verfolgung von den Anfangsbeding-
ungen jenes Gesetzes zu dem alten, so viel und so lebhaft
discutirten Räthsel der geschlechtlichen Zeugung. Die Geschichte der Zeugungs- und Entwicklungstheorien reicht bis
an die Gränzen des historischen Alterthums hinan, und nach
jeder Richtung bildet sie eines der interessantesten Kapitel
der Geschichte der Wissenschaften. Von bescheidenen Anfängen aus ist der Betrag an grundlegenden thatsächlichen
Kenntnissen, erst langsam, dann, seit den letzten zwei Jahrhunderten, rascher und in steigender Progression angewachsen,
und wir bereits stehen einer Summe von Erfahrungen gegenüber, deren Ueberblick der Einzelne mit Mühe zu erwerben
vermag. Wenn nun aber bei alle dem sich herausstellt, dass
über das Wesen des Zeugungsvorganges heute dieselben grund-
sätzlichen Differenzen bestehen, welche schon vor 2000 Jahren
bestanden haben, mögen wir versucht sein zu glauben, dass
ein nach der Richtung gehendes Streben überhaupt hoffnungs-
los ist, und dass wir am besten thun, dasselbe völlig aufzu-
geben.

Ein genaueres Studium jedoch der Frage zeigt, dass zu
solch verzweifelnder Haltung noch kein Grund vorliegt. Das
dermalen erreichbare Ziel liegt allerdings kaum höher, als in

einer richtigeren Fragestellung. Allein haben wir eine solche, dann besitzen wir überhaupt die Handhabe zur Einordnung des Zeugungsvorganges in die Reihe anderer, unserem Verständnisse offener daliegender Naturvorgänge.

Eine einlässliche, auf die Quellen zurückgreifende Geschichte der geschlechtlichen Zeugungstheorien habe ich vor einigen Jahren im Archiv für Anthropologie veröffentlicht, wo Du sie, wenn der Gegenstand Dich interessirt, im 4. u. 5. Bande vorfindest. Beiläufig gesagt, wirst Du aus jenen Aufsätzen entnehmen, dass die, häufig mit scharfen Tendenzhieben versetzten Darstellungen neuerer Handbücher und populärer Schriften ein durchaus verzerrtes Bild der stattgehabten Kämpfe und vor Allem derjenigen des verflossenen Jahrhunderts geben. Während uns z. B. A. v. Haller neuerdings kurzweg als ein zelotischer Eiferer dargestellt wird, welcher mit seinem tyrannischen Machtworte Andersdenkende rücksichtslos erdrückt hat, so lernst Du ihn, falls Dir der tief humane Sinn des grossen Mannes nicht anderweitig schon bekannt sein sollte, gerade in seiner Stellung zur Zeugungsfrage als ernsten und gewissenhaften Forscher hochschätzen, welcher immer und immer wieder neue Versuche zu einer befriedigenden Lösung des ihn bearbeitenden Räthsels unternimmt, und welcher auch nicht sich scheut, früher verfochtene Meinungen wiederholt zu verlassen, sobald sie ihm mit den Thatsachen nicht mehr vereinbar erscheinen.

Meine Aufgabe in diesem Briefe geht übrigens weder dahin, historische Gerechtigkeit zur Geltung zu bringen, noch auch dahin, Dir eine Aufzählung der Zeugungstheorien nach ihrer zeitlichen Reihenfolge zu geben. Wohl aber wünsche ich mit Dir die principiellen Standpunkte durchzugehen, die in diesen Fragen eingenommen worden sind, und zu untersuchen, welche derselben überhaupt vor unserer heutigen naturwissenschaftlichen Einsicht Stand halten.

Die Zeugungstheorien lassen sich, wenn wir auf die, bald dunkel, bald bewusst ihnen zu Grunde gelegten Leitgedanken zurückgehen, ziemlich ungezwungen in vier Gruppen unterbringen. Die den vier Gruppen angehörigen Theorien können wir mit abgekürzten Bezeichnungen zusammenfassen als:

Extracttheorien,

Präformationstheorien,

Theorien der „formgestaltenden Kräfte", und

Theorien der übertragenen Bewegung.

1) Extracttheorien. Die Ursache der besondern Form, welche der erzeugte Organismus annimmt, wird in die Herkunft des zur ersten Bildung verwendeten Stoffes verlegt. Nach dieser Vorstellungsweise liefern alle Organe des Körpers an die Sexualorgane ihren Beitrag von entsprechend gearteten kleinsten Bestandtheilen, und im Zusammentreffen dieser letzteren liegen die Bedingungen für die Bildung und für die besondere Formung des neuen Körpers. Es ist der jugendliche Organismus ein Extract der elterlichen Organismen und darum diesen ähnlich.

Dieser Versuch einer Erklärung gehört zu den ältesten, die wir kennen, er findet sich bei Hippocrates selbst, und in pseudohippocratischen Schriften. In der bekannten, von den Langköpfen unter den Skythen handelnden Stelle der Schrift „über Luft, Lage und Wasser" behauptet Hippocrates, es sei die, Anfangs künstlich erzeugte Langköpfigkeit schliesslich erblich geworden, und begründet dies mit folgenden Worten: „Der Same strömt nämlich von allen Theilen des Körpers her, und ist gesund oder ungesund, je nachdem die Theile gesund oder ungesund sind. Wenn nun von Kahlköpfigen, von Blauäugigen und Schielenden ebenfalls Kahlköpfige, Blauäugige und Schielende herkommen, und dasselbe auch von der übrigen Körperbildung gilt, warum sollte von einem Langkopf nicht auch ein Langkopf entstehen?" — Systematisch durchgeführt wird derselbe Gedanke in dem unechten hippocratischen Buch „de Genitura", dessen Argumente Du am angegebenen Orte nachlesen magst.

In viel späterer Zeit hat sodann Buffon mit seiner Theorie der inneren Model (théorie des moules) die Annahme von der Bildung des Embryo aus einem Extracte der elterlichen Organismen wieder aufgenommen. Jeder Thierkörper ist nach ihm ein innerer Model, worin die als Nahrung eingetretene organische Materie geformt wird. Nicht allein formt der Körper als Ganzes, sondern auch jeder seiner Theile, je nach seiner Weise und Gestalt. Der aufgenommene Stoff wird nach Anpassung an den Model mit dessen Substanz identisch und bewirkt dessen Wachsthum. Nach dem **Abschluss** des letzteren aber bleibt der Ueberschuss nicht mehr in den Organen, sondern wird nach gewissen Sammelstellen zurückgetrieben, und hier bilden nunmehr die organischen Molecüle kleine Körper ähnlich dem Gesammtkörper. „Denn", sagt Buffon, „wenn alle Theile des organisirten Körpers organische Theile zurückschicken, ähnlich denen, woraus sie selbst bestehen, so muss aus deren Vereinigung nothwendig ein dem Ganzen ähnlicher Körper entstehen." Die Unmöglichkeit, sich dies mechanisch zu erklären, gibt Buffon ausdrücklich zu, allein er hält ein Streben nach mechanischem Verständniss organischer Formbildung überhaupt für eine unnöthige Beschränkung unseres geistigen Horizontes, da ja die organische Natur ihre eigenen, ihrer besonderen Substanz zukommenden Kräfte hat.

Die neueste Wiederaufnahme einer solchen Vorstellungsweise findet sich in der „provisorischen Hypothese der Pangenesis" von Charles Darwin. Den Weg zu seiner Hypothese findet Darwin gleichwie Buffon in der Erfahrung über die ungeschlechtliche Fortpflanzung durch Knospung, und im Uebrigen schliesst er an die bekannten Lehren der Zellentheorie an „Es wird fast allgemein zugegeben", so sagt er, „dass die Zellen oder Einheiten des Körpers sich durch Theilung oder Proliferation fortpflanzen, wobei sie zunächst dieselbe Natur beibehalten, und schliesslich in die verschiedenen Gewebe und Substanzen des Körpers verwandelt werden. Aber ausser dieser Vermehrungsweise nehme ich an, dass die Zellen vor ihrer Umwandlung in völlig passive oder „gebildete Substanz" kleine Körnchen oder Atome abgeben, welche durch den ganzen Körper frei circuliren, und welche, wenn sie mit gehöriger Nahrung versorgt werden, durch Theilung sich vervielfältigen, und später zu Zellen entwickelt werden können, gleich denen, von welchen sie herrühren. Diese Körnchen können der Deutlichkeit halber Zellenkörnchen genannt werden, oder, da die Zellentheorie nicht vollständig begründet ist, einfach Körnchen. Es wird angenommen, dass sie von den Eltern den Nachkommen überliefert und meist in der Generation, welche unmittelbar folgt, entwickelt, aber oft in einem schlummernden Zustande viele Generationen hindurch

überliefert und dann erst entwickelt werden. Es wird angenommen, dass ihre Entwicklung von der Vereinigung mit
anderen theilweise entwickelten Zellen oder Körnchen abhängt, welche ihnen in dem regelmässigen Verlaufe des Wachsthums vorausgehen. Es wird ferner angenommen, dass Körnchen nicht blos an jeder Zelle oder Einheit während ihres
erwachsenen Zustandes, sondern während aller Entwicklungs-
zustände derselben abgegeben werden. Endlich nehme ich
an, dass die Körnchen in ihrem schlummernden Zustande eine
gegenseitige Verwandtschaft zu einander haben, welche zu ihrer
Aggregation entweder zu Knospen oder zu den Sexualelementen
führt."

　　Darwin überträgt demzufolge in seiner Hypothese das
Princip der Erblichkeit aus dem, unseren Sinnen zugänglichen
Gebiete gröberer Formen in das, nur dem Gedanken zugängliche
Gebiet der Molecüle, auf welchem Boden wir immer wieder
der Nothwendigkeit einer Erklärung gegenüberstehen. Allein
wollten wir davon absehen und wollten wir selbst die Möglichkeit zugeben, jede Ganglienzelle bilde ihre Ganglienzellen-
keime, und gebe je nur einen an einen neuen Gesammtkeim
ab, und dasselbe gelte von jedem andern unserer Elementar-
bestandtheile, so bleibt stets noch sicher, dass eine Summe
von diminutiven Theilrepräsentanten oder von Organsplittern
nicht ein diminutives Ganzes liefern wird, sondern ein regel-
loses Gemenge, das auf den Namen eines Organismus keinen
Anspruch machen darf.

　　Es wird Dich interessiren die Kritik zu lesen, welche auf
die ähnliche Hypothese seiner Zeitgenossen Aristoteles geschrieben hat, und ich theile Dir einige der hauptsächlichsten
Sätze daraus mit: „Erstens", so sagt er in seiner Schrift von
der Erzeugung der Thiere, „ist die Aehnlichkeit kein Beweis
dafür, dass der Same vom ganzen Körper herkommt, da die
Abkömmlinge auch in der Stimme, den Nägeln, Haaren und
in der Bewegung ähnlich sind, von welchem allen doch Nichts
herkommt. Manches haben auch die Eltern noch nicht zu der
Zeit, wo sie erzeugen, z. B. die grauen Haare oder den Bart.
Ferner gleicht man den Grosseltern, von welchen nichts her-
gekommen ist. Denn die Aehnlichkeiten pflanzen sich durch
mehrere Geschlechter fort, wie dies in Elis bei einem Mäd-

eben der Fall war, welche mit einem Mohren Umgang hatte, indem nicht ihre Tochter, sondern der Sohn der letzteren von schwarzer Farbe war. Dasselbe Verhältniss zeigt sich auch bei den Pflanzen, bei denen ja offenbar der Same auch von allen Theilen herkommen würde. Viele Pflanzen haben aber manche Theile gar nicht, manche kann man hinwegnehmen und manche wachsen nach. Ferner kann auch der Same nicht von den Fruchthüllen herkommen, und doch zeigen auch diese dieselbe Gestalt. Ferner muss man fragen, kommt der Same nur von einem jeden der Gewebe (gleichartigen Theile), als da sind Fleisch, Knochen, Sehnen, oder kommt er auch von den Organen (ungleichartigen Theilen), z. B. dem Gesicht und der Hand? Denn nimmt man an, dass er nur von jenen kommt, so gleichen die Abkömmlinge doch gerade mehr in letzteren den Eltern, im Gesicht, an den Händen und Füssen. Rührt also die Aehnlichkeit in den Organen nicht davon her, dass der Same von allen Bestandtheilen kommt, so ist nichts entgegen, dass auch die Aehnlichkeit in den Geweben nicht davon herrührt, dass der Same vom ganzen Körper herkommt, sondern von einer andern Ursache. Nimmt man aber an, dass er nur von den Organen herkommt, so gibt man zu, dass er nicht von allen Bestandtheilen herkommt. Richtiger wäre, dass er von den Geweben herkommt, denn jene sind früher vorhanden, und die Organe sind aus den Geweben zusammengesetzt, und die Aehnlichkeit im Gesicht und in den Händen ist nicht ohne die im Fleisch und in den Nägeln. Nimmt man aber drittens an, der Same komme von beiden Ordnungen von Bestandtheilen, wie sollte dann die Erzeugung stattfinden? denn die Organe sind aus den Geweben zusammengesetzt. Käme also der Same von diesen, so hiesse dies so viel, als dass er von jenen und von ihrer Zusammensetzung herkomme. Man vergleiche den Körper mit einem Namen, kommt etwas von dem ganzen Namen, so kommt es von jeder Silbe, und kommt es von diesen, so kommt es auch von den Buchstaben als den Elementen der Silben, und von deren Zusammensetzung. Wenn also Fleisch und Knochen aus den Elementen bestehen, so würde man bis auf die Elemente zurückgehen müssen, denn wie wäre es möglich, dass der Same aus der Zusammensetzung herkäme? und doch könnte ohne

diese **keine** Aehnlichkeit stattfinden. Wenn aber irgend
ein Späteres die Zusammensetzung bewerkstelligt,
so wird dieses die Ursache der Aehnlichkeit sein,
nicht aber dass der Same vom ganzen Körper herkommt."

2) **Präformationstheorien.** Die Form wird als das
von vornherein Gegebene und nicht weiter zu Erklärende angesehen. Das vorgebildet angenommene junge Wesen bedarf
zum Wachsthum nur der Erweckung zum Leben durch einen
passenden Reiz und durch eine entsprechende Nahrung. Dieser Gedanke bildet, wie Du weisst, den Kern der von Swammerdam zuerst ausgesprochenen Evolutionstheorie, der all-
gemeinst verbreiteten Theorie des vorigen Jahrhunderts; in
entsprechend veränderter Gestalt kehrte er auch in einigen
der Spermatistentheorien wieder. Es ist über diese Theorien
und speciell über die Evolutionstheorie so oft und streng der
Stab gebrochen worden, dass wir uns ersparen können, auch
unsererseits mit ihnen ins Gericht zu gehen. Wenn wir überdies wahrnehmen, dass gerade die hervorragendsten embryo-
logischen Beobachter, von Swammerdam und Malpighi
ab bis auf Haller und Spallanzani Evolutionisten gewesen
sind, so muss uns dies in unserem Urtheile zur Vorsicht stimmen. Und in der That zeigt sich bei genauerer Analyse der
bezüglichen Arbeiten, dass die Beobachtung des, der Mutter
entstammenden Keimes den thatsächlichen Boden aller evolu-
tionistischen Vorstellungen bildet, und dass eben dieser Beobachtung die letzteren den bedeutenden Vorsprung verdankt haben
vor allen epigenetischen, den Embryo aus flüssigem Material
erzeugenden Theorien. Die Auffassung des Keimes als einer
zwar organisirten, aber morphologisch noch ungegliederten Anlage des zukünftigen Wesens lag den Forschern jener Perioden
fern, und so glaubten sie da, wo sie den präexistirenden Keim
auffanden, sofort auch seiner verwickelten Gliederung gewiss
zu sein. Den Beobachtungen von C. Fr. Wolff war es vorbehalten, nachzuweisen, dass die Entwicklung des Körpers
nur durch die Stufen grober Anfangsskizzen hindurch zu denjenigen feinerer Ausbildung fortschreitet. Mit dieser Erkenntniss hat Wolff den wichtigsten Grund zur Keimlehre gelegt.
Auch ihm ist es jedoch nicht gelungen, im gleichen Wurfe

der Frage ihre lösende Fassung zu geben. Erst mit den Arbeiten von Baer's und mit Schaffung der Zellentheorie ist die Formel gefunden worden, welche über diese Klippe hinweggeholfen hat.

3) Die Theorien „formgestaltender Kräfte". In minder klaren Anfängen mögen wohl schon bei Aelteren hieher gehörige Anschauungen aufzufinden sein. Scharf ausgesprochen findet sich die Annahme formgestaltender Kräfte zuerst bei einigen Epigenesisten des vorigen Jahrhunderts, vor allen bei Maupertuis und bei Turberville Needham. Die geistreichen Aufsätze des Ersteren verdienen auch in unserer Zeit alle Aufmerksamkeit, denn nicht allein enthalten sie interessantes Material zur erblichen Uebertragung von Abnormitäten, sondern es entwickelt in ihnen Maupertuis schon in sehr klarer und nicht zu missverstehender Weise das Princip der Speciesbildung auf dem Wege natürlicher und künstlicher Züchtung, wobei die geschlechtliche Zuchtwahl ausdrücklich mit hereinbezogen wird. Als feiner Hofmann weiss er die Darstellung seiner Anschauungen in ein Compliment auf Friedrich den Grossen und auf die Entwicklung Preussens auslaufen zu lassen. In speciellen Sachen der Zeugungstheorie war Maupertuis vor Allem ein Gegner der Evolutionslehre, und als solcher hat er nach einem Auswege gesucht zur Erklärung organischer Formbildung ohne Präformation. Er sucht ihn in einer Parallele mit Krystallisationsverhältnissen und besonders mit der zierlichen Formbildung des sog. Dianenbaumes. Er denkt sich in dem Gemenge männlicher und weiblicher Samenflüssigkeit wie in der Krystallisationslauge eine Kraft wirksam, unverständlich zwar in ihrem Ursprung, aber doch vor unseren Augen thätig, welche als anziehende je die Theile zusammenführt, welche zur Bildung eines Organs zusammengehören. Dabei ist er allerdings genöthigt, den in der Flüssigkeit enthaltenen Theilchen noch besondere Verwandtschaft zu den gleichartigen Theilchen zuzuschreiben. Jene enthält daher sich gegenseitig anziehende Theilchen zur Herzbildung, solche zur Kopfbildung, zur Eingeweidebildung u. s. w., womit im Grunde an die Stelle der einen formbildenden Kraft eine Reihe besonderer Anziehungskräfte gesetzt wird.

Bei Maupertuis' Zeitgenossen, dem englischen Jesuiten

T. Needham, tritt der Gedanke in den Vordergrund, einen, der organischen Materie inhärirenden, wechselnder Steigerung fähigen Wachsthumstrieb als formbildendes Princip einzuführen. Needham's Conceptionen, obwohl nicht ohne entwicklungsfähige Gesichtspunkte[1]), haben geringen Einfluss gewonnen, weil sie von 'ihrem Urheber zu wenig klar durchgearbeitet worden sind.

In die Kategorie formgestaltender Kräfte fällt auch die Vis essentialis von C. F. Wolff. Als solche bezeichnet Wolff eine, in ihren Wirkungen determinirte Kraft, welche nach ihm fortwährend die Excretion neuer Theile aus bereits vorhandenen veranlasst. Durch die Vis essentialis wird nämlich vorhandenen Theilen neuer Saft zugeführt, dieser wird an der Oberfläche als Tropfen ausgeschieden, erstarrt sodann, und ist nun seinerseits wieder zur Ausscheidung neuer Theile befähigt. Wenn Du Wolff gewöhnlich als Epigenesisten angeführt findest, so darfst Du doch die Kluft nicht übersehen, die ihn von den meisten übrigen Epigenesisten trennt. Denn während diese den Körper in der Regel frei in einem flüssigen Gemenge organischer Materien haben entstehen lassen, setzt seine Theorie vom Ei zum Organismus und vom Organismus wiederum zum Ei eine geschlossene Kette aneinander gereihter Wachsthumsvorgänge voraus. Wolff hat übrigens in späterer Zeit auf seine Vis essentialis offenbar kein Gewicht mehr gelegt, denn in seiner wichtigsten Schrift, „über die Bildung des Darmkanals", gedenkt er derselben ebensowenig, als seiner Excretionstheorie, welch letztere mit seinen neuen Beobachtungen auch in der That nicht mehr in Uebereinstimmung zu bringen war.

Unter der Bezeichnung Bildungstrieb oder Nisus formativus hat gegen Ende des vorigen Jahrhunderts J. Fr. Blumenbach ein formbildendes Princip in die Zeugungslehre eingeführt, und damit den überlebten Präformationstheorien gegenüber solchen Erfolg erzielt, dass ihm der äussere Ruhm von deren Besiegung zufällt. Für die damalige Zeit war das neue Princip in der That ein grosser Fortschritt, und man würde Blumenbach ungerecht beurtheilen, wollte man von ihm die Schärfe physiologischer Auffassung verlangen, wie sie erst als Frucht neuerer Arbeiten möglich geworden ist. Seine

Ueberzeugung spricht er also aus: „dass in dem vorher rohen ungebildeten Zeugungsstoffe der organisirten Körper, nachdem er zu seiner Reife und an den Ort seiner Bestimmung gelangt ist, ein besonderer, dann lebenslang thätiger Trieb rege wird, ihre bestimmte Gestalt Anfangs anzunehmen, dann lebenslang zu erhalten, und wenn sie je etwa verstümmelt worden, wo möglich wieder herzustellen." Es ist bemerkenswerth, dass Blumenbach das Wort „Trieb" anstatt des, von Andern soviel missbrauchten Wortes „Kraft" angewendet hat. Der Grund, den er dafür hatte, war indess nicht derselbe, aus welchem wir heute vermeiden von einer Lebenskraft zu sprechen. Ausdrücklich bezeichnet er den Bildungstrieb als zu den „Lebenskräften" gehörig, deren er noch mehrere Arten, die Contractilität, Irritabilität und Sensibilität aufzählt, und er hat sein Wort nur deshalb gewählt, um das bildende Princip der organischen Natur von den auch der unorganischen Natur zukommenden, die oft so zierlichen Krystallformen erzeugenden „Bildungskräften" zu unterscheiden.

Der Kampf um die Existenz oder Nichtexistenz einer Lebenskraft ist in unser Aller Erinnerung und, wenn wir ihn nicht mehr mitgekämpft haben, so sind wir doch noch grossentheils dessen Zeugen gewesen. Gegenüber der Einführung scharfer physikalischer Begriffe in die Physiologie hat wenigstens der Name einer Lebenskraft nicht Stand zu halten vermocht; ob von dem früheren Inhalte des Begriffes Einiges unter schärferer Fassung und unter zeitgemässer Benennung wiederbelebbar ist, mag vorerst unerörtert bleiben. Mit der Lebenskraft sollten, wie man erwartet, auch die formgestaltenden Kräfte aus der Literatur geschwunden sein, da sie als Theilkräfte mit ihr stehen und fallen mussten. So rasch jedoch klären sich die Begriffe nicht, und Du begegnest pietätvolls gehegten Reliquien des Vitalismus, wo Du sie dem Aeussern nach am wenigsten suchen würdest. So meint einer unserer thätigsten jüngeren pathologischen Anatomen, dass im Keime „immanente, durch Züchtung erworbene formgestaltende Kräfte vorhanden sind, welche, auch unter ungünstigen äusseren Bedingungen, wenn auch in modificirter Form, die Entfaltung desselben zur typischen Bildung des Organismus bedingen."[2])

Was will der Verfasser mit solchem Satze sagen? Er

richtet sich speciell gegen diejenigen, welche organische Formen mechanisch abzuleiten versucht haben, und so beabsich-
tigt er vielleicht auszudrücken, es sei dies noch nicht durchweg gelungen. Gut! weshalb wird uns denn aber unter dem
Schein einer Erklärung von „formgestaltenden Kräften" gesprochen, da doch das Wort „Kraft" längst seine ganz bestimmte Verwendung in der theoretischen Mechanik gewonnen
hat, und da es hier nie etwas Anderes, denn ein gegebenes
Element der Rechnung bedeutet. Aus der Mechanik heraus-
genommen, zur Erklärung eines beliebigen dunkeln Vorgangs
verwendet, bei dem uns alle Elemente der Rechnung, Grössen,
gegenseitige Abstände und Geschwindigkeiten der bewegten
Massen unbekannt sind, verliert das Wort seine wissenschaftliche Bedeutung. Die angebliche Erklärung besagt alsdann
gerade nur, dass der dunkle Vorgang seine Ursachen hat.

Von „formbildenden Kräften" oder von „Gestaltungskräf-
ten" spricht in seinen verschiedenen Publicationen auch der
gelehrte Verfasser der natürlichen Schöpfungsgeschichte. Er
unterscheidet eine „innere Gestaltungskraft", die Erblichkeit,
und eine „äussere", die Anpassung. Immerhin lässt er es nicht
bei dieser Bezeichnung bewenden. Er führt uns die Erblichkeit und die Anpassung auch vor als die „formbildenden Func-
tionen der Organismen", oder als deren „Bildungstrieb", und
dann wiederum als ihre „fundamentalen Lebenserscheinungen",
als ihre „physiologischen Grundeigenschaften", stets aber als die
„Causae efficientes oder die wahren Ursachen organischer
Körperform." — Wo die Ausdrücke also sprudeln, dass sie auf
derselben Seite, oder selbst im gleichen Satze sich drängen, da
erscheint es wünschbar, den Grundbegriffen nachzugehen, welche
sich der Verfasser vom Wesen des Lebens und von seinen
gestaltbildenden Leistungen gebildet hat.

„Geist" und „Seele", so ruft er uns am Schlusse seiner
soeben erschienenen Anthropogenie zu, sind nur höhere und
combinirte, oder differenzirte Potenzen derselben Function, die
wir mit dem allgemeinsten Ausdruck als „Kraft" bezeichnen,
und die Kraft ist eine allgemeine Function aller Materie. Wir
kennen gar keinen Stoff, der nicht Kräfte besässe, und wir
kennen umgekehrt keine Kräfte, die nicht an Stoff gebunden
sind. Wenn die Kräfte als Bewegung in Erscheinung treten,

nennen wir sie lebendige (active) Kräfte oder That-kräfte; wenn die Kräfte hingegen im Zustand der Ruhe oder des Gleichgewichtes sind, nennen wir sie gebundene (latente) oder Spannkräfte. Das gilt ganz ebenso von den anorganischen, wie von den organischen Naturkörpern. Der Magnet der Eisenspähne anzieht, das Pulver das explodirt, der Wasserdampf der die Locomotiven treibt sind lebendige Anorgane; sie wirken ebenso durch lebendige Kraft, wie die empfindsame Mimose, die bei der Berührung ihre Blätter zusammenfaltet, wie der ehrwürdige Amphioxus, der sich im Sand des Meeres vergräbt, wie der Mensch der denkt."

„Unsere Anthropogenie hat uns zu dem Resultate geführt, dass auch in der gesammten Entwicklungsgeschichte des Menschen, in der Keimes-, wie in der Stammesgeschichte keine anderen lebendigen Kräfte wirksam sind, als in der übrigen organischen und unorganischen Natur. Alle die Kräfte, die dabei wirksam sind, konnten wir zuletzt auf das Wachsthum zurückführen, auf jene fundamentale Entwickelungsfunction, durch welche ebenso die Formen der Anorgane, wie der Organismen entstehen. Das Wachsthum selbst beruht wiederum auf Anziehung und Abstossung gleichartiger und ungleichartiger Theilchen. Dadurch ist ebenso der Mensch, wie der Affe, ebenso die Palme, wie die Alge, ebenso der Krystall, wie das Wasser entstanden. Die Entwicklung des Menschen erfolgt demgemäss nach denselben „ewigen ehernen Gesetzen", wie die Entwicklung jedes andern Naturkörpers. Durch die definitive wissenschaftliche Begründung dieser monistischen Erkenntniss thut unsere Zeit einen unermesslichen Fortschritt in der einheitlichen Weltanschauung u. s. w."

Wo in aller Welt, so fragst sicherlich auch Du, ist im Jahre 1874 das Publicum zu finden, welches in diesem Wortschwall des Herrn Häckel Sinn zu finden vermag? Wo die Gebildeten denen die „höher combinirte und differenzirte Potenz der Kraft" als tiefsinnige Lösung des uralten Räthsels vom Wesen des Bewusstseins imponirt? Wo die angehenden Naturforscher und Mediciner, welche man im Unklaren darüber gelassen hat, ob im Weltall andere Bewegungsvorgänge vorkommen, als solche die auf Anziehungen und Abstossungen von Massentheilchen sich zurückführen, und denen Häckel's

Anziehungen und Abstossungen gleichartiger und ungleichartiger Theilchen für eine mechanische Erklärung des Wachsthums und der organischen Formbildung gelten dürfen?

Und nun gar die Erörterungen über „lebendige Kräfte"!
Bei keinem Geringeren als bei Helmholtz hat Verfasser,
seinem Citat zufolge, über dies Wort sich unterrichtet, und
nun stellt er uns sofort im Pulver und im Wasserdampf
„lebendige Anorgane" vor, „welche ebenso durch lebendige Kraft wirken, wie die empfindsame Mimose und wie der
ehrwürdige Amphioxus." Es ist dies ein Wortspiel, so zier-
lich, dass man an einen Scherz zu glauben versucht ist. Oder
sollte es wirklich Herrn Häckel unbekannt sein, dass die
„lebendige Kraft" der theoretischen Mechanik $\left(\frac{m\,v^2}{2}\right)$ mit der
Erklärung der Lebensvorgänge nichts zu thun hat, da sie das
Maass bedeutet, nach welchem das Arbeitsvermögen bewegter
Massen gemessen wird, gleichgültig welches im Uebrigen die
Ursache der Bewegung gewesen sein mag?

Folgen wir unserm Autor einen Schritt weiter und untersuchen wir seine Stellung zu der Frage von der Uebertragung
elterlicher Eigenschaften auf den Keim! „Wir haben zu unterscheiden", so heisst es im achten Vortrage seiner natürlichen
Schöpfungsgeschichte, „zwischen der Erblichkeit und der Vererbung. Die Erblichkeit ist die Vererbungskraft, die Fähigkeit der Organismen ihre Eigenschaften auf ihre Nachkommen
durch die Fortpflanzung zu übertragen. Die Vererbung
bezeichnet die wirkliche Ausübung dieser Fähigkeit, die thatsächliche Uebertragung." Es wird uns nun an Beispielen die
Wirkung der „Vererbungskraft" klar gemacht, wir erfahren
von der Vererbung der Sechsfingrigkeit, von der Familie der
Stachelschweinmenschen, von der Erbsünde, dem Erbadel
u. s. w., nehmen in einem folgenden Abschnitte die Erörterung
der neun, theils conservativen, theils progressiven „Vererbungsgesetze" entgegen, als da sind: das Gesetz der ununterbroche-
nen, der unterbrochenen, der sexuellen, der amphigonen, der
abgekürzten, der angepassten, der befestigten, der homochronen
und der homotopen Vererbung. Unsere Aehtung vor dieser
Reihe wird allerdings etwas herabgestimmt, wenn wir erfahren, dass einzelne dieser „Gesetze", mit andern „gewisser-

maassen im Widerspruch stehen." Bedenken wir überdies,
dass kein einziges dieser Gesetze uns im concreten Fall eine
bestimmte Voraussage des eintretenden Zeugungserfolges ge-
stattet, so sagen wir uns, dass Häckel sicherlich besser gethan hätte, seine sogen. Vererbungsgesetze als blosse, durch
die Erfahrung ermittelte Modalitäten der Vererbung zu
bezeichnen. Er hätte es alsdann der Zukunft überlassen dürfen, die Gesetzmässigkeit in den Bedingungen ihres Auftretens
festzustellen, und uns damit die noch unbekannten Gesetze
der Vererbung zu enthüllen.

Nicht bei den Gesetzen allein verbleibt es indess bei
Häckel, er gibt uns auch ohne alle Schwierigkeit eine Erklärung der Vererbung. Es wird uns zunächst am Beispiel der einzelligen Organismen gezeigt, dass sie durch Theilung
sich fortpflanzen. „Wenn Sie nun zunächst diese einfachste
Form der Fortpflanzung, die Selbsttheilung betrachten, so werden Sie es gewiss nicht wunderbar finden, dass die Theil-
producte des ursprünglichen Organismus dieselben Eigenschaften
besitzen, wie das elterliche Individuum. Sie sind ja Theil-
hälften des elterlichen Organismus, und da die Materie, der
Stoff in beiden Hälften derselbe ist, da die beiden jungen
Individuen gleich viel und gleich beschaffene Materie von dem
elterlichen Organismus überkommen haben, so finden Sie es
gewiss natürlich, dass auch die Lebenserscheinungen, die
physiologischen Eigenschaften in beiden Kindern dieselben
sind. In der That sind in jeder Beziehung, sowohl hinsichtlich ihrer Form und ihres Stoffes, als auch hinsichtlich ihrer
Lebenserscheinungen die beiden Tochterzellen nicht von einander und von der Mutterzelle zu unterscheiden Sie haben
von ihr die gleiche Natur geerbt."

Nun werden die verschiedenen Formen ungeschlechtlicher
und geschlechtlicher Zeugung in eine Reihe gestellt und schliesslich für alle der obige Schluss wiederholt. „In allen Fällen
dürfen wir daher von vornherein schon erwarten, dass die
kindlichen Individuen, die ja, wie man sich ausdrückt, Fleisch
und Bein der Eltern sind, zugleich immer dieselben Lebenserscheinungen und Formeigenschaften erlangen werden, welche
die elterlichen Individuen besitzen. Immer ist es nur eine
grössere oder geringere Quantität von der elterlichen Materie

und zwar von dem eiweissartigen Protoplasma, welche auf das kindliche Individuum übergeht. Mit der Materie werden aber auch deren Lebenseigenschaften, die moleculären Bewegungen des Plasma übertragen, welche sich dann in ihrer Form äussern."

Nach Molière's unverfänglichem Zeugnisse hat einst bei der Frage über die Ursache der schlaferzeugenden Eigenschaften des Opiums ein Doctorand das höchste Lob seiner Facultät erworben durch die Antwort:

> Quia est in eo
> Virtus dormitiva,
> Cujus est natura
> Sensus assoupire!

Heute geht die Frage nach der Ursache der form- und ähnlichkeiterzeugenden Eigenschaften des Keimprotoplasmas, und aus dem Kreise der Facultätsdoctores selbst erfolgt die Antwort:

> Quia est in eo
> Virtus formativa,
> Cujus est natura
> Formam recreare!

Wie damals der Chorus der Doctores, so hat jetzt, ob der glücklichen Erklärung, derjenige der Scholares in das freudige Bene, bene, bene! einzustimmen. All jene Worte, welche ein wissensdurstiges Herz zu stärken vermögen: elterliche Materie, moleculäre Bewegungen, Lebenseigenschaften, Eiweiss, Form und Protoplasma kommen zur Verwendung. „Misce, fiat explicatio!" so lautet das erkenntnissbringende Recept unseres geschickten Doctors, und auf einen Schlag eröffnet es die Augen für alle Geheimnisse der Zeugung und des Lebens.

Zwölfter Brief.

Lieber Freund! Die Vorstellungen über die Ursachen organischer Formbildung, welche in meinem letzten Briefe besprochen worden sind, haben sich sämmtlich als unhaltbar erwiesen. Bei weiterer Verfolgung führt uns jede derselben unrettbar in eine Sackgasse hinein, und in Widersprüche mit den allerersten Elementen naturwissenschaftlicher Einsicht. Zum Theil erweisen sie sich geradezu als Wortspielereien, die nicht verdienen, dass man sie überhaupt Hypothesen nennt, da sie nur darauf ausgehen, klingende Worte an die Stelle einer Erklärung zu setzen. Sehen wir zu, ob nach einer andern Richtung ein Ausweg winkt, und betrachten wir heute

die Theorien der übertragenen Bewegung,

zu welchem Zwecke wir etwas weiter auszuholen haben.

Wo nur unser Auge dem Naturlaufe mit Aufmerksamkeit folgt, da begegnet es Vorgängen von Bewegung, die unter sich derart verknüpft sind, dass Bewegung an Bewegung sich anschliesst, und die gesammte Kette von uns nicht anders, denn als eine einheitliche Erscheinung wahrgenommen, und bezeichnet wird. Wenn wir von einem Strome, oder von einer Flamme sprechen, da verbinden wir mit dem Worte die Vorstellung gewisser Sinneswahrnehmungen, die das fliessende Wasser, oder die brennende Kerze in uns erregt; nur ausnahmsweise, und jedenfalls nur durch das Bedürfniss wissenschaftlichen Denkens gedrängt, geben wir uns Rechenschaft von der Summe verwickelter Bewegungen, welche das eine wie das andere Wort zusammenfasst. Oder wenn wir von einer Welle sprechen, so denken wir zunächst an die sanftgeschwungene Form, welche

die Oberfläche einer bewegten Wasserfläche darbietet, an das
allmählige Weiterschreiten der Form von dem Punkte der
ersten Entstehung zu immer entlegeneren Punkten hin, an das
Plätschern des an das Ufer anschlagenden Wassers u. s. f., allein
der Gedanke an die, der Zeit nach sich ablösenden Bewegungen
der einzelnen Wassertheilchen, an die von ihnen durchlaufenen
Bahnen, oder an die Zu- und Abnahme ihrer Geschwindigkeiten
liegt uns ferne, und auch hier gelangen wir nur auf dem weiten
Umwege physikalischer Untersuchung zur Erkenntniss dieser
Grundvorgänge. In allen diesen Fällen folgt die Verknüpfung
der Bewegung irgend einem, ihren **Fortgang** ausdrückenden
Gesetze. Wir haben sonach Gesetze doppelter Art zu unterscheiden:

1) fundamentale Gesetze, welche bis jetzt der einfachste
Ausdruck sind für das Wesen der Kräfte (Newton'sches Gra-
vitationsgesetz).

2) Specialgesetze, welche die Regelmässigkeit ausdrücken
der, durch irgend welche jener Fundamentalkräfte erzeugten
Bewegungsvorgänge (Fallgesetz, **Gesetze der** Wellenbewegung
u. s. w.).

Einen Bewegungsvorgang, welcher einem solchen Specialgesetze folgt, wollen wir mit dem allgemeinen Namen Pro-
cess bezeichnen. Processe einfacherer können zu solchen
verwickelter Art sich combiniren, für welche complicirtere
Gesetze Platz **greifen. Die Zahl der** in der Natur ablaufenden
Processe ist unendlich **gross;** auch das organische Leben ist
solch ein **Process, und** zwar ein solcher complicirtester Art.
Als dessen nächste Glieder können wir die Processe der Ath-
mung, der **Ernährung,** des Wachsthums u. s. w. ansehen.

Wie nach dem Grade der Verknüpfung, so können auch
nach der Art **ihres zeitlichen Ablaufes Processe in das** Unend-
liche variiren. In einer grossen Zahl von Fällen ist ihr Ab-
lauf der Art, dass während längerer Perioden die Bewegung
fortwährend **auf neue Theilchen sich** überträgt, die nun ganz
denselben **Process** durchmachen, **wie** diejenigen, an deren
Stelle **sie getreten sind.** Eine ruhig brennende Flamme gibt
Dir ein Beispiel eines solchen gleichmässig fortlaufenden Processes. — Oder, es bringt **die** Verknüpfung der Bewegungen
mit sich, dass in bestimmten, unter sich **gleichen** Zeitabschnitten

gleiche Bewegungsvorgänge wiederkehren. Dies gilt von den verschiedenen Arten von Wellenbewegung und bekanntlich heissen die hierher gehörigen Processe periodische.

Für uns ist es nun vor Allem wichtig, uns die Beziehungen klar zu machen zwischen Process und Form. Unter Form verstehen wir, dem ursprünglichen Wortsinn zufolge, die unseren Sinnen (zunächst dem Auge und weiterhin dem Tastsinn) wahrnehmbare räumliche Anordnung der Theile eines Gebildes. Bildlich wird das Wort allerdings noch weiter ausgedehnt, so spricht der Philosoph von der Form einer Vorstellung, der Mathematiker von der Form einer Gleichung. Es sind dies die übertragenen Anwendungen des Wortes, welche, wie andere ähnliche Uebertragungen, abstracte Verhältnisse durch sinnliche Veranschaulichung unserem Verständniss nahe zu bringen suchen.

Ein jeder Process als massenbewegender Vorgang ist insoweit formerzeugend und formverändernd, als die von ihm herbeigeführte Anordnung von Massen von unseren Sinnen, und zwar speciell von unserem Auge können wahrgenommen werden. Nur mittelbar und in groben Zügen gibt uns die Form Auskunft über die ihr zu Grunde liegenden Processe. Den arbeitenden Telegraphendrath halten wir für eine ruhende Masse, und selbst die brennende Flamme kann uns das Bild einer feststehenden Form gewähren. Im ersteren Falle läuft der Process im Gebiete moleculären Geschehens ab, und lässt die, unserem Auge allein zugängliche gröbere Massenanordnung unverändert; im zweiten Falle werden zwar fortlaufend neue Massen in den Process hereingezogen, allein gleichmässig läuft der letztere ab, und erhält eine constante Anordnung zum Leuchten erhitzter Theilchen. Es ist, um einen Vergleich zu brauchen, die Form eine Uebersetzung aus der uns unleserlichen Sprache des wirklichen Geschehens in unsere Sprache der Sinneswahrnehmung, eine Uebersetzung mannigfach verzerrt, und jedenfalls in hohem Grade unvollständig, welche das Wesentlichste in vielen Fällen auslässt, um Unwesentliches mit vordrängender Breite zu behandeln.

So ist denn unsere eigene Körperform die äusserliche Kundgebung eines zusammenhängenden, gesetzmässig ablaufenden Processes. Mit allen Hülfsmitteln mechanischer und opti-

scher Technik suchen wir die Formen und deren zeitlichen
Veränderungen bis in ihr feinstes Detail festzustellen, um daraus soviel, wie nur immer möglich, von dem Lebensprocesse
selbst herauszulesen, und doch bleibt unsere Ausbeute ein
dürftiges Stückwerk gegenüber dem von uns erstrebten Ziele.
Wir sehen die Bewegungen unserer Gliedmassen, wohl auch die
Verkürzung der einzelnen, das Glied bewegenden Muskeln,
wir sehen aber nichts von dem der Muskelverkürzung zu Grunde
liegenden Vorgange. Wir sehen die Bewegung des Blutes in
den Adern, wir sehen aber nichts von jenen umfangreichen
Stoffbewegungen, welche wir unter der Gesammtbezeichnung
der Ernährungsvorgänge zusammenfassen. Wir sehen die äusseren Formen des Gehirns und des Rückenmarkes, die Form
der in ihnen vorhandenen Zellen und die Verlaufsrichtung
ihrer Fasern; allein dabei fehlt uns jeder Einblick in die
materiellen Vorgänge einfachster Nervenleitung, geschweige denn
in diejenigen, welche mit dem Ablaufe unserer Gedanken verknüpft sind. Als ruhende Massen, wie der Telegraphendrath,
oder richtiger vielleicht wie die stätig brennende Flamme
erscheinen uns die Gewebe unseres Körpers, in ihren Formen
Nichts von dem Stoffstrome verrathend, dem sie Dasein und
Dauer verdanken.

Eine Kategorie von Vorgängen hebt sich durch ihre äusserlich wahrnehmbaren Folgen aus der Reihe der übrigen
hervor, es sind dies die Vorgänge des Wachsthums. Wir
kennen das Wachsthum nur aus seiner Aeusserung, der Massenzunahme; seine inneren Bedingungen, seine Beziehungen zu
anderen Lebensprocessen, speciell zu denjenigen der Ernährung
kennen und verstehen wir nicht, und werden wir auch sobald
nicht verstehen. Das Wachsthum als Theilprocess des Ge-
sammtlebens ist in keiner Weise eine formbildende Kraft, wohl
aber ein formbildender Process, auf den wir immer und immer
wieder behufs Ableitung der Form zurückzugreifen haben.
Wenn der Keim als Ganzes wächst, wenn die aus ihm abgegliederten Organanlagen zu wachsen fortfahren, erst rasch,
dann langsamer, bis sie nach abgemessener Zeit ein abgemes-
senes Maass erreicht haben, so haben wir darin die Aeusserung eines Processes vor uns, welcher im mütterlichen Ei be-
ginnend, und durch die Befruchtung rasch gesteigert nach streng

geordneten Gesetzen abläuft, gleich der über den Wasser-
spiegel sich erhebenden Welle. Da wie dort sind es die Anordnung der zu bewegenden Massen und die Modalitäten der
ersten Erregung, welche das Gesetz des gesammten Herganges
bestimmen. Ich sage der Erregung und nicht des Anstosses,
denn wenn wir unter Stoss die einfache in einem Zeitelemente
geradlinig wirkende Kraftwirkung verstehen, so bedürfen wir
eines Wortes, welches, entsprechend dem Worte Process, eine,
laut bestimmtem Principe nach Raum und nach Zeit geordnete Summe von Stössen umfasst. Dafür scheint mir unter den
noch verfügbaren Worten das Wort Erregung das passendste
zu sein. Es bedarf kaum eines besonderen Hinweises darauf,
wie das Gesetz, dem die Erregung folgt, für den Hergang des
nachfolgenden Processes bestimmend ist. Ein einfacher Stoss
auf eine Wasserfläche, wie er vom fallenden Steine ausgeht,
genügt zur Erzeugung einer Welle, und Du erhältst in dem
Falle eine einfache, gleichmässig (nach dem Gesetze des zu-
und abnehmenden Winkelsinus) an- und absteigende Form.
Allein Du bist im Stande eine beliebig anders gestaltete
Wellenform von verwickeltster Gestalt zu erzeugen, wenn Du,
anstatt eines einzigen Steines deren viele hineinwirfst, so zwar
dass Du Art, Ort und Zeit des Hineinwerfens in ganz bestimmter
Weise regelst.[1]) Wolltest Du einem Physiker das Problem
aufgeben in einem genügend tiefen und ausgedehnten Wasserbecken an bestimmter Stelle und zu bestimmter Zeit eine beliebig von Dir hingezeichnete Wellenform entstehen zu lassen,
so würde er auf dem Wege der Rechnung ermitteln, an welcher
Stelle, zu welcher Zeit, von welcher Höhe die Steine (die der
Einfachheit halber alle gleich schwer dürften genommen werden) hinein zu werfen wären.

Nach Erörterung dieser nothwendigen Vorbegriffe kehren
wir zu unserem eigentlichen Gegenstande, zur Frage der Zeugung zurück. Dieselbe erledigt sich, wenigstens nach ihrer
allgemeinsten Auffassung, nunmehr mit wenigen Worten: Das
Leben eines jeden Individuums ist ein Process, d. h. eine
Summe gesetzmässig unter einander verknüpfter Bewegungsvorgänge. Die formbildende Aeusserung des Lebensprocesses
ist das Wachsthum. Die Frage nach der Erzeugung des Individuums fällt somit zusammen mit der Frage nach der Er-

regung und den Bedingungen des Lebens, speciell nach derjenigen des Wachsthums. Wissenschaftliche Theorien
der Zeugung können keine anderen sein, als Theorien der übertragenen Bewegung.

So einfach und so selbstverständlich dies erscheinen mag,
so ist doch nach dieser Richtung am seltensten die Lösung
gesucht worden. Klar hat indess auch hierin schon Aristoteles gesehen. Vom Mann geht nach ihm bei der Zeugung
der Anstoss der Bewegung ($\dot{\alpha}\varrho\chi\dot{\eta}\ \tau\tilde{\eta}\varsigma\ \varkappa\iota\nu\dot{\eta}\sigma\epsilon\omega\varsigma$) aus, das
Weib liefert den Stoff. „Und es muss gleich Anfangs der
eine Theil des Stoffes beisammen sein, aus welchem der erste
Keim gebildet wird, der andere Theil aber fortwährend hinzukommen, damit die Frucht wachse." „Indem der Same eine
Ausscheidung ist und sich in der Bewegung befindet, kraft
welcher das Wachsthum durch die Vertheilung der letzten
Nahrung geschieht, so formt er, wenn er in den Uterus gelangt ist, und setzt die im weiblichen Körper vorhandene
Ausscheidung in die Bewegung, in der er sich befindet; denn
auch jene ist eine Ausscheidung und sie enthält das Vermögen
zur Bildung sämmtlicher Theile, nicht aber die Theile in
Wirklichkeit." An einer anderen Stelle bespricht Aristoteles die successive Bildung der Organe und erklärt, dass
die vom Samen ausgehende Bewegung fortwährend neuen
Theilen sich überträgt. „Es ist aber der Fall, dass ein Erstes
ein Zweites bewegt, und ein Zweites ein Drittes, wie bei den
wunderbaren Automaten. Die ruhenden Theile der letzteren
besitzen nämlich eine gewisse Fähigkeit, und wenn eine äussere
Kraft den ersten Theil in Bewegung setzt, so wird sofort der
nächste in thätige Bewegung versetzt. So wie nun bei den
Automaten jene Kraft gewissermassen bewegt, ohne zur Zeit
irgend einen Theil zu berühren, nachdem sie jedoch früher
einen berührt hat, auf ähnliche Weise wirkt auch das von
dem Samen Kommende, oder was den Samen bereitet hat, so
dass es zwar einen Theil berührt hat, nun aber nicht weiter
berührt .... Der Same aber ist ein solches Wesen, und hat
ein solches Bewegungsprincip, dass, wenn der Anstoss der
Bewegung aufhört, ein jeder Theil und zwar als ein beseelter
wird." Ueber diese allgemeinsten Gesichtspunkte hinaus und
bis in die Details Aristoteles zu folgen ist nicht möglich.

Eine, den einzelnen Verhältnissen gerecht werdende Theorie der Zeugung aufzustellen, vermag man heute nicht, und hat man damals noch viel weniger vermocht.

In gleich deutlicher Weise hat Keiner der Späteren den obigen Grundgedanken wieder ausgesprochen, obwohl Anklänge daran in mehreren der späteren Theorien sich wiederfinden. Ich spreche hier nicht von den verwickelten Vorstellungen Galens, in welchen u. A. auch der gestaltenden Kraft des Samens ein Antheil zugewiesen ist. Dagegen kann auf Harvey hingewiesen werden, bei welchem in zahlreichen Aussprüchen der richtige Begriff des Keimes Ausdruck findet, und welchem auch derjenige einer Bewegungsübertragung nicht fremd geblieben ist. „Primordium vegetale" nennt er das Ei. Er stellt Zeugung, Wachsthum und Ernährung als kaum zu trennende Vorgänge in eine Linie. „Ovum itaque est corpus naturale, so sagt er u. A., virtute animali praeditum, principio nempe motus, transmutationis, quietis et conservationis. Est denique ejusmodi, ut, ablato omni impedimento, in formam animalis abiturum sit." Er vergleicht die Zeugung mit der Wirkung von Gährungserregern, und nennt den Samen geradezu ein Contagium, wobei er allerdings die Vorstellung hegt, dass dessen Contactwirkung in die Entfernung sich fortpflanze.

Auch die mechanischen Theorien von Descartes dürften, so roh sie sind, hier erwähnt werden. Sie gehen ebenfalls von dem Gedanken aus, dass in der Zeugung ein Gährungsprocess vorliege. Unter den neueren Forschern hat Th. Bischoff die Parallele mit der Gährungserregung wieder aufgegriffen, im Anschluss an Liebig's bekannte Theorie der Fermente.

C. E. v. Baer hat sich meines Wissens nie speciell über die Generation ausgesprochen, seine leitenden Grundgedanken über das Wesen der Entwicklung liegen indess in vielen vorzüglichen Aeusserungen theils seines Hauptwerkes, theils seiner kleineren Aufsätze zu Tage. Wenn er sagt, „dass nicht das Körperliche vorgebildet ist, wohl aber das Unsichtbare, der Gang der Entwicklung"; wenn er sich weiter ausspricht, „dass das Wesen des Lebens eben nur der Lebensprocess, oder der Verlauf des Lebens sein kann, dass für einen organischen Körper das Beharren nur ein Schein, das Werden aber

das Wesen und das Bleibende ist", so tritt in solchen Sätzen
auf das prägnanteste hervor, wohin der grosse Forscher den
Schwerpunkt der Frage verlegt.

Das befruchtete Ei trägt in sich die Erregung zum
Wachsthum, so zwar, dass letzteres bei vorhandenen Entwick-
lungsbedingungen fortschreiten wird, bis sein Maass und seine
Zeit erfüllt sind. In der Wachsthumserregung aber liegt, wie
Du schon früher gesehen hast, der gesammte Inhalt erblicher
Uebertragung von väterlicher sowohl, als von mütterlicher Seite.
Nicht die Form ist es, die sich überträgt, noch der specifisch
formbildende Stoff, sondern die Erregung zum formerzeugen-
den Wachsthum, nicht die Eigenschaften sondern der Beginn
eines gleichartigen Entwickelungsprocesses.

Ist nun die Form eine abgeleitete Folge des Wachsthums,
sind ihre Verwickelungen denkbar bei einem verhältnissmässig
einfachen Grundgesetze des letzteren, so ist auch die, einer
Zeugungstheorie gestellte Aufgabe in hohem Grade verein-
facht. Es bedarf nicht des Suchens nach besonderen Einrichtungen, um dieses oder jenes Merkmal, um die Farbe des Haares,
die Gestalt der Nägel, oder die Warze am Kinn zu übertragen.
Zu übertragen ist der gesetzmässig geordnete Anfang des
Processes, und daraus muss das Uebrige, bei Vorhandensein
der günstigen äusseren Entwicklungsbedingungen, als nothwendige Folge hervorgehen.

Folgende Grundsätze lassen sich, wie mir scheint, als fest
jetzt schon aufstellen, da sie theils der Ausdruck direkter Beobachtung, theils unmittelbare Folgen allgemein gültiger Principien sind:

1) Der mütterliche Keim, oder das Ei im engeren Sinne
des Wortes ist eine zum Wachsthum erregbare Substanz.

2) Unter bestimmten, vorerst nicht allgemein feststell-
baren Bedingungen kann, wie die Parthenogenesis zeigt, das
Ei seine Wachsthumserregung aus inneren Ursachen bekommen, und demgemäss sich entwickeln ohne vorangegangene
Befruchtung.

3) Wo keine Parthenogenesis besteht, da bedarf das Ei,
damit es zu wachsen beginnt, des Contactes mit männlichem
Samen.

4) Das Wachsthum, als ein nach Raum und nach Zeit

normirter Vorgang setzt voraus, dass auch die Wachsthumserregung eine Function von Raum und von Zeit ist.

5) Soll eine erbliche Uebertragung durch Vermittlung des
Samens möglich sein, so muss die Wirkung, die der
Same auf das Ei ausübt, eine Function von Raum
und von Zeit sein.

6) Wenn das Ei die Bedingungen mütterlicher Uebertragung
enthält, so kann dessen Substanz keine durchweg gleichartige
sein. Es muss dessen Wachsthumserregbarkeit, sei es in Folge
ungleicher Massenvertheilung, sei es in Folge verschiedener
Constitution, an verschiedenen Stellen eine verschiedene sein.
Es muss die Wachsthumserregbarkeit des Eies eine
Function des Raumes sein.

7) Ist für die einzelnen Samenfäden das Gesetz
gegeben, nach welchem ihre erregende Wirkung
zeitlich und räumlich sich ausbreitet, ist ferner
Ort und Zeit ihres Eintrittes in das Ei gegeben,
und für das Ei das Gesetz, nach welchem seine
Erregbarkeit räumlich sich vertheilt, so bestimmt
die Combination dieser gegebenen Bedingungen
das Wachthumsgesetz des Keimes, und damit dessen gesammte nachfolgende Entwicklung.

Um Dir an einem Beispiele die Sache zu veranschaulichen,
nehme ich den oben besprochenen Fall wieder auf von der
Erzeugung einer verwickelten Wellenform durch zeitlich und
räumlich geordnetes Hineinwerfen von Steinen in ein Wasserbecken. Hiebei liegt im Werfen der Steine die Erregung zum
wellenbildenden Processe, und wir vergleichen dies mit der
Summe der erregenden Stösse, welche der Same dem Ei ertheilt. Würdest Du die Steine nach derselben Ordnung, anstatt
in ein Wasserbecken, in ein solches geworfen haben, welches
mit Oel, oder mit Alkohol, oder mit irgend einer anderen,
vom Wasser durch grössere oder geringere Zähigkeit, und
durch grösseres oder geringeres specifisches Gewicht sich
unterscheidenden Flüssigkeit gefüllt war, so wäre in jedem
dieser Fälle die Form der Wellen eine andere geworden, als
im ersten. Es ist also die Form der Wellen nicht allein abhängig von dem Gesetze der Erregung, sondern auch von der
Zähigkeit und dem specifischen Gewicht der wellenbildenden

Flüssigkeit. Die zähere Flüssigkeit wird gegenüber der minder zähen niedrigere Wellen bilden, und dasselbe gilt von der specifisch schwereren gegenüber von der leichteren. Jene besitzen, um das Wort zu brauchen, eine geringere „Wellenerregbarkeit" als diese.

Denke Dir nun, Du vermöchtest eine Flüssigkeit zu schaffen (in gewissen Gränzen wäre dies durch ungleiche Erwärmung zu leisten), worin an verschiedenen Stellen die Zähigkeit und das specifische Gewicht verschieden wären, und Du würdest dabei irgend ein Gesetz der Abstufung zu Grunde legen, so hättest Du ein Motiv gefunden zu specifischer Beeinflussung der Wellenformen. Du hättest ein Becken, dessen Inhalt an verschiedenen Stellen verschiedene Wellenerregbarkeit besitzt. Bei jeder anderen Vertheilung dieses Werthes würden wieder andere Wellenformen entstehen. — Es entspricht solch ein Becken mit specifisch vertheilter Wellenerregbarkeit dem mütterlichen Ei mit seiner specifischen Vertheilung der Wachsthumserregbarkeit. Eine ungleiche Vertheilung der Wellenerregbarkeit in Deinem Becken könntest Du Dir, bei sonst gleichartiger Flüssigkeit auch davon abhängig denken, dass die Erregung die Flüssigkeit nicht ruhend, sondern bereits in irgend einem Bewegungsvorgange begriffen vorfindet.

Die obigen Sätze, speciell die Sätze 5—7, enthalten nicht eine Theorie der geschlechtlichen Zeugung, wohl aber enthalten sie die Bedingungen, welchen eine solche Theorie genügen muss, und ich sehe nicht ein, wie davon etwas abgehen kann. Theorien, welche, wie die älteren Gährungstheorien die räumliche Normirung der Samenwirkung ausser Betracht lassen, helfen uns nicht über den formenden Einfluss derselben hinweg. Beim gegenwärtigen Stand unseres Wissens, da uns bekannt ist, dass der Same geformte Elemente, die Spermatozoen enthält, und dass diese durch eine besondere Oeffnung ins Ei eindringen, lassen sich die zu einer Zeugungstheorie hinführenden Fragen schärfer präcisiren als dies früher möglich war. Die genaueste Untersuchung der Einzelheiten, als da sind: Form und Grösse der Samenfäden, Form und Grösse der Mikropyle, Stellung der Mikropyle zum Keim, Ort des stärksten Wachsthums des letzteren bezogen auf den Ort der Mikropyle u. dgl. mehr muss die Elemente liefern, aus welchen die Theorie sich aufbaut. Würde z. B. die Beobachtung ergeben, dass die Mikropyle gross genug ist, um vielen Spermatozoen zugleich den Eintritt zu gestatten, so würde die Theorie anders zu gestalten sein, als wenn (wie ich dies beim Lachs und bei der Forelle in der That constatirt habe) nur ein Spermatozoon auf einmal im Kanale Platz hat. Würde sich herausstellen, dass das eintretende Spermatozoon zuerst auf einen excentrischen Punkt der Keimscheibe stösst, so wäre damit wieder ein Element gegeben zur Ableitung des anfänglichen Wachsthumsmaximums u. s. w. Ich trete in solche Einzelnheiten nicht weiter ein, weil es zwecklos ist, dieselben ohne ein breites Beobachtungsmaterial zu discutiren. Ich habe Dir in meinem vorigen Briefe nur versprochen, die Richtung der Fragestellung zu bestimmen, und das glaube ich im Obigen geleistet zu haben.

Dreizehnter Brief.

Vermittelung erblicher Uebertragung. Die Descendenzlehre und die Beziehungen der Morphologie zu derselben.

Lieber Freund! Wir wollen uns heute einmal vorstellen, wir besässen eine durchaus befriedigende Theorie, welche uns bei gegebenen äusseren Entwicklungsbedingungen (Temperatur, Materialzufuhr u. s. w.) in allen wesentlichen Punkten die Processe im befruchteten Keim aus den Eigenschaften der Spermatozen einerseits, aus denjenigen des unbefruchteten Eies andererseits, und aus der Art ihres Zusammentreffens abzuleiten gestattete. Mit alle dem wären wir nicht zu Ende; denn es würde zunächst die weitere Frage an uns herantreten: wie es denn kommt, dass die Spermatozoen überhaupt specifische und individuelle Eigenschaften des Vaters oder eines väterlichen Ascendenten, das Ei solche der Mutter, oder eines ihrer Ascendenten dem erzeugten Wesen übertragen kann? — Nicht um diese Frage zu beantworten, wohl aber, um auch hier wiederum eine klare Fragestellung anzubahnen, gehe ich mit einigen Worten darauf ein.

In der Regel ist man, wie dies speciell in den Extracttheorien ausgesprochen ist, geneigt, einen verwickelten Zusammenhang zwischen der Organisation des Vaters oder der Mutter einerseits, und derjenigen der Spermatozoen oder des Eies andererseits anzunehmen; der Art, dass die Eigenthümlichkeiten eines jeden Organes, oder Organtheiles in irgend einer räthselhaften Weise auf die betreffenden Keimstoffe zurückwirken, in ihnen reproducirt, oder, wenn Du lieber willst, repräsentirt werden.

Es ist klar, dass eine derartige Voraussetzung keine absolute Berechtigung hat. Sehen wir zunächst ab von aller Möglichkeit der Uebertragung erworbener Eigenschaften, so ist aus den Erörterungen unseres letzten Briefes klar, dass zur Erzeugung eines gleichartigen Entwicklungsganges nicht das Vorhandensein irgend welcher verwickelter Uebertragungsmechanismen nöthig ist, sondern überhaupt nur ein gleichartiger Anfang. Fangen zwei, in ihrem weiteren Ablaufe keiner Hemmung unterworfene Processe gleich an, so werden sie auch gleich ablaufen, mag im Uebrigen der Anfang derselben durch noch so einfache Motive bedingt sein. Wirfst Du ein paarmal nach einander Steine genau in derselben Weise in ein ruhendes Wasserbecken, so entstehen stets übereinstimmende Wellenformen. Wenn der Entwicklungsprocess bei Erzeuger und Erzeugtem in gleicher Weise begonnen hat, so muss er in seinem weiteren Verlaufe dahin führen, dass auch beim Erzeugten Keimstoffe entstehen, denen gleich, welchen er sein eigenes Dasein verdankt. Die Bildung der Keimstoffe ist ja nur ein Theilvorgang des gesammten, in der Zeugung geregelten Entwickelungsprocesses. Oder mit anderen Worten: es muss, wenn für zwei Individuen der Entwickelungsgang gleichartig begonnen hat, die Aehnlichkeit entstehender Organisation, wie in der Form des Gesichts, oder in der Farbe der Haare so auch in Beschaffenheit der Keimstoffe wiederkehren.

Es liegt kein Grund vor, eine unmittelbare Einwirkung der Theilgebilde des elterlichen Organismus auf die specifischen Eigenschaften der entstehenden Keimstoffe anzunehmen.

Es sollen sich nun aber auch erworbene Eigenschaften übertragen, und da entsteht allerdings die Frage, ob dazu eine specifische Abhängigkeit des Keimstoffes von den einzelnen Theilen des Erzeugers erforderlich ist? Dies wäre unbedingt der Fall, wenn Eigenschaften sich vererben würden, welche während des individuellen Lebens erworben sind, wie Verstümmelungen von Gliedmassen, oder erlernte Fähigkeiten.

Erfahrungen der ausgedehntesten Art erlauben uns die Entscheidung über diesen Punkt: Seit Jahrtausenden stehen und gehen wir in derselben Weise, seit Jahrhunderten sprechen unsere Vorfahren dieselbe Sprache, und schreiben dieselbe

Schritt, und doch mussten wir selbst, **und müssen** unsere Kinder diese Fähigkeiten jedes wieder einzeln erlernen. Seit **Jahrtausenden** üben ferner gewisse Völkerschaften die Circumcision, ohne dass der, immer wieder von neuem abgetragene **Theil** durch Vererbung verschwunden wäre. Solchen Erfahrungen gegenüber **kann** die Handvoll Anecdoten, welche man zu Gunsten der Vererbung individuell erworbener Eigenschaften angeführt **hat,**[1]) nicht aufkommen. Ohnedem erinnert ihre Beglaubigung lebhaft an die Beweise für das „Versehen Schwangerer", **und** auf wissenschaftliche Beachtung dürfen sie **zum Mindesten** keinen Anspruch machen. **Bis** zum Eintritt **besserer Beweise** halten wir an dem Satze fest, dass die im individuellen Leben erworbenen Eigenschaften sich nicht vererben.

Mit dem Namen „erworbene Eigenschaften" bezeichnet man nun aber auch solche, die im Laufe von Generationen **durch** künstliche oder natürliche Züchtung zur Ausbildung gelangt sind, oder Eigenschaften, die, wie die Sechsfingrigkeit, bei irgend einem **Individuum aus innern,** nicht näher bestimmbaren **Entwicklungsgründen auftreten,** und dann sich weiter **fortpflanzen.** In beiden Fällen ist der Ausdruck „erworben" offenbar uneigentlich, und würde der Klarheit halber lieber vermieden. Jene könnte man vielleicht als erzüchtete, diese **als eingesprengte Eigenschaften** bezeichnen. Weder für **die eine noch für die andere Kategorie ist die** Annahme verwickelter Beziehungen der Organe **zum Keimstoff** erforderlich; **denn beide erscheinen** nur als der Partialausdruck **des** allgemeinen Entwickelungsprocesses, und treten in diesem wesentlichen Punkte **nicht aus** der Reihe der übrigen erblichen Eigenschaften heraus.

Setzen wir nun voraus, es sei uns bekannt:
die Entstehung des organischen Wesens aus dem Keim,
die Entwicklungserregung des Keimes in Folge des Zusammentritts der beiden Keimstoffe.
die Abhängigkeit der Organisation der Keimstoffe von der Organisation der Erzeugenden,
so haben wir **allerdings** den Entwickelungsprocess erkannt in seinem Fortgange vom Erzeugten zum Erzeugenden und von da wiederum zum Erzeugten.

Nicht zum geschlossenen Ring fügen sich indess die gleich-namigen Enden unserer Reihe zusammen, sondern jedes schliesst an an vorausgehende, oder an nachfolgende Reihen. Der Ent-wickelungsgang des Individuums ist das einzelne Glied eines ins Unermessliche fortlaufenden periodischen Processes, des Entwickelungsprocesses der Generationen. Keim-stoffe und Keim sind die schmalen Substanzbrücken, mittelst deren neue Glieder in gesetzmässiger Folge den vorangehen-den sich anfügen. „Aeternitatis periodus", so heisst der Keim ja schon bei Harvey, „inter parentes et liberos, inter eos qui fuerunt, et qui futuri sunt, media via sive transitus."

In vereinfachtem Bilde erscheint der Entwickelungsprocess der Generationen als eine unermessliche Wellenlinie, worin die einzelne Welle dem Wachsthumsgange des einzelnen In-dividuums entspricht. An- und Absteigen seines Gesammt-wachsthums finden in deren besonderer Form ihren Ausdruck. Ganze Strecken der Linie stimmen in der Form der einzelnen Wellen derart überein, dass die Eigenthümlichkeiten der Biegung, welche in der einen vorhanden sind, in den voraus-gehenden und in den nachfolgenden wiederkehren. Eine jede einzelne Welle ist die Trägerin von Eigenschaften, die nicht ihr eigenthümlich, sondern grossen Strecken der Wellenreihe gemeinsam sind. Eine absolute Periodicität existirt nun aber, das lehrt uns die tägliche Erfahrung, in keiner solchen Reihe. Kinder derselben Eltern weichen bald in minder, bald in mehr auffälliger Weise von einander, und von ihren Eltern ab, Eigenschaften früherer Glieder können mit Ueberspringung der dazwischen liegenden in späteren wieder-kehren u. s. w.

Die Möglichkeit ist denkbar, dass die vorkommenden Schwankungen um die gemeinsame Mittelform auf Rechnung der wechselnden äusseren Entwicklungsbedingungen (Ernährung u. s. w.) kommen. Es wäre dies vergleichbar dem Fall eines regelmässig arbeitenden, eine Wellenlinie aufzeichnenden Ap-parates, welcher an einer Zeichnungsfläche von unregelmässig wechselndem Widerstande arbeitet. Dabei würden in der Form der aufgezeichneten Curven Schwankungen gleichfalls unvermeidlich sein, und es könnten Formeneigenthümlichkeiten in späteren Gliedern wiederkehren, die in irgend einem früheren vorhanden waren, in den dazwischen liegenden aber gefehlt hatten.

Das accidentelle Moment äusserer Entwicklungsbedingungen, zugleich mit dem Princip der sexuellen Kreuzung möchten möglicherweise genügen, uns die Schwankungen verständlich zu machen, welche die Generationsreihen lebender Wesen in den von uns unmittelbar verfolgten Strecken darbieten. Erweitern wir indess unseren Blick über die Zeitspanne hinaus, in welcher wir leben und über welche menschliche Urkunden reichen, so erfahren wir, dass unsere mitlebenden Reihen mit ihren, um gegebene Mittelwerthe oscillirenden Gliedern sich nicht vom Unendlichen her durch die Zeiträume fortgepflanzt haben, dass früheren Erdaltern andere, allem Anschein nach oft an gewisse Epochen gebundene, und mit den Epochen wechselnde Formen lebender Wesen eigenthümlich gewesen sind.

Nachdem uns durch D a r w i n s schöpferische Arbeiten die Augen geöffnet worden sind für die unter unseren Augen fortwährend vor sich gehenden Neubildungen organischer Formen, nachdem wir im Princip der natürlichen Züchtung einen weitgreifenden Schlüssel in die Hand bekommen haben zum Verständniss der Ausbildung und Fixirung besonderer Formen, ist das Problem des genetischen Zusammenhanges der Geschöpfe verschiedener Erdalter mit viel grösserer Wucht als je zuvor in den Vordergrund getreten. Mit der grössten Wahrscheinlichkeit lässt sich behaupten, dass die, unter unseren Augen sich entwickelnden Generationsreihen die directen Fortsetzungen sind jener älteren, von den unsrigen vielfach abweichenden Reihen, von welchen uns die Geologie Kenntniss gibt. Mit der grössten Wahrscheinlichkeit ergibt sich ferner, dass jeweilen die hochorganisirten Formen aus einfachen Grundformen hervorgegangen sind, dass, um beim Bilde der Wellenlinie zu bleiben, die Anfangs kurzen und flachen Wellenglieder mehr und mehr sich erhoben, gestreckt und in ihrer Gestaltung verwickelt haben. Es sind diese Wahrscheinlichkeiten so ausserordentlich viel grösser als Alles, was wir uns sonst zur Zeit über den Zusammenhang der organischen Schöpfung ausdenken können, dass wir vollauf berechtigt sind, sie als vorläufig sichere Basis zu betrachten, als Basis, auf welcher über Menschenalter hinaus die Wissenschaft ruhig

weiter bauen kann, gleichgültig ob der fortschreitende Ent-
wickelungsgang der Generationsreihen im Wesen des Ent-
wicklungsprocesses selbst begründet, oder ob er, wie die con-
sequente Anwendung des Züchtungsprincipes dies verlangt,
jeder besonderen Reihe durch die äusseren Lebensbedingungen
aufgedrängt sein mag.

Mit Anerkennung des allgemeinen Principes der Descendenz ergibt sich sofort die Aufgabe seiner speciellen Durchführung. Die Lebhaftigkeit, womit die heutige Zoologie an
dieser Aufgabe sich betheiligt, ist um so gerechtfertigter, als
sie dabei unter allen Umständen nur gewinnen kann. Die auf
den speciellen Nachweis der Descendenzverhältnisse gerichtete
Arbeit kommt der längst vorhandenen Aufgabe natürlicher
Systematik zu Gute, und müsste, wenn auch die Descendenz-
frage hinwegfiele, grösstentheils in genau derselben Weise geleistet werden.

Gegenstand und Methode der phylogenetischen Forschung,
wie sie sich nunmehr nennt, sind durchaus andere als diejenigen der von mir bearbeiteten physiologischen Entwicklungsgeschichte des Individuums. Die eine Forschung fängt
da an, wo die andere aufhört, und die eine arbeitet mit Begriffen, deren die andere nicht bedarf. Insofern könnte ich
es hier unterlassen, mich über phylogenetische Arbeitsweise
irgendwie auszusprechen. Die Sache liegt indess so, dass die
Ausscheidung der Gebiete noch keineswegs erfolgt ist. Nicht
allein wird entwicklungsgeschichtlichen und überhaupt morphologischen Erfahrungen in phylogenetischen Fragen eine Beweis-
kraft zugemessen, deren Berechtigung vielfach anfechtbar ist,
sondern es wird von einigen Seiten her geradezu behauptet,
dass supponirte phylogenetische Verbände an und für sich
schon alle Erklärung individueller Entwicklungsvorgänge in
sich enthalten. Hier thut eine Verständigung über das, jeder
Forschung zukommende Gebiet, und thut vor Allem auch Kritik
der angewendeten und anzuwendenden Methoden dringend noth,
und ich darf nicht unterlassen, das Meinige zur Klärung der
Begriffe beizutragen.

Der historische, auf die eigentlichen Urkunden zurückgreifende Beweis für die genetische Verwandtschaft organischer

Wesen fällt der Paläontologie zu. Sie vermag zu zeigen, wie
in den aufeinander folgenden Erdepochen die Formen jedes
gegebenen Kreises sich ununterbrochen modificirt haben, und
wie heutige Formen in vielen Fällen durch schrittweise ver-
änderte Zwischenstufen den abweichenden Formen weiter zurück-
liegender Epochen sich anreihen. Paläontologische Stammbäume,
wie sie z. B. auf Grund reichhaltigster Forschung L. Rütimeyer für die Wiederkäuer, für die pferdeartigen Thiere und
neuerdings für die Schildkröten aufgestellt hat, scheinen mir
die eigentlichen Grundpfeiler einer wissenschaftlichen Descendenzlehre zu sein, welchen sich als kaum minder wichtige
Stützen die Nachweise anschliessen über die Gruppirung ver-
wandter Formen der Jetztzeit um bestimmte geographische
Mittelpunkte herum, also Arbeiten wie die von Alfr. Wallace
über die Fauna des Malayischen Archipels, und die von L.
Rütimeyer über die Herkunft unserer Thierwelt.

Es sind nun aber die Urkunden der Paläontologie lückenhaft und wenig Aussicht ist vorhanden, dass gerade die ent-
scheidensten Uebergangsbrücken sich mit ihrer Hülfe so bald
werden schlagen lassen. Die wichtigsten Uebergangsgeschöpfe
haben wir, wegen der Natur ihrer Körpersubstanz, gar keine
Hoffnung als Petrefacten je zu finden. Da liegt denn der Gedanken nahe, auf den reichen Gefilden der vergleichenden
Anatomie und Entwickelungsgeschichte die Ausbeute zu suchen,
welche uns die Paläontologie so mühsam und mit so karger
Hand gewährt.

Die Formen organischer Wesen sind in wechselndem Grade
unter einander ähnlich; von Formen der einen Gruppe zu solchen einer anderen sind in der Regel Uebergänge, oft in sehr
allmähliger Abstufung vorhanden; Formen, die in ihrem ausgebildeten Zustande von einander differiren, können in ihren
embryonalen Phasen sich sehr nahe stehen; reife Formen einer
Art können mit den embryonalen einer anderen wesentlich
übereinstimmen.

Bereits die Classificationsbestrebungen der älteren Zoologen haben diesen Erfahrungen Rechnung getragen, und sie im
Interesse des Systems verwerthet. Allein durch die Descendenztheorie sind sie in ein weit helleres Licht gerückt worden.
Wenn Formen unter sich ähnlich sind, so ist die Möglichkeit

gegeben, dass sie unter sich auch genetisch zusammenhängen. Lässt sich der gesammte Formenreichthum der organischen Welt nach den, in ausgebildeten, oder in embryonalen Zuständen vorhandenen Aehnlichkeiten in baumförmig unter sich zusammenhängenden Reihen anordnen, der Art, dass an der Wurzel des Baumes die einfachsten Formen sind, in dessen auseinander weichenden Wipfelzweigen die complicirtesten, zwischen den einen und den anderen aber eine fortlaufende Stufenleiter von Zwischenformen, so drängt sich der Gedanke auf, dass dieser, nach der Formähnlichkeit entworfene Baum des Systemes zugleich der Stammbaum der genetischen Verwandtschaft ist.

Liegen aber die Dinge wirklich so, dass die morphologische Verwandtschaft unter allen Umständen die genetische beweisen muss? Es wird dies jetzt so vielfach angenommen, dass manche Schriftsteller andere Möglichkeiten geradezu als undenkbar hinstellen. Allein es ist sicher, dass ohne die Erfahrungen der Paläontologie über die Veränderungen in den Formen der zeitlich sich folgenden organischen Wesen, und ohne diejenigen über das Vorhandensein gewisser geographischer Ausbreitungscentren, es vermessen wäre, rein morphologische Beziehungen im Sinne der Descendenz zu verwerthen. Die Frage, in wie weit rein morphologische Verhältnisse als Descendenzbeweise verwerthbar sind, ist in ganz allgemeiner Weise überhaupt nicht zu beantworten. Im besonderen Falle aber bleibt sie stets eine ausnehmend schwierige. Es können morphologische Erfahrungen als Beweismittel nur den Werth beanspruchen, welcher im gerichtlichen Verfahren den Indicien zukommt, sie sind indirecte Beweismittel, um so beweiskräftiger, je massenhafter und je lückenloser sie sind, und je mehr ihnen die directen paläontologischen Beweise zur Seite stehen, bedeutungslos, sowie sie vereinzelt, oder mit jenen nicht in genauer Uebereinstimmung sind. Die phylogenetische Untersuchung wird schon deshalb der morphologischen Arbeiten nicht entbehren dürfen, weil sie von diesen die Weisung erhält, wie sie den Kreis möglicher Ableitung zu ziehen, und nach welchen Seiten hin sie ihren Blick zu richten hat. Allein sie darf nicht aus dem Auge verlieren, dass sie mit einem Hülfsmittel von sehr bedingter Zuverlässigkeit arbeitet, und

11 *

dass die dermalen beliebte Uebertragung jeglicher morphologischen Erfahrung in einen entsprechenden phylogenetischen
Lehrsatz von Seiten wissenschaftlicher Methodik nicht für
correct gelten darf. Ein Anderes ist es, einen Zusammenhang sicher zu beweisen, ein Anderes ihn als möglich hinzu-
stellen.

Vierzehnter Brief.

Die Erklärung organischer Körperform durch das Descendenzprincip, das „biogenetische Grundgesetz" und seine Begründung. Unmittelbare und mittelbare Erklärung.

Lieber Freund! Im Interesse leichter Verständigung befolge ich auch heute wiederum die Taktik, einen Nachweis als geleistet anzusehen, der noch Sache der Untersuchung und der Discussion ist. Ich nehme also, indem ich zunächst von allen zu erhebenden Einwendungen absehe, an, es sei nicht nur das Descendenzprincip im Allgemeinen eine factisch ermittelte Thatsache, sondern es sei auch für alle einzelnen Formen der Nachweis ihres genetischen Zusammenhanges direct geleistet, und wir könnten uns auf irgend einen der veröffentlichten, oder noch zu veröffentlichenden Stammbäume mit eben der Sicherheit verlassen, wie wenn es unser eigener durch vorhandene Documente gewährleisteter Stammbaum wäre.

Wenn wir einen solchen Stammbaum besässen, wäre alsdann unsere eigene, oder irgend eine andere der jetzt lebenden organischen Formen vollständig erklärt?

Bekanntlich hat Fritz Müller in seiner geistreichen Schrift „Für Darwin" zuerst den Satz formulirt: dass die Entwicklung der Vorfahren auch von den Nachkommen durchlaufen wird, und dass die geschichtliche Entwicklung einer Art in deren Entwicklungsgeschichte sich abspiegelt. Rasch hat sich dieser fruchtbare Gedanke Beifall erworben, und sofort auch seinen Platz gefunden im festen Gefüge der Schuldoctrinen „Die Keimesgeschichte ist ein Auszug der Stammesgeschichte, oder mit anderen Worten, die Ontogenie ist eine kurze Recapitulation der Phylogenie", so lautet das „biogene-

tische Grundgesetz", welches Häckel an die Spitze seiner
umfangreichen Anthropogenie gestellt hat, und dessen durchgreifende Gültigkeit er auf jeder Seite von Neuem verkündet.

Grundgesetz! ein stolzer Titel, wohl werth, dass wir seiner
Begründung einige Aufmerksamkeit schenken. In der Sprache
der Naturforschung pflegen wir als Gesetz einen Satz zu bezeichnen, welcher den Zusammenhang bestimmter Vorgänge,
oder Erscheinungen in einer unumstösslichen Weise ausdrückt,
und dessen Feststellung einestheils empirisch durch ausgedehnte
widerspruchslose Reihen von Beobachtungen, anderntheils theo-
retisch durch unanfechtbare Ableitung aus feststehenden Principien geleistet sein kann. Nicht überall, wo wir das Vorhandensein eines Zusammenhanges erkennen, vermögen wir
dessen Gesetz zu präcisiren, und so sind wir oft genug genöthigt, von Gesetzen zu reden, deren Ausdruck uns noch
nicht, oder doch nur bruchstückweise bekannt ist. Sprechen
wir aber einen bestimmten Satz als „Gesetz" an, dann muss
derselbe in allen Stücken beweisbar sein, und er muss uns
die Möglichkeit geben, in jedem, von ihm umfassten besondern
Falle die eintretende Erscheinung, oder den eintretenden Vorgang mit Sicherheit vorauszusagen. Wie vorsichtig die exacte
Naturforschung mit dem Worte „Gesetz" umgeht, das kannst
Du am besten daraus ermessen, dass sie trotz der lückenlose-
sten empirischen Bestätigung und trotz der tiefsten theoretischen
Durcharbeitung bis zum heutigen Tage nicht von einem Undu-
lationsgesetze, sondern nur von einer Undulationstheorie des
Lichts spricht.

Sehen wir zu, ob das „biogenetische Grundgesetz" den
an ein Naturgesetz zu stellenden Anforderungen Genüge leistet.
Wir fragen zuerst nach dem Beweise, und erwarten vielleicht
die paläontologisch geführte Induction an der Hand einer
grösseren Reihe von besonderen Fällen. Aus nahe liegenden
Gründen verzichtet Häckel auf diese Art der Beweisführung,
und es bleibt bei der Versicherung, dass die grosse Aehnlichkeit embryonaler Formen unter sich, sowie die Aehnlichkeit
niedriger Thiere mit den embryonalen Formen höherer nur
durch das biogenetische Grundgesetz verständlich sei.

Damit ist denn allerdings das angebliche Grundgesetz
zu einer Hypothese geworden, geeignet, einen bestimmten Kreis

von Erfahrungen in innern Zusammenhang zu bringen, voraus-
gesetzt natürlich, dass sie mit diesen Erfahrungen durchweg
in genauer Uebereinstimmung steht. — Etwas unbequem ist
diese Forderung einer genauen Uebereinstimmung von Hypothesen und Thatsache allerdings. Recapituliren wir uns z. B.
den Entwickelungsgang, den wir selbst, den überhaupt die
Säugethiere durchmessen haben, so ist klar, dass unsere heutigen Embryonen Entwicklungsstufen, und dass sie vor Allem
Lebensbedingungen durchlaufen, welche unsere paläontologischen Vorfahren unmöglich können durchlaufen haben. Ist
unser heutiges Embryonalleben dem Verkehr mit dem mütterlichen Uterus angepasst, so mussten unsere phylembryonalen
Vorfahren ausgerüstet sein, um in selbstständiger Weise auf
den Nahrungserwerb auszugehen. Die Eigenschaften der Haut
sowie der übrigen Sinnesorgane, die der Nahrungs- und der
Athmungswerkzeuge, diejenigen der Muskeln und des Nervensystems mussten bei jenen, dem Kampf ums Dasein ausge-
setzten Wesen andere sein, als bei unseren, behaglich im Frucht-
wasser schwimmenden Embryonen, und da unsere Abhängigkeit
von der Mutter schon auf der allerjugendlichsten Stufe des
eben befruchteten Eies ihren Anfang nimmt, so müssen selbst
unsere amöboiden und gastrulären Vorfahren zum mindesten
physiologisch ganz anders organisirt gewesen sein, als wir
selbst auf den betreffenden Stufen. Aehnliche Betrachtungen
lassen sich für eine jede Thierklasse wiederholen, und schon
Fritz Müller hat sich daher genöthigt gesehen, seinen Satz
dahin zu beschränken: „dass die, in der Entwicklungsgeschichte
erhaltene geschichtliche Urkunde allmählig verwischt wird,
indem die Entwicklung einen immer geraderen Weg vom Ei
zum fertigen Thiere einschlägt, dass sie durch den Kampf der
frei lebenden Larven ums Dasein häufig gefälscht wird.¹)

Ist es nun schon bedenklich einer Hypothese eine von
Fälschung sprechende Hülfshypothese beizugesellen, so heisst
es allen Grundsätzen naturwissenschaftlicher Sprache geradezu
ins Gesicht schlagen, wenn man, wie dies Häckel thut, erst
ein „Grundgesetz“ aufstellt, und dann von dessen in der
Natur vorkommenden „Fälschungen“ spricht. Es werden zwar
die der Natur zugeschriebenen Fälschungen auf das mindest
mögliche Maass herabgesetzt, immerhin bleiben sie als solche

bestehen. Es ist nämlich nach Häckel's Angabe ein voll-
kommener Parallelismus zwischen phylogenetischen und ontogenetischen Entwickelungsreihen vorhanden, jedoch sind in
der ontogenetischen Reihe manche Glieder verloren gegangen,
welche in der phylogenetischen Reihe früher existirt haben.
Er vergleicht die Sache mit einem Alphabet, aus welchem
einzelne Buchstaben verloren gegangen sind, in welchem aber
die richtige Reihenfolge der übrig gebliebenen sich erhalten
hat. Das Bild könnte dahin erweitert werden, dass man sagt,
es hätte sich da und dort ein δ, oder ein μ an die Stelle
eines d, oder eines m eingeschoben, d. h. es wären gleich-
werthige Glieder an die Stelle der ursprünglich vorhandenen
eingerückt. Indess weiss ich nicht, ob diese Erweiterung des
Bildes im Sinne Häckel's liegen würde, weil er in Wirklichkeit grosses Gewicht auf die Identität der, von der Theorie
als ähnlich verlangten Formen legt, und weil er diese Identität als im ausgedehntesten Maasse bestehend erklärt. Wir
Alle sind während der ersten Wochen unseres Fötallebens
von einem Affen-, Hunds- oder Rindsembryo „mit den schärfsten Mikroskopen nicht zu unterscheiden," wir durchlaufen ein
Stadium der Kopflosigkeit, während dessen wir im Wesentlichen Amphioxusnatur besitzen. Solchen und ähnlichen Sätzen
begegnen wir in Fülle bei Häckel, sowohl in der Schöpfungsgeschichte, als in der Anthropogenie, und ein reichliches Material von Abbildungen demonstrirt uns dieselben als unan-
fechtbar ad oculos.

Es ist wohl erlaubt, Häckel eine Strecke weit auf
dem Boden thatsächlicher Darstellung zu folgen, und einige
seiner beweisendsten Abbildungen einer genaueren Prüfung zu
unterziehen. Wir nehmen die erste Auflage der natürlichen
Schöpfungsgeschichte zur Hand, und finden S. 242 abgebildet
in drei untereinanderstehenden Abbildungen das Ei des Menschen, das Ei des Affen und dasjenige des Hundes, je 100mal
vergrössert, auf S. 248 aber in drei neben einanderstehenden
Figuren den Embryo des Hundes, denjenigen des Huhns und
den der Schildkröte. Die Uebereinstimmung in jeder der beiden Figurenreihen ist eine vollkommene, und kaum kann man
sich etwas Ueberzeugenderes denken, als diese weitgehende
Identität von Formen verschiedener Wesen. Selbst auf schein-

bar unwesentliche Dinge erstreckt sich die Uebereinstimmung;
wo die Körner im Hundeei etwas gröber sind, sind sie es
auch im Ei des Menschen und des Affen, wo die Zona etwas
lichter ist in jenem, ist sie es auch in den beiden letzteren.
Der Embryo des Hundes, des Huhnes und der Schildkröte
zählen je 10 Urwirbel auf jeder Seite, und zwar ist bei allen
dreien der erste der rechten Seite je ein bischen abgerundeter,
der neunte ein bischen schmaler als die übrigen. Sicher war
es ein für die Wissenschaft nicht genug zu preisender Glücks-
fall, der Häckel drei so genau sich entsprechende Embryonen unter die Hände geführt, und ihm damit ein so
entscheidendes Beweismaterial überliefert hat.　　Noch merk-
würdigere Uebereinstimmungen enthüllt indess eine weiter
gehende Prüfung der Figuren.　Die absolute Identität besteht
nicht allein für die Eier der einen und für die Embryonen
der anderen Bilderreihe, sie besteht auch für Ort und Form
der bezeichnenden Buchstaben, ja sie besteht für die Zahl
und für die Länge der Strichelchen, mittelst deren jene den
Figuren angefügt sind.　Es hat uns mit anderen Worten
Häckel je drei Clichés desselben Holzstockes unter drei verschiedenen Titeln aufgetischt!　Das Verfahren war etwas stark,
und von Seiten eines, durch Tragweite, Tiefe und durch Ge-
wissenhaftigkeit der Forschung gleich hoch dastehenden Mannes,
von Prof. Rütimeyer wurde es sofort gerügt als eine, den
öffentlichen Credit des Forschers tief schädigende Versündigung
gegen wissenschaftliche Wahrheit.[2])　Darnach durfte man zum
Mindesten eine Zurücknahme und Entschuldigung des begange-
nen Fehlers erwarten.　Statt dessen hat Häckel in der Vor-
rede seiner spätern Auflagen schwere Schmähungen auf Prof.
Rütimeyer gehäuft, gleich unwahr, was ihren Inhalt, wie
unedel, was ihre Form betrifft.　Dabei ist, was allerdings
der Erwähnung bedarf, der Holzstock jeder der beiden Reihen
in der Folge nur einmal, der eine mit einer einfachen, der
andere mit einer Collectivunterschrift versehen, abgedruckt
worden.

　　Unverändert und durch zwei neue Figuren vermehrt erscheinen dagegen auch in der fünften Auflage der Schöpfungsgeschichte die paar grösseren Bilder, welche die Formidentität
von Hunds- und Menschenembryo, sowie die von Huhn- und

Schildkröte erweisen sollen. Von diesen Figuren sind einige Copien, andere dazu componirt. Copien sind (ausser der Schildkrötenfigur) die Abbildungen des angeblich 4wöchentlichen Hundes (vergl. Bischoff Taf. XI, 42 B, Hundeembryo von 25 Tagen) und diejenige des angeblich 4wöchentlichen Menschen (vergl. Ecker Icones physiol. Taf. XXX, 2, allda ohne Altersangabe). Allein es sind Copien in freier Behandlung, und zwar sind die genommenen Freiheiten der Art, dass sie eben der gewünschten Identität zu statten kommen. Oder ist es ein Versehen des Lithographen, dass beim Häckel'schen Hundeembryo gerade der Stirntheil des Kopfes um $3\frac{1}{2}$ Mm. länger gerathen ist, als bei Bischoff, beim Menschenembryo aber gegen Ecker der Stirntheil um 2 Mm. verkürzt, und zugleich durch Vorrücken des Auges um volle 5 Mm. verschmälert ist, und dass dafür der Schwanz des letzteren zur doppelten seiner originalen Länge sich emporschwingt?

Reichliche embryologische Abbildungen enthält die Anthropogenie. Ein Theil derselben sind die wiederabgedruckten Holzstöcke der Kölliker'schen Entwicklungsgeschichte. Soweit es sich aber um Häckel'sche Originalien handelt, stehe ich nicht an zu behaupten, dass die Zeichnungen, theils höchst ungetreu, theils geradezu erfunden sind:

Erfunden ist Fig. 42, Urkeim des Menschen, in Gestalt einer Schuhsohle, 40mal vergrössert. Kein Beobachter hat bis jetzt dies Stadium gesehen, und zuversichtlich möchte ich nach dem bisher vorliegenden Material behaupten, dass es nicht so aussehen, und nicht die angegebenen Dimensionen besitzen kann.[3])

Erfunden sind ferner die 2 Figuren menschlicher Embryonen S. 272, bei welchen eine Allantois (beim Menschen bekanntlich nie in Blasenform sichtbar) als „ansehnliches Bläschen" nicht allein abgebildet, sondern ausdrücklich beschrieben wird.

Erfunden ist die Mehrzahl von den Figuren der Embryonentafeln IV u. V, auf denen, um nur ein grobes Beispiel zu citiren, Fisch- und Froschembryonen ebenso unbefangen eine Scheitelkrümmung des Gehirns zur Schau tragen, wie die Embryonen der Schildkröte, des Huhnes und der Säugethiere.

Kaum kann da erwidert werden, man dürfe es mit den

Bildern nicht so genau nehmen, indem es sich mehr um schematische Figuren handle. Nicht weniger als 24 Figuren, je drei Stadien von 8 verschiedenen Geschöpfen werden zusammengestellt mit der, in der Texterklärung ausdrücklich hervorgehobenen Absicht des Aehnlichkeitsbeweises. Auch ist bei Prof. Häckel weder Ungeübtheit im Zeichnen vorhanden, noch Unkenntniss der, zur Gewinnung genauer Contouren anwendbaren Methoden. Er selbst hat bei früheren Specialarbeiten Zeichnungsprismen benutzt, und jedenfalls in Jena, dem Sitze vortrefflicher Optiker, nie der Gelegenheit entbehrt, solche Apparate kennen zu lernen und sich dieselben zu verschaffen.

Es bleibt das Verfahren von Prof. Häckel ein leichtfertiges Spiel mit Thatsachen, gefährlicher noch als das früher gerügte Spiel mit Worten. Letzteres fällt der Kritik jedes verständigen Denkers anheim, jenes vermag aber nur vom speciellen Fachmanne durchschaut zu werden, und es ist um so weniger zu verantworten, da Häckel sich wohl des Einflusses bewusst ist, den er auf weite Kreise auszuüben vermag.

Ich selbst bin im Glauben aufgewachsen, dass unter allen Qualificationen eines Naturforschers Zuverlässigkeit und unbedingte Achtung vor der thatsächlichen Wahrheit die einzige ist, welche nicht entbehrt werden kann. Auch heute noch bin ich der Ansicht, dass mit Wegfall dieser einen Qualification alle übrigen, und sollten sie noch so glänzend sein, erbleichen. Mögen daher Andere in Herrn Häckel den thätigen und rücksichtslosen Parteiführer verehren, nach meinem Urtheil hat er durch die Art seiner Kampfführung selbst auf das Recht verzichtet, im Kreise ernsthafter Forscher als Ebenbürtiger mitzuzählen.

Sollen wir zum Müller'schen Satze von der Zusammendrängung des Entwicklungsganges der Art im Entwicklungsgange des Individuums zurückkehren, so ist jedenfalls unbestreitbar, dass derselbe niemals wörtlich verstanden werden darf, dass ihm indess ein gewisser Grad von Näherungswahrheit zuzukommen pflegt, dessen thatsächliche Bestimmung, falls überhaupt möglich, in jedem besondern Falle Sache besonderer Untersuchung sein muss.

Das nächste Interesse für uns liegt in der, schon zu Anfang des Briefes formulirten Frage: in wie weit die phyloge-

netische Geschichte einer Form zugleich als **deren** Erklärung
gelten darf, und wie sich ihre eventuelle Erklärung verhält
zur physiologischen Erklärung? Prüfen wir die Sache an
einem speciellen Beispiele: Du hast mit einem sehr kurzsich-
tigen Menschen zu thun, und stellst die Frage nach der Ursache seiner Kurzsichtigkeit. „Es ist nicht wunderbar, sagt
Dir ein Bekannter des Betreffenden, dass A. kurzsichtig ist,
denn sein Vater war es auch schon in hohem Grade." „Das
hat Nichts zu sagen, meint ein zweiter, denn A.'s Bruder ist
nicht kurzsichtig, allein A. war in seiner Jugend ein äusserst
eifriger Leser" — „Andere haben auch viel gelesen, spricht
ein dritter, indess hat **A.** durch viele Jahre ein **sehr** dunkles
Schullokal besucht, und die mit ihm die Schule durchgemacht
haben, zeichnen sich beinahe sämmtlich durch ihre Kurzsich-
tigkeit aus." **Endlich kommt** als vierter der Augenarzt, und
weist nach, dass der Augapfel von **A.** eine abnorme Länge
besitzt, womit die Kurzsichtigkeit genügend erklärt sei.

Welcher von den vier Erklärern **hat** nun Recht? Offen-
bar hat der Augenarzt eine directe Erklärung des betreffenden
Factums gegeben; denn **eine abnorm** verlängerte Augenaxe
muss unter allen Umständen zur Folge haben, dass die Bilder
entfernter Objecte vor der Netzhaut entstehen. Die Kurzsich-
keit ist eine **unmittelbare** und nothwendige Folge des abnorm
verlängerten Auges. Das Factum **des abnorm** gebauten Auges
ist aber selbst **wiederum zu** erklären. Auf statistischem Wege
ist nachgewiesen, dass Kurzsichtigkeit oft sich vererbt, es ist
ferner auf gleichem Wege nachgewiesen, **dass** schlecht be-
leuchtete Schullokale Kurzsichtigkeit **erzeugen.** Die genauere
physiologische **Analyse der letzteren** Erfahrung führt aber
weiterhin zur Ueberzeugung, dass das Mittelglied dieser Abhängigkeit die übertriebenen Accommodationsanstrengungen sind,
und dass bei vielem Lesen oder bei feinen Arbeiten dieses
selbe Mittelglied auch in Betracht kommt. Wir haben somit
folgende Verknüpfung:

Die Kurzsichtigkeit ist **unmittelbar** erklärt durch die
abnorme Verlängerung der Augenaxe;

die abnorme Verlängerung der Augenaxe kann 1) auf erblicher Anlage beruhen, 2) kann sie durch übertriebene Accommodationsanstrengungen erworben sein, 3) kann eine erbliche

Anlage gesteigert worden sein durch übertriebene Accommodationsanstrengungen;

die übertriebenen Accommodationsanstrengungen können ihren Grund gehabt haben 1) **in** zu vielem Lesen, 2) im Lesen in dunkeln Lokalen, 3) in **zu** feinem Druck der gelesenen Schriften **u. s. w.**

Hier sind also die zuletzt aufgezählten Momente die nächsten Bedingungen für die übertriebenen Accommodationsanstrengungen, die mittelbaren für eine Verlängerung des Augapfels und noch mittelbarere für den Eintritt von Kurzsichtigkeit. Während wir aber **die Kurzsichtigkeit als** directe **Folge** der abnorm langen Augenaxe erkennen, während wir sogar eine numerisch constatirbare **Proportion**alität zwischen der Verlängerung der Augenaxe **und dem** Grade der Kurzsichtigkeit nachzuweisen vermögen, wird es im einzelnen Falle sehr sorgfältiger Erhebungen bedürfen, um abzuschätzen, wie viel von jener Abnormität **auf Rechnung der Erblichkeit,** wie viel auf Rechnung der übertriebenen Anstrengungen, und für letzteren Antheil, wie viel wieder **auf** Rechnung der verschiedenen, möglicherweise als entferntere Bedingungen mitwirkender Factoren zu setzen ist. **Im besten Falle** werden wir dabei **nicht über** ein, sehr unscharf **ausdrückbares Abschätzungsresultat** hinaus kommen.

Geben **wir der Sache einen allgemeineren Ausdruck:** eine physiologische Eigenschaft (E) **ist von einer anderen veränder**lichen Eigenschaft (x) abhängig, sie ist, **um** den üblichen technischen Ausdruck zu brauchen, eine Function dieser letzteren, also:

$$E = F(x).$$

Seien für eine Reihe von besonderen Fällen E **und das jeweilen** zugehörige x gegeben, so kannst **Du daraus** das Abhängigkeitsgesetz F bestimmen; oder sind Dir in einem besonderen Falle x **und** F bekannt, so ist auch E bestimmt.

Ist E, anstatt **von nur einem** veränderlichen Werthe, von zweien, z. B. **von** x und y, oder von mehreren abhängig, hast Du also die Abhängigkeit:

$$E = F(x, y) \text{ oder } E = F(x, y, z \ldots .)$$

so wirst Du aus einer Werthreihe von x und gleichzeitigen E weder F bestimmen, **noch aus** dem Abhängigkeitsgesetze F und aus x ein bestimmtes E erhalten, weil hierbei stets noch die veränderliche Bedingung y vernachlässigt bleibt.

Sind aber x und y selbst wieder abhängig veränderliche **Grössen**, ist z. B. x eine Function von den Veränderlichen a, b, c u. s. w., y eine solche von den Veränderlichen a, β, γ u. s. w., haben wir also:

$$x = \varphi\,(a,\ b,\ c\ \ldots)$$
$$y = \psi\,(a,\ \beta,\ \gamma\ \ldots)$$

so ist

$$E = F\,[\varphi\,(a,\ b,\ c\ ..),\ \psi\,(a,\ \beta,\ \gamma\ ..)]$$

d. h. es besteht zwar eine Abhängigkeit des Werthes E von a, b, c ... a, β, γ .., allein diese **Abhängigkeit ist eine** mittelbare, im Allgemeinen nicht in einen einfachen Ausdruck zu bringende, und jedenfalls umfassen die Werthänderungen von a, oder von b immer nur eine von den mehrfachen Bedingungen zur Aenderung des Werthes E.

Ich behaupte nun, die **Körperform ist eine** unmittelbare **Folge des Keimwachsthums**, und bei gegebener Anfangsform des Keimes aus dem Gesetze des Wachsthums abzuleiten. Mein Bestreben geht also 1) auf empirische Feststellung des Wachsthumsgesetzes und 2) auf die Ableitung der sich folgenden Formen des entstehenden Körpers aus jenem Gesetz.

Weiterhin ist aber das **Keimwachsthum eine Folge** der **Eigenschaften des eben befruchteten Keimprotoplasmas.** Diese sind eine Folge von den Eigenschaften der elterlichen Keimstoffe und der Art ihres Zusammentreffens u. s. w. Wir bekommen somit folgende Reihenfolge zu leistender Erklärungen:

1) Erklärung der **Körperform** aus dem **Wachsthum** des **Keimes**;

2) Erklärung des **Keimwachsthums** aus den Eigenschaften des befruchteten **Keimprotoplasmas** und aus den Bedingungen seiner Entwickelung (**Temperatur, Ernährungsbedingungen** u. s. w.).

3) Erklärung der **Eigenschaften des** befruchteten Keimprotoplasmas aus den **Eigenschaften** der elterlichen **Keimstoffe** und der besonderen **Bedingungen** ihres Zusammentreffens;

4) Erklärung der **Eigenschaften** der **Keimstoffe** aus dem Gange der elterlichen **Körperentwickelung**;

5) Erklärung der besonderen Bedingungen der Befruchtung aus den Lebensverhältnissen der beiden Erzeuger und so fort.

Erst mit Nr. 5 der obigen Kette beginnt das Gebiet der phylogenetischen Erklärung, und es erstreckt sich von da in periodischer Wiederkehr ins Unermessliche nach rückwärts.

Unterscheiden wir zwischen der allgemeinen Aufstellung eines Abhängigkeitsverhältnisses und zwischen der scharfen Präcisirung des Abhängigkeitsgesetzes, so werden wir im Grunde blos die letztere als Erklärung bezeichnen dürfen, und es ergiebt sich, dass das, einer wirklichen Erklärung zugängliche Gebiet ein ausnehmend beschränktes ist. In der überwiegenden Mehrzahl der Fälle werden wir froh sein müssen, wenn sich überhaupt das Abhängigkeitsverhältniss unzweifelhaft constatiren lässt, oder wenn an der Hand der empirisch gewonnenen Regeln die Möglichkeit bestimmter Verknüpfung annähernd aufstellbar ist. Schon die Aehnlichkeit des Sohnes mit dem Vater lässt sich im besonderen Falle nicht durch ein empirisches Vererbungsgesetz erklären, weil in vielen Fällen die Aehnlichkeit mit der Mutter, oder mit einem entfernten Verwandten da ist, und weil uns der Grund unbekannt ist, weshalb die Gestalt des Erzeugten einmal so, ein anderesmal anders ausfällt. Wir kommen schon hier nicht über die allgemeine Erkenntniss des Abhängigkeitsverhältnisses der einen Entwicklung von der andern hinaus. Bedenken wir nun, dass dieselbe Schwierigkeit von Glied zu Glied sich wiederholt, und dass schliesslich die Abhängigkeit unserer Form von der Entwicklungsweise unserer Vorfahren nur eine sehr mittelbare sein kann, so ergiebt sich wenig Hoffnung auf dem Wege schrittweiser Erklärung unsere heutige Form mit Hülfe früher vorhandener zu erklären. Auf diese schrittweise Erklärung lässt sich die phylogenetische Formableitung auch gar nicht ein, sondern sie arbeitet mit Hülfe von Principien, welche ihr erlauben, zahlreiche Stufen der Reihen mit einem Male zu überspringen. Das Princip von dem Kampf ums Dasein und dem Aussterben der im Kampfe untauglich sich erweisenden Geschöpfe, sowie das Princip von der Variation in der Vererbung elterlicher Eigenschaften abstrahiren beide von einer Erklärung der Formbeziehungen zwischen Erzeugern und Erzeugten, sie nehmen dieselben als die empirisch gegebenen Elemente der Rechnung an.

Es bedarf meiner Stimme nicht, um den Aufschwung zu schildern, welchen die organische Naturforschung durch die Einführung der Darwin'schen Principien **gewonnen** hat, noch **um die** Grossartigkeit und **die** Menge der neuen Gesichtspunkte zu preisen, die wir denselben verdanken. Bei aller Dankbarkeit hierfür und bei aller begeisterten **Freude** hierüber werden wir uns aber doch erinnern müssen, dass 1) eine phylogenetische Ableitung der Körperform die Erklärung der letzteren aus ihren nächsten Bedingungen, aus den durch die Beobachtung festzustellenden Vorgängen im befruchteten Keime nicht entbehrlich macht, und, **dass 2)** eine, selbst lückenlos hergestellte Reihe der Ascendenten nicht mehr als eine Verknüpfung der Formen unter sich giebt. Eine Reihe aufeinander folgender Formen ist nun einmal, das muss immer wieder betont werden, keine Erklärung, sie zeigt uns nur den Weg, den die Erklärung zu nehmen hat. Für die phylogenetischen Reihen wird sich der Nachweis, dass die Formen gerade in der angegebenen Weise auf einander folgen **mussten**, d. h. also die wirkliche Erklärung ihrer Succession mittelst der Darwin'schen Principien wohl stets nur unter Zuhülfenahme mehr oder minder willkührlicher Hülfshypothesen durchführen lassen.

Fünfzehnter Brief.

Die Beziehungen embryonaler Formen zu einander; die erste Entwicklung
von Amphioxus und von Petromyzon verglichen mit derjenigen von
Knochenfischen.

Lieber Freund! Diesmal stellst Du mir die Forderung,
ich möchte mich darüber aussprechen, wie ich die Beziehungen
embryonaler Formen zu einander auffasse, und Du bemerkst
mit Recht, dass, falls überhaupt physiologische und phylogenetische Formbetrachtung sich nicht principiell ausschliessen, sie
auf diesem Boden einander begegnen, und sich die Hand reichen
müssen. Erweitern wir vorerst unsere thatsächliche Unterlage;
im Anschluss daran, wird uns die Verständigung keine Mühe
machen, und zwar schlage ich Dir zunächst vor, mit mir die
erste Entwicklung von Fischembryonen vergleichend durchzugehen.

Wir beginnen mit dem Amphioxus, für den ich die bekannte Arbeit von A. Kowalevsky aus den Memoiren der
Petersburger Akademie (1867. Bd. XI) zu Grunde lege. Das
Ei des Amphioxus umschliesst eine Protoplasmakugel, welche
in ihrer Totalität sich furcht. Schon vom Stadium der Vier-
theilung ab ist eine, zwischen den Furchungssegmenten frei
bleibende Höhlung, die Furchungshöhle bemerkbar, welche
durch alle nachfolgenden Stadien persistirt. Im Verlaufe von
4—5 Stunden wandelt sich der Keim zu einer aus zahlreichen
Zellen gebildeten Hohlkugel (A. Fig. 117) um. Dieselbe flacht
sich in der einen Hälfte ab, das abgeflachte Stück sinkt ein
(C), und binnen kurzem ist aus der Kugel eine zweiblättrige
Schale geworden, deren eines Blatt (das animale Blatt, oder

das Ectoderm neuerer Autoren) die convexe, das andere (das
vegetative Blatt, oder Entoderm) die concave Fläche der Schale
bildet. Am Rande der Schale gehen beide Blätter in einander über, und die früher kuglige Furchungshöhle ist zu einer
schmalen, zwischen denselben vorhandene Spalte reducirt (B).
Rasch wächst nunmehr der Umfang der Schale, und mehr und

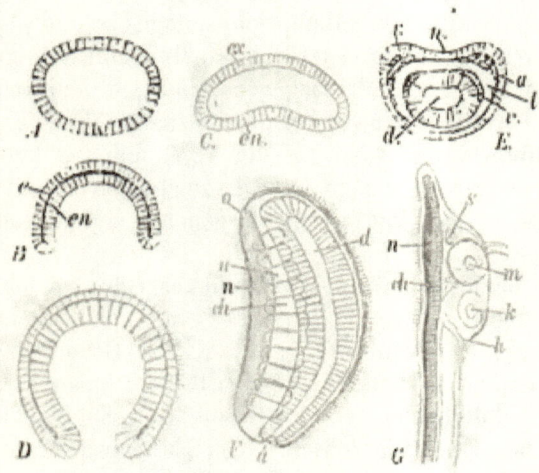

Fig. 117. Entwicklung des Amphioxus lanceolatus nach A. Kowalevsky, die Figuren sind
auf die Hälfte der Originalien reducirt, und ich habe sie, mit Ausnahme von E, so zu einander orientirt, dass die gleichwerthigen Theile gleich gerichtet sind. Bei F weicht der
      grösseren Deutlichkeit halber die Schraffirung etwas vom Original ab.

A.   Das Ei ist eine aus Zellen gebildete einschichtige Blase.
C.   Beginnende Einstülpung der Blase. ex. Ectoderm. en. Entoderm.
B.   Die eingestülpte Wandhälfte (das Entoderm) berührt die gegenüberstehende (das
     Ectoderm).
D.   Die Oeffnung des secundär entstandenen Schalenranmes hat sich erheblich verengt.
E.   Optischer Querschnitt durch den bereits verlängerten und an der Dorsalseite ab-
     geflachten Embryo. r. Rückenwülste. n. Medullarrinne. a. animale. v. vegetative
     Muskelplatte. l. Leibeshöhle. d. Darmhöhle.
F.   Embryo mit Medullarrohr (n), das nur vorn bei o. noch offen ist; ch. Ort der Chorda.
     u. Urwirbelartige Segmente, d Darm, a. After.
G.   Embryo mit leichter Krümmung des Nervenrohrs; n. Nervenrohr, ch. Chorda, s. Sin-
     nesorgan, m. Mundöffnung, k. Kiemenspalte, h. Gefäss.

mehr nähert sich ihre Gestalt wiederum derjenigen einer vollständigen Kugel. Der Zugang zum Schalenraume wird dabei zusehends verengt, und persistirt schliesslich nur als eine
kleine Oeffnung (D). Der also sich schliessende Schalenraum
ist die Anlage der Darmhöhle, die persistirende Oeffnung der
After; aus dem spaltförmigen Reste der Furchungshöhle wird

die Leibeshöhle. Nach Wiedererreichung der Kugelgestalt wächst das Gebilde in die Länge; der mit der Oeffnung versehene Pol wird zum hinteren, der entgegengesetze zum vorderen Körperende. Gleichzeitig bildet sich aber auch die Scheidung einer oberen und einer unteren Fläche des Keimes. Jene flacht sich nämlich ab, und sinkt der Länge nach ein (E). Ihre sich erhebenden Seitenränder, die sogen. Rückenwülste, treten sich entgegen, und verwachsen mit einander in einer gestreckten Nath; es bildet sich so die röhrenförmige Anlage des Centralnervensystems (F). In diese gleiche Periode fallen die Bildung einer Chorda dorsalis, die Abspaltung einer animalen Muskelplatte vom Ectoderm, einer vegetativen vom Entoderm, sowie die Längsgliederung der Muskulatur in urwirbelartige Segmente. Leider sind gerade über diese wichtige Periode die bekannt gemachten Thatsachen sehr lückenhaft, und es fehlt besonders die genügende Controlle mittelst Querschnitten. Die nachfolgende Zeit bringt die Bildung eines vorderen Sinnesorganes (Riechgrube), die asymmetrisch auftretende Bildung der Mundöffnung, die Bildung zweier am Kopf befindlicher Drüsen und diejenige der successive auftretenden Kiemenspalten.

Sollte die Entwickelungsgeschichte des Amphioxus im Sinne mechanischer Formableitung vollständig durchgenommen werden, so bedürfte es dazu selbstverständlich neuer, mit Rücksicht auf die betreffenden Fragen angestellter Beobachtungen und Messungen. Allein auch so, wie sie vorliegen, eröffnen die Mittheilungen Kowalevsky's eine Reihe interessanter Gesichtspunkte, von welchen ich Dir nur die wichtigsten hervorheben will. Ohne grosse Ueberlegung wirst Du einsehen, dass, wenn eine Kugel in zwei, in einander gestülpte Halbkugeln sich scheidet, die eine umschliessende Halbkugel grössere Ausdehnung besitzen muss, als die umschlossene, und das Missverhältniss muss sich steigern, je mehr die beiden Halbkugeln wieder zu Ganzkugeln auswachsen. Finden wir in der Folge, dass der, aus der entodermatischen Halbkugel hervorgegangene Primitivdarm nur einen Theil des Raumes ausfüllt, welchen die Ectodermwand umschliesst, so besagt dies mit anderen Worten, dass das Flächenwachsthum der beiden Kugelhälften ein ungleiches war.

Aus der Fig. 16 von Kowalevsky (D Fig. 117) ergiebt sich ferner, dass die Zellen des Ectoderms kleiner sind, als diejenigen des Entoderms, und dass erstere am kleinsten sind in der, zur Bildung des Nervenrohres dienenden Strecke. Dies besagt, dass der Theilungsprocess und damit das Flächenwachsthum in dieser Strecke am raschesten muss vor sich gegangen sein.

Ist auch in frühester Zeit die Anlage des Nervenrohres etwas rascher gewachsen, als die umgebenden Theile, so erreicht sie doch keinen merklichen Vorsprung. Die Anlage der Chorda dorsalis überragt von Anfang an diejenige des Nervenrohres, und die überragende Strecke wird in der nächstfolgenden Zeit nicht kürzer, sondern länger. Das Nervenrohr erreicht den vorderen Eipol niemals. Dieser Umstand, so wie das Fehlen einer festen Verwachsung zwischen den vorderen Enden des Nervenrohres, der Chorda und des Vorderdarmes sind der Grund, weshalb das vordere Hirnende hier nicht in gleicher Weise hakenförmig sich umbiegt, wie bei allen übrigen Wirbelthieren. Leichte Andeutungen einer Brückenkrümmung und einer Mittelwölbung treten in der Fig. 30 von Kowalevsky (117. G.) hervor, so unbedeutend jedoch, dass ich nicht sicher bin, ob überhaupt der Zeichner diese Krümmungen mit Absicht so wiedergegeben hat, oder ob es sich nur um Zufälligkeiten handelt. Bei anderen, als der bezeichneten Figur derselben Schrift kehren dieselben nicht wieder. Von einer Hakenkrümmung zeigt keine der vielen Abbildungen auch nur eine Spur. Mit dem Wegfallen von longitudinalen Krümmungen des Nervenrohres fällt beim Amphioxusembryo jegliches Motiv einer Hirngliederung hinweg, mit dem Fehlen der Hakenkrümmung dasjenige zur Abschnürung der Augenblasen, mit dem Fehlen der Brückenkrümmung das Motiv zur Rautengrubenbildung und zur Bildung einer, hinter dieser einsinkenden Gehörgrube.[)] — Es tritt ferner am Amphioxusembryo weder eine vordere, noch eine hintere Querfalte auf, und dem entspricht der gänzliche Mangel von Extremitätenanlagen.

Ueber die Grundbedingungen der asymmetrischen Mundbildung, so wie der, in eigenthümlicher Weise sich anlegenden Kiemenspalten erlaube ich mir aus dem vorliegenden Materiale keine Schlüsse, ebenso wenig wie über die Bildung der Chorda und der Muskelplatten. Dagegen mache ich Dich darauf aufmerksam, dass die Gliederung der Muskelplatten in urwirbelartige Segmente hier denselben Bedingungen unterliegt, wie wir sie früher beim Hühnchen kennen gelernt haben. Der Zeit nach fällt sie zusammen mit der Hebung der Medullarplatte und mit einer dorsalwärts concaven Biegung der gesammten Körperaxe (Fig. 21 bei Kowalevsky, oben 117, F).

Wenn Du Dir die Mühe nimmst, in ähnlicher Weise, wie ich es eben gethan, die zahlreich vorhandenen Beschreibungen und Abbildungen wirbelloser Thiere durchzugehen, so wirst Du auf mancherlei Anknüpfungspunkte für die directe Ableitung der entstehenden Formen stossen. Es ist, um nur ein Beispiel anzuführen, auch bei Anneliden und Arthropoden der Eintritt der Längsgliederung des Körpers stets mit einer Längskrümmung seiner Axe verknüpft. Eine reiche Ausbeute steht hier demjenigen bevor, der das bereit stehende Material mit Sachverständniss wird zu ergreifen wissen. Meist liegen ja da die Verhältnisse viel einfacher, als bei den Wirbelthieren, und sie sind, was vor Allem ins Gewicht fällt, der messenden Beobachtung viel zugänglicher.

Schon bei den, nächst dem Amphioxus am niedrigsten gewertheten Wirbelthieren, bei den Cyclostomen weicht die Entwicklung von jenem bedeutend ab. Es liegt über die Cyclostomenentwicklung eine vortreffliche Arbeit von Max Schultze (die Entwicklungsgeschichte vom Petromyzon Planeri. Haarlem 1856) vor, aus der ich die nachfolgenden Angaben und Zeichnungen entlehne. Es schliessen sich die Anfangsstadien in allen wesentlichen Punkten sehr nahe an diejenigen an, die wir für die Amphibien kennen, und, beiläufig gesagt, ist mir nicht recht klar, weshalb die Zoologen bis in die neueste Zeit den Anschluss der letzteren nicht bei jenen suchen. Die Furchung des Dotters von Petromyzon ist eine totale, und läuft ganz ähnlich ab, wie die oft beschriebene des Froschdotters. Auf die zwei zuerst aufgetretenen Meridianfurchen folgt eine äquatoriale, und von da ab macht sich, in steigendem Maasse, der Gegensatz geltend zwischen einer oberen und unteren Hälfte des Eies. Erstere ist heller, und ihre Durchfurchung schreitet weit rascher vor, als diejenige der unteren Hälfte. Die kleinzellige obere Eihälfte bildet die dünnere Decke, die

grosszellige untere Hälfte den dicken Boden einer, im Innern des
Eies befindlichen Höhle, der Furchungshöhle (Fig. 118. A u. B).

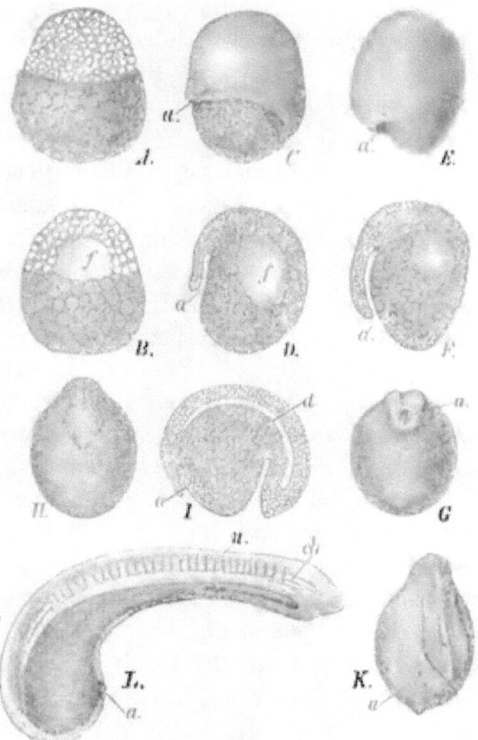

Fig. 118. Entwickelung von Petromyzon Planeri nach Max Schultze. ²/₃ Grösse der
Originalien, somit 20fach vergrössert. Mit Ausnahme von G, H, K, L sind die Figuren gleich
orientirt. Die Durchschnitte B, D, F habe ich soweit modificirt, als zum leichten An-
schluss an A, C, E nöthig war. Bedeutung der kleinen Buchstaben wie bei 117.
  A. Ei in Furchung. 38 Stunden, ungleiche Grösse der Zellen oben und unten.
  B. Dasselbe im Durchschnitt zeigt die Furchungshöhle.
  C. Zunehmende Umwachsung der unteren durch die obere Hälfte. a. erste Andeutung
       des Rusconischen Afters. 58 Stunden.
  D. Dasselbe im Durchschnitt.
  E. 4 Tage alt, die untere Hälfte ist ganz umwachsen, die obere hebt sich helmartig empor.
  F. Dasselbe im Durchschnitt.
  G. 5½ Tage nach der Befruchtung. Ansicht von hinten. Die Rückenwülste und der
       After sind sichtbar.
  H. 7½ Tage. Kopfende. Gehirnanlage geschlossen, Vorsprünge der Augenblasen sichtbar.
  I. Durchschnitt von einem etwas späteren Stadium; Kopfende schon frei abgehoben.
  K. 12.—13. Tag. Embryo, dem Ei aufliegend.
  L. Eben aus dem Ei gekrochenes Junges.

In rascherem Wachsthum dehnt sich die obere Hälfte aus, und
überdeckt mit ihrem Rande die untere; schliesslich bleibt von
dieser nur noch eine kleine Strecke frei (C u. D). Von einer

Randstelle (dem Ruseonischen After) ausgehend, bildet sich eine ins Ei sich erstreckende Spalte, als erste Anlage des Primitivdarmes (E bis F). Nunmehr erheben sich als Längsfalten die zwei Rückenwülste (G). Im grösseren Theil ihrer Länge durch eine schmale Rinne getrennt, umkreisen sie mit ihrem vorderen Ende ein breites Feld, welches mit einer quergestellten Falte nach vorn abschliesst. Durch Zusammentreten der Rückenwülste schliesst sich der von ihnen umsäumte Raum, es entsteht so die Anlage des Gehirns mit den Augenblasen und diejenige des Rückenmarkes (H). Zusehends hebt sich von da ab der Kopftheil des Embryo als schmale Leiste aus der übrigen Eifläche empor, Aehnliches gilt später vom Schwanzende. Dann vollzieht sich, von vorn nach rückwärts fortschreitend, die Trennung des vorderen Körperendes von der übrigen Eikugel (I, K). Der Embryo durchläuft in seiner Form retortenähnliche Stadien, mit immer länger werdendem Hals und immer kleiner werdendem Körper des retortenartigen Gebildes. Mit einem verdickten, den unverbrauchten Rest der unteren Eihälfte umfassenden hinteren Körperanhang versehen, verlässt endlich das junge Thier das Ei, um sein selbstständiges Leben zu beginnen (L).

Ohne mich bei eingehenderen Betrachtungen aufzuhalten, constatire ich zunächst nur die, gegenüber dem oben besprochenen Amphioxus vorhandenen Besonderheiten in den Grundzügen der Entwickelung, und ich schliesse sofort eine summarische Betrachtung des Entwicklungsganges von Knochenfischen an. Es liegt darüber, theils aus früherer, theils aus neuester Zeit ein reiches, zum Theil sehr schätzbares, zum andern Theile aber auch sehr widerspruchsvolles literarisches Material vor. Da hier nicht der Ort zu literarischer Auseinandersetzung ist, so halte ich mich, unbeschadet etwaiger Prioritätsrechte Anderer, an meine eigenen, seit Jahren gesammelten, bis dahin aber nicht im Zusammenhange veröffentlichten Beobachtungen über Salmen- und Forellenentwickelung.

Die, von einer dicken Eikapsel umgebene Kugel des Salmen- und des Forelleneies besteht aus flüssigem klaren Dotter, aus einer denselben umspannenden, Kerne und Fetttropfen führenden Rindenschicht und aus der Keimscheibe. Letztere bildet einen, verhältnissmässig nur geringen Theil des gesammten Eiinhaltes. Sie liegt flach ausgebreitet der

Rindenschicht auf, und endigt unbestimmt mit zugeschärftem
Rande. Nach Eintritt der Befruchtung zieht sie sich zusammen zu einem compacten Klumpen, und man beginnt die Durchfurchung auf deren nähere Beschreibung ich hier nicht eingehen werde. Das Eine hebe ich indess hervor, dass die
untere und die obere Hälfte des Keimes von Anfang ab durch
ungleichen Fortgang des Processes sich unterscheiden. Die
untere Hälfte ist noch eine zusammenhängende Platte, wenn
die obere bereits in 8 Felder zerklüftet ist. Zu der Zeit ist
auch zwischen den Segmenten der oberen Hälfte einerseits

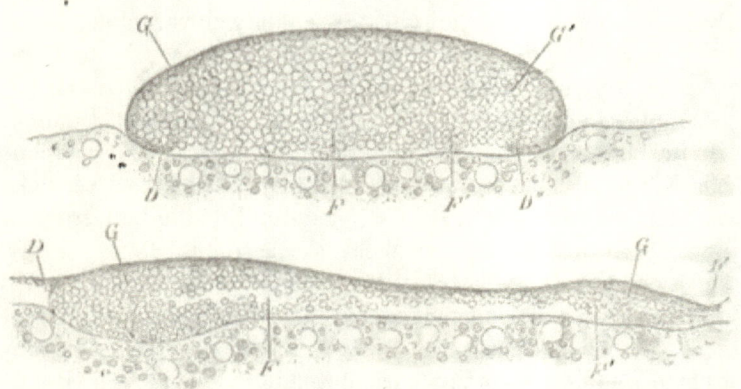

Fig. 119. Lachskeim im Beginn des 6. Tage nach der Befruchtung, senkrecht durchschnit-
ten. 40mal vergrössert.
D. Deckschicht.   G. Gewölbtheil.   F. Füllungsmasse.
Die unter dem Keim befindliche, mit runden Körpern verschiedener Grösse durchsetzte
Schicht gehört zur Dotterrinde.
Fig. 120. Lachskeim im Beginn des 7. Tages nach der Befruchtung senkrecht durchschnit-
ten. 40mal vergrössert. Bezeichnungen wie bei 119.

und der unteren Platte andererseits eine flache Höhle vorhanden. In den späteren Furchungsstadien verlieren sich sowohl
die Höhle, als der starke Gegensatz verschieden grosser Zellen.

    Am 6. Tage etwa erscheint der Keim als ein flach ge-
wölbter Kuchen mit gerundeter Peripherie (Fig. 119). Sein
Durchmesser beträgt zu der Zeit gegen 1,5 Mm., seine Dicke
ca. 0,45 Mm. Der Durchmesser der Zellen schwankt um 25 μ
herum. Die Zellen, welche der Oberfläche zugekehrt sind,
sind etwas kleiner, als die übrigen, und sie bilden eine dicht-
gefügte Schicht mit glatter äusserer Oberfläche. Man hat die
Schicht als D e c k s c h i c h t bezeichnet. Die Deckschicht über-

schreitet den Aequator des Keimes, und endigt an seiner unteren Fläche mit freiem Rande. Die von der Deckschicht umfassten Zellenmassen zeigen noch keinerlei Schichtenscheidung, nur soviel ist zu erkennen, dass sie in den der Deckschicht zugekehrten Abschnitten dichter sind, als in den tiefer liegenden. Leichterer Verständigung halber wollen wir jene als Gewölbtheil, diese als Füllungsmasse des Keimes bezeichnen. Die Füllungsmasse ruht auf der unterliegenden Dotterrinde nur mit einzelnen Stützen auf, dazwischen bleiben kleine Lücken frei.

Rasch geht der Keim aus dieser Form in eine andere über, deren senkrechten Durchschnitt Fig. 120 wiedergiebt. Er flacht sich nämlich stark ab und sein Durchmesser wächst nahezu um die Hälfte (bis zu 2,2 Mm.). Während bis dahin die Mitte der dickste Abschnitt der Keimscheibe war, ist nunmehr die Mitte der Scheibe verdünnt, und sie verdünnt sich in der Folge noch viel beträchtlicher. Dagegen ist der Scheibenrand dick, und wir werden ihn demgemäss als Randwulst von der dünnen Mittelscheibe unterscheiden. Letztere ist ist von der Dotterrinde durch eine flache Spalte, die Keimhöhle geschieden.

Die Masse des Randwulstes ist ungleichmässig gruppirt: in dem einen Theile seines Umfanges besitzt der Wulst viel bedeutendere Dicke und Breite als im anderen. Ferner ist im Randwulst, mit allerdings unscharfem Anfange, eine Schichttrennung eingeleitet. Dieselbe prägt sich in der nachfolgenden Zeit völlig scharf aus, ohne jedoch den äussersten Rand zu erreichen. Die eine obere Keimschicht ist die Anlage des animalen, die untere die des vegetativen Blattes. Der centrale Saum der unteren Keimschicht verliert sich ohne bestimmte Gränze, theils am Boden der Keimhöhle, theils an der unteren Fläche der Mittelscheibe.

Ueber den Mechanismus, welcher der Keimscheibenumwandlung zu Grunde liegt, giebt das Verhalten der Deckschicht ziemlich klaren Aufschluss. Dieselbe war, wie Fig. 119 zeigt, Anfangs zur Basis des Keimes herabgebogen, nun aber nach Abplattung des Keimes endigt sie (Fig. 120) frei am Rande der oberen Fläche, d. h. sie hat sich mitsammt der anhaftenden Dottermasse aufgebogen. Es tritt dabei folgende Umlagerung ein:

Die obere Schich   Randwulstes geht hervor aus der äquatorialen und suba.   rialen Zone des früheren Gewölbtheiles. Die Kuppel des ursprünglichen Gewölbes wird zur verdünnten Mittelscheibe. Die untere (vegetative) Schicht des Randwulstes ist die zur Seite gezogene und auseinandergezerrte Füllungsmasse. Kleine Reste der letzteren erhalten sich noch in Zellen, die theils an der Decke, theils am Boden der Keimhöhle vorhanden sind.

Untere und obere Schicht des Randwulstes stehen unter ungleichen mechanischen Bedingungen. Auch hier ist die obere Schicht die rascher wachsende, auf die untere aber wirkt vermöge ihrer Randanheftung ein Zug, der sie, um einen kurzen Ausdruck zu brauchen, unter der oberen Keimschicht wegzieht. Als Folge dieser Verschiebung tritt die Spalte auf, welche die vegetative Schicht von der animalen trennt. Sie bekommt, wie andere Zerreissungsspalten, nur allmählig scharfe Umgränzung.

Den Grund für die so rasch eintretende Abflachung des Keimgewölbes möchte ich in dem zunehmenden Wachsthum der äquatorialen und subäquatorialen Zone suchen, welche für das Gewölbe die Stelle des Widerlagers vertreten, und mit deren Ausweitung eine ähnliche Folge eintreten muss, wie beim Weichen der Widerlager eines Steingewölbes.

Nachdem der Keim die Gestalt einer flachen Scheibe mit dicker Randwulst und dünner Mittelscheibe angenommen hat, beginnen die ersten Spuren einer geformten Embryonalanlage aufzutreten. An dem dicken Abschnitte des Randwulstes zeigt sich eine breite, gegen das Innere kleeblattförmig vortretende Platte, deren oberflächliche Gestaltung Dir am besten aus Fig. 121 ersichtlich werden wird. Eine in drei Buchten auslaufende Grube nimmt das Mittelfeld der Platte ein, und durch eine tiefe Längsrinne wird sie in zwei Hälften geschieden.

Die Bedeutung des Gebildes wird verständlich, wenn man es mit den nachfolgenden Stufen vergleicht: Der Lachsembryo Fig. 121 ist vom Beginn des 12. Tages, der von Fig. 123 vom Beginn des 14. und der von 124 vom Beginn des 15. Tages. Dazwischen habe ich noch einen Forellenembryo Fig. 122, gleichfalls vom 12. Tage, als Verbindungsglied eingeschaltet. Figur 124 und schon 123 zeigen uns einen weit gegliederten Embryo, an welchem wir keine Mühe haben, uns zurecht zu

finden: das Vorderhirn, die Augenblasen, letztere dem langgestreckten Mittelhirn seitlich anliegend, die breite Rautengrube mit Hinterhirn und Nachhirn, die Gehörgrube, die Rücken-
marksanlage und die Urwirbel sind vorhanden und sogar die
Anlagen der 2 Brustflossen erkennbar. Die Zeichnungen sind

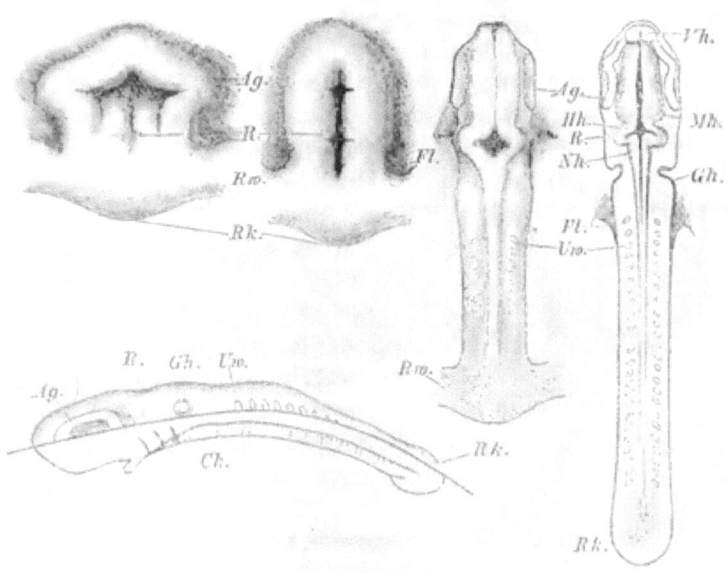

Fig. 121. Lachsembryo vom Beginn des 12. Tages.
Fig. 122. Forellenembryo vom 12. Tage
Fig. 123. Lachsembryo vom Beginn des 14. Tages.
Fig. 124. Lachsembryo vom Beginn des 15. Tages.
Fig. 125. Profilansicht von 123. Die Theile unter dem Strich sind nach Durchschnitten
hinzu construirt.
Vergrösserung 20. Die beiden ersten Figuren sind in der Reliefansicht bei Beleuchtung
von oben gezeichnet. Die Fig. 124 im durchfallenden Lichte. Fig. 123 ist ursprünglich
auch im auffallenden Lichte gezeichnet, das Gehirn der äusseren Modellirung entsprechend
eingetragen.

Vh. Vorderhirn.	Gh. Gehörgrube.
Mh. Mittelhirn.	Ur. Urwirbel
Hh. Hinterhirn.	Fl. Flossenanlage.
R. Rautengrube.	Rw. Randwulst.
Nh. Nachhirn.	Rk. Randknospe.
Ag. Augenblase.	Ch. Chorda dorsalis.

alle bei derselben 20maligen Vergrösserung mit dem Zeich-
nungsprisma aufgenommen, und ich habe sie so orientirt, dass
deren vorderer Rand in eine Gerade fällt. Es wird dadurch
möglich, sie auf einander zu beziehen, und aus den späteren
Stufen die Orientirung für die früheren zu gewinnen.

Es ist offenbar, dass die Anlage Fig. 121 nur diejenige
des Kopfes ist; die breiten Seitenlappen sind die beiden Augenblasenanlagen, die mit R bezeichnete hintere Quergrube die
erste Andeutung der Rautengrube. Im Bereiche der, dem Ende
einer Querfurche angefügten Augenblasen ist, wie dies Median-
schnitte ergeben, die Embryonalanlage ihrer gesammten Dicke
nach, stark nach abwärts geknickt. — Die bei Figur 121 weit
offene Grube hat sich bei Fig. 122 nahezu geschlossen und
die beiden Augenblasen, anstatt fast rechtwinklig von der Gehirnanlage abzustehen, haben sich flach an diese angelegt.
Noch bedeutender ist die Verschmälerung der Kopfanlage bei
Fig. 123 u. 124. Dort klafft das Gehirnrohr an seinem vorderen Ende, bei Fig. 124 ist es völlig geschlossen.

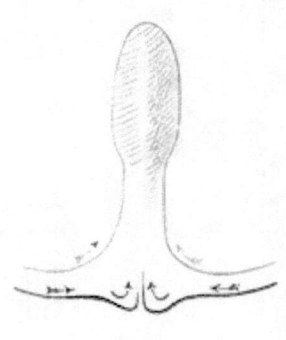

Fig. 126.

Wenn nun aber die gesammte,
bei Fig. 121 sichtbare Anlage nur
Anlage des Kopfes ist, wo bleibt
die Anlage des Rumpfes, da doch
der Rumpf sehr rasch, und gleich
in bestimmter Gliederung hinter
dem Kopfe auftritt? Wenn etwa
jene aus der Kopfanlage hervorge-
sprosst sein sollte, so würde dies
jedenfalls eine Rapidität des Wachsthums voraussetzen, die völlig in
Widerspruch wäre mit Allem, was
wir sonst auf numerischem Wege über den Ablauf dieses Processes erfahren. — Das Material zur Rumpfanlage ist im Randwulst aufgespeichert und es gelangt dadurch an seinen Ort,
dass jeweilen die, dem hinteren Ende des bereits abgegliederten
Embryo zunächst liegenden Strecken an diesen sich heran-
schieben, und ihn nach rückwärts verlängern. Dabei liefern
die äusseren dem convexen Saume näher liegenden Zellen des
Wulstes die Axialgebilde, die des inneren, concaven Saumes
gehen in die Seitentheile des Körpers über. Am hinteren Ende
der bereits geformten Embryonalanlage liegt ein kleiner gerundeter Vorsprung, die Randknospe, die wir uns eben
durch die Zusammendrängung hinterer Randzellen gebildet zu
denken haben. Fig. 126 veranschaulicht schematisch den Hergang und die Pfeile bezeichnen dabei die Reihenfolge der, in

der Richtung von hinten nach vorn auf einander folgenden gleichwerthigen Theile.

Es geht die Anlage des Embryonalkörpers Hand in Hand mit einer Umwachsung des gesammten Dotters durch die Keimscheibe. Diese dehnt sich, nachdem sie sich einmal in der früher beschriebenen Weise abgeflacht hat, rasch aus, erreicht und überschreitet mit ihrem Rand den Aequator der Kugel; schliesslich bleibt vom Randwulst nur noch ein kleiner Ring übrig, dessen Hälften sich dann auch noch verbinden. Es ist sonach die Uranlage des Körpers ein platter Ring, dessen Breite und Dicke an einer Stelle, dem zukünftigen Kopfende, ein Maximum, am gegenüberliegenden, dem Schwanzende, ein Minimum besitzt. Successiv legen sich, in der Art, wie dies die Fig. 127—130 schematisch veranschaulichen, die zwei Seitenhälften des Ringes an einander und vereinigen sich als symmetrische Körperhälften. Dabei bedürfen das Kopfende und das äusserste Schwanzende keiner Verwachsung, weil ihre Seitenhälften von Anfang an verbunden sind.

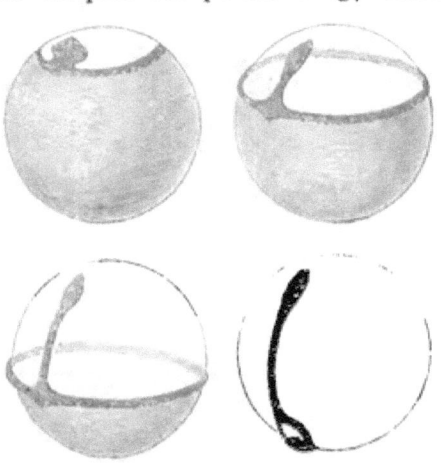

Fig. 127—130.
Schematische Zeichnungen um die Umwachsung des Dotters durch die Keimscheibe und das gleichzeitige Längenwachsthum des Embryo darzustellen. Der unbedeckte Dotter ist schraffirt, der Embryo und der Randwulst dunkel, der übrige Theil der Keimhaut hell.

Die in der späteren Medianebene des Körpers liegenden Gebilde bilden Anfangs die Peripherie der Scheibe, und hier, wie unter den völlig anderen Verhältnissen beim Hühnchen sind längs der Axe animales und vegetatives Blatt nicht von einander geschieden.

In Fig. 131 habe ich, um Dir die Vorgänge der Dotterumwachsung und der gleichzeitigen Körperbildung in ihren gegenseitigen Beziehungen deutlich zu machen, vier Entwicklungsstadien des Lachsembryo mit den richtigen, 10fach ver-

grösserten Maassen auf eine und dieselbe Kugel projicirt. Die
doppelte über die Kugel weglaufende Contourlinie (1, 2, 3)
bezeichnet jeweilen die der betreffenden Embryonallänge entsprechende Ausdehnung des Randwulstes.

Die mechanische Analyse der Dotterumwachsung und der
gleichzeitigen Bildung des Embryo bietet bedeutende Schwierigkeiten, mit deren Discussion ich Dich hier nicht behelligen
will, weil sie ein Eingehen in detaillirte Betrachtungen verlangen würde.

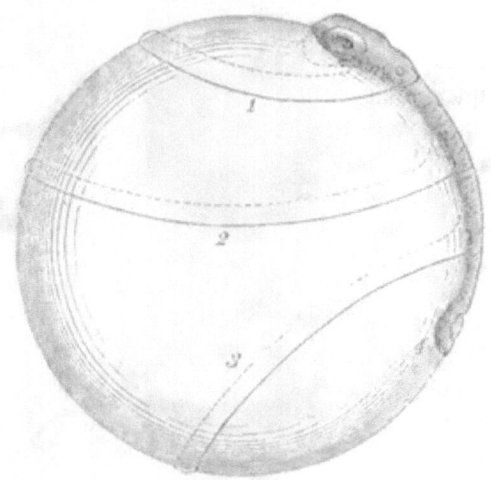

Fig. 131. Lachsei 16mal vergrössert. Der Embryo im Profil gesehen. der Randwulst für
vier verschiedene Entwicklungsstadien eingezeichnet.

Wirfst Du noch einmal einen Blick auf die eben betrachteten drei Formen von Fischentwicklung, vergleichst Du sie
unter einander, und mit der früher betrachteten Entwicklung
des Hühnchens, so siehst Du, wie gerade einer der funda-
mentalsten Entwicklungsvorgänge, die Abgliederung des Embryonalleibes aus dem Ei in verschiedenster Art vor sich zu
gehen vermag. Mit allem Aufwande Deiner Phantasie hättest
Du bei einem Versuche, aus der Amphioxusentwicklung diejenige des Petromyzon, oder des Salmens abzuleiten, sicherlich
Schiffbruch gelitten; und jetzt, nachdem Dir jede dieser Ent-
wicklungen ihrem allgemeinen Gange nach dargelegt ist, wirst
Du doch kaum im Stande sein, ein allgemeines Schema der

Fisch- oder der Wirbelthierbildung zu entwerfen. Nicht einmal die Bildung der Chorda, oder diejenige des Medullarrohres lassen sich zur Zeit unter gemeinsame Formel bringen. Nur wenige Züge bleiben uns schliesslich als allgemeinste
übrig: die Ungleichheit im Wachsthum der verschiedenen, den
Keim zusammensetzenden Zellenmassen, die in Abhängigkeit
hiervon erfolgende Scheidung der Schichten, die Verwendung der rascher wachsenden Schichten zur Bildung des
centralen Nervensystems und der äusseren Leibeswand, die
der langsamer wachsenden zur Bildung des Primitivdarmes.[2])

So, wie die Dinge jetzt stehen, drängt sich vor Allem
die Frage auf, wie bei so verschiedenartigen Anfängen der
Entwicklung die Aehnlichkeiten in der nachfolgenden Gliederung und in der bleibenden Organisation der sich entwickelnden Geschöpfe zu Stande kommen. Offenbar giebt die Aehnlichkeit der Formen im Beginn ihres Werdens keinen unmittelbar
anwendbaren Maassstab für die tieferen Uebereinstimmungen
in den die Entwicklung bestimmenden Grundbedingungen. Ein
solcher ist auf dem Wege rein morphologischer Betrachtung
und ohne Einführung physiologischer Gesichtpunkte überhaupt
nicht zu finden.

Sechszehnter Brief.

Ueber die specifische Physiognomie jüngerer Embryonen.

Lieber Freund! Du hast Dich wohl aus meinem letzten Briefe überzeugt, dass von einer Uebereinstimmung in den frühesten Formen embryonaler Wesen jedenfalls nur cum grano salis gesprochen werden darf. Von einem Amphioxusstadium zum Beispiel bei einem Knochenfischembryo zu reden, würde geradezu lächerlich klingen, denn das erste was überhaupt am Knochenfischkeim von Formanlage hervortritt, sind die Anlagen des Gehirns und der Augen d. h. von Organen, die dem Amphioxus zeitlebens fehlen. Auch müssten wir, um die Erfahrungen über Knochenfischentwicklung mit denen über den Amphioxusbau phylogenetisch zusammen zu reimen, „Fälschungen" der Müller'schen Regel annehmen, die selbst das auf diesem dehnbaren Boden erlaubte Maass weit überschreiten würden. Hätte ich Dir hier über phylogenetische Untersuchungen zu berichten, so würde ich mich daher auch in Betreff der Fische mit dem Geständniss begnügen, dass mittelst der jetzt gültigen Methoden das Aussehen der „Urfische" nicht feststellbar sei.

Diese Aufgabe liegt mir indess fern, und so verweile ich auch nicht länger bei den Fischen, sondern führe Dir heute ein paar Embryonen von höheren Wirbelthieren, des Huhnes und einiger Säugethiere vor, um daran zu untersuchen, welche von deren äusserlichen Charakteren gemeinsam, welche bei verschiedenen Embryonen verschieden sind. Die zu betrachtenden Embryonen sind sämmtlich auf der Stufe bereits vorhandener, aber noch unvollkommen gegliederter Extremitäten. Ich habe sie so, wie mir sie der Zufall zuführte, nur mit der

Rücksicht gewählt, möglichst entsprechende Entwicklungsstufen zu haben. Die beifolgenden Zeichnungen aber sind sämmtlich mit Hülfe des Zeichnungsprismas aufgenommen, ihre Vergrösserung eine 5malige.

Fig. 132 zeigt Dir einen menschlichen Embryo, Fig. 133 einen gleichgrossen Schweinsembryo in der Profilansicht. Letzterer ist um etwas Weniges in der Entwickelung hinter ersterem zurück, wenigstens was die Ausbildung der Extremitäten anbetrifft. Bei beiden Embryonen ist der Kopf in bekannter Weise stark vorn übergebeugt, der Rücken im Bogen gekrümmt, das Schwanzende vor der unteren Bauchfläche emporsteigend. Am Kopfe erkennt man durch die äussere Bedeckung hindurch die Hauptabtheilungen des Gehirns; auch die starke Brückenkrümmung macht sich äusserlich bemerkbar, sowie die dahinter befindliche Gehörblase. Zum Auge führt vom Mundnasenraume her eine noch offene Spalte (die Augennasenrinne). Zwischen sie und die, gleichfalls offen daliegende Riechgrube schiebt sich der dreieckig gestaltete seitliche Stirnfortsatz, dahinter folgt der breite, bis zur queren Mundspalte reichende Oberkieferfortsatz. Hinter dem Munde liegt der Unterkieferfortsatz, an welchem beim menschlichen Embryo schon deutlich ein Lippentheil sich absetzt. Nun folgen die Schlundspalten mit den dazwischen liegenden Schlundbogen. Sowohl am vorliegenden menschlichen, als am Schweinsembryo sind jederseits drei Spalten mit Sicherheit zu erkennen.

Am Rumpfe heben sich Rücken- und Bauchtheil, oder hinterer und vorderer Theil ziemlich scharf von einander ab durch Vorhandensein einer Leiste, aus welcher die vordere und die hintere Extremität hervortreten (Wolff'sche Leiste). Am Rückentheil macht sich die Gliederung der Urwirbel äusserlich bemerkbar. Die stark gewölbte Bauchfläche lässt zum Theil die Contouren von Herz und von Leber durchschimmern. Der Uebergang der Bauchwand in den Nabel liegt bei beiden Embryonen verhältnissmässig weit unten.

Soweit stimmen beide Embryonen in ihrem äusseren Ansehen wesentlich überein. Sehr erhebliche Unterschiede sind aber namhaft zu machen, sobald wir auf die relative Massenvertheilung unser Augenmerk richten. Du siehst auf den ersten Blick, dass beim menschlichen Embryo die Entwicklung des

Kopfes eine sehr viel beträchtlichere ist als beim Embryo des
Schweines.   Dort fällt auf den Kopf nahezu die Hälfte des
vom Körperumriss eingenommenen Flächenraumes, hier kaum
viel mehr als ein Fünftheil.   Der Kopf selbst aber, und der
vordere Halsabschnitt sind bei beiden sehr von einander ab-
weichend.   Denkst Du Dir die Augennasenrinne über das
Auge hinaus bis zur gegenüberliegenden Contour verlängert,
so fällt vor diese Linie beim menschlichen Embryo ein Stück,

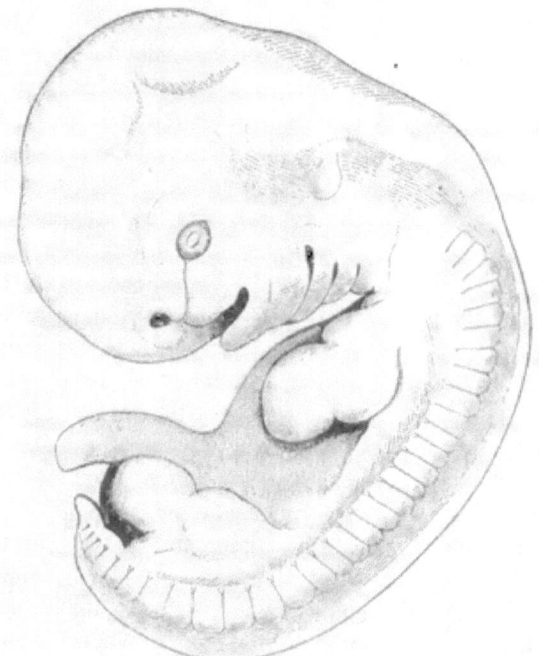

Fig. 132. Menschlicher Embryo, 5mal vergrössert.

das nahezu die Hälfte, beim Schweinsembryo ein solches,
das etwas über ein Viertheil von der Gesammtkopffläche
bildet. Somit besitzen beim menschlichen Embryo schon zu
der Zeit das Gehirn überhaupt, und speciell das Vorderhirn
einen sehr bedeutenden Entwicklungsvorsprung. Auf das Hemisphärenhirn entfallen bei Fig. 132 etwa 4 ⊏Cm., d. h. gegen ein
Viertheil der Gesammtkopffläche, beim Schwein nur etwa nur
0,75 ⊏Cm., d. h. nur etwa ein Zehntheil der Gesammtkopffläche.

Umgekehrt als für das Gehirn stellt sich die Sache für die Anlage der Kiefer und der Schlundbogen. Wie plump erscheint insbesondere der (bei der Anlage des äussern Ohres vorzugsweise betheiligte) zweite Schlundbogen des Schweinsembryo gegenüber demjenigen des Menschenembryo. Es bedarf beim Vergleich der beiden Figuren keines besonderen Scharfblickes, um zu erkennen, dass die Bedingungen für eine

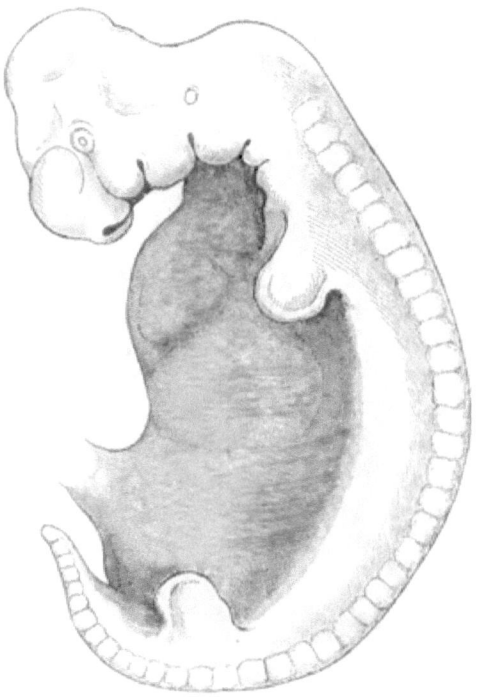

Fig. 133. Embryo des Schweines. 5mal vergrössert.

relativ mächtige Entwicklung des Gesichtsschädels beim Schwein sehr viel günstiger liegen, als beim Menschen, und Du wirst im Einzelnen auch beachten, wie beim Schweinsembryo die Umgebung der Nasengrube bereits zu einem selbstständigen Rüssel sich empor zu heben beginnt.

Was den Rumpf anbetrifft, so zeigt der Schweinsembryo eine auffallend starke Entwicklung des Bauchtheiles. Beim

menschlichen Embryo ist besonders die Gliederung des Rückens
bemerkenswerth, die ich mit Sorgfalt copirt habe. Die einzelnen Segmente sind ungleich, und den späteren Grössenunter-
schieden der Ganglien und Nervenstämme entsprechend, heben
sich die unteren Hals- und oberen Rückensegmente, sowie die
Segmente der Leuden- und oberen Sakralparthie durch ihre

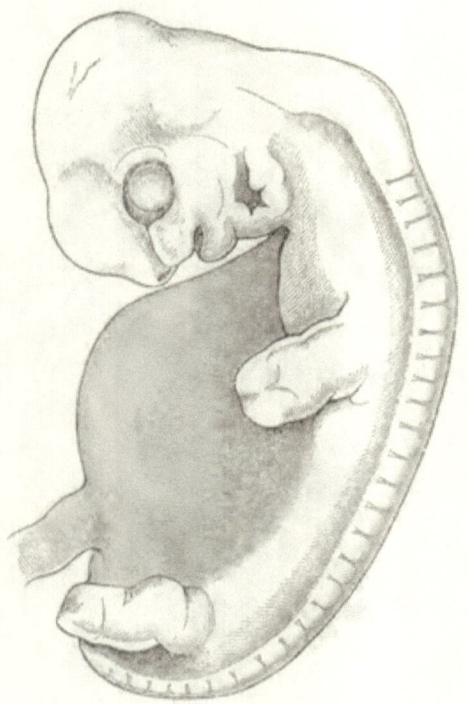

Fig. 134. Embryo des Rehes, 5mal vergrössert.

bedeutendere Breite von den übrigen ab. Dass der Schwanz-
theil des Rumpfes auch beim menschlichen Embryo selbstständig hervortritt, wirst Du zwar beachten, zugleich aber
auch wahrnehmen, dass dieser Körperabschnitt von bescheidenen Dimensionen ist, und dass demnach seine spätere Ver-
deckung durch das Wurzelgebiet der unteren Extremitäten
keine Schwierigkeiten für das Verständniss bietet.

In Fig. 134 siehst Du den Embryo eines Rehes bei derselben 5maligen Vergrösserung. In allen zwischen dem menschlichen und dem Schweinsembryo hervorgehobenen Differenzen schliesst sich der Rehembryo dem letzteren viel näher an, als dem ersteren. Obwohl der Kopf nicht mehr das bedeutende Missverhältniss zeigt, wie beim Schwein, so bleibt er doch noch weit zurück hinter dem menschlichen. Auch hier ist das Vorderhirn verhältnissmässig klein, die Gesichtsanlage dagegen, einschliesslich des mittleren Stirnfortsatzes wohl ausgeprägt. Der Bauchtheil des Rumpfes ist, wie beim Schwein sehr bedeutend. Abgesehen von der weiter fortgeschrittenen Ausbildung des äusseren Ohres unterscheidet sich der Rehembryo vor Allem in Betreff der Augenentwicklung sowohl vom menschlichen, als vom Schweinsembryo. Der Durchmesser des Auges übertrifft um mehr als doppelt den des Schweinsauges. Es wird dadurch, wie leicht ersichtlich, die Gestalt des Oberkieferfortsatzes mit beeinflusst; der obere Abschnitt desselben wird entsprechend zurückgedrängt.

Viel näher als Schwein und als Reh kommt dem menschlichen Embryo in mancher Beziehung derjenige des Kaninchens, Fig. 135. Bei ihm nimmt der Kopf nahezu ⅖ vom Flächenraum des übrigen Körpers ein, und auch das Verhältniss zwischen dem Rücken- und dem Bauchtheile des Rumpfes ist ein weit menschenähnlicheres. Vergleichen wir indess den Kopf des menschlichen mit dem Kopfe des Kaninchenembryo, so ergeben sich noch Unterschiede genug. So ist bei letzterem der, das Mittelhirn umschliessende Scheiteltheil des Kopfes relativ viel mächtiger, als bei jenem. Es ist ferner das Auge bedeutend grösser; es tritt die Umgebung der Riechgrube in sehr viel selbstständigerer Weise hervor, sowie auch die äussere (aus der ersten Schlundspalte hervorgegangene) Ohröffnung weit und von einem vorspringenden Wulste umgeben ist.

Es ist von Interesse, auch die Embryonen zweier sich näherstehender Thiere zu vergleichen, und aus dem Grunde füge ich dem Kaninchenembryo einen gleich grossen Meerschweinchenembryo bei, Fig. 136. Die beiden Formen stehen sich allerdings näher als irgend welche der oben betrachteten. Immerhin wird Dein aufmerksames Auge hier noch eine

Reihe von Unterschieden wahrnehmen, wie die grössere Länge
des Kopfes im Vergleich zu seiner Höhe, das stärkere Vor-
treten des Vorderhirns gegenüber dem Mittelhirn, die noch
massigere Entwickelung des äusseren Ohres u. A. m.

Nehmen wir nun zu diesen paar Säugethierembryonen
den Embryo eines Huhnes, so treten uns an diesem neue und
höchst charakteristische Eigenthümlichkeiten entgegen. Der
Körper ist schlanker als bei sämmtlichen, oben betrachteten

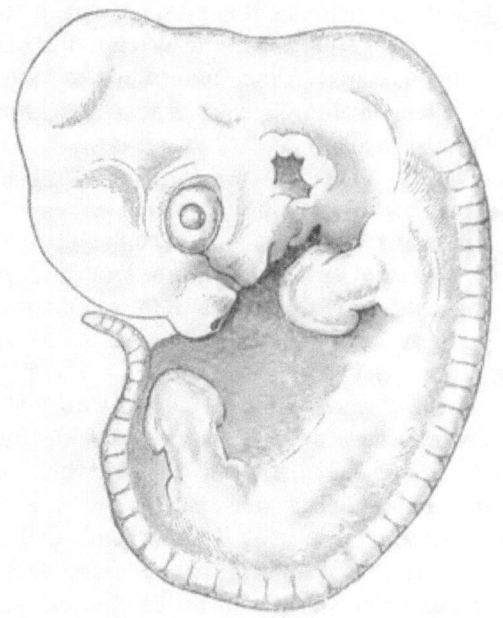

Fig. 135. Embryo des Kaninchens (14 Tage p. foec.) 5mal vergrössert.

Embryonen, und wenn wir das Verhältniss des Kopfes zum
Körper nur im Allgemeinen betrachten, so steht der Hühnerembryo dem menschlichen fast gleich. Auch bei ihm nimmt
der Kopf beinahe die Hälfte der Gesammtfläche ein. Allein
wie verschieden sind die beiden Köpfe! Beim Hühnchen ein
kleines Vorderhirn, ein grosses Mittelhirn und ein colossales
Auge, dessen Durchmesser den des menschlichen um mehr,
als das vierfache übersteigt. Denkst Du Dir die beiden Kugeln,
das Mittelhirn und den Augapfel aus dem Kopf heraus ge-

schnitten, so bleibt Dir vorn sowohl als hinten ein verhältnissmässig kleines Stück, jedes nicht viel über ein Sechstheil
der Gesammtkopffläche betragend.

In der geringen Entwicklung der Gesichtsanlage im Vergleich zur Gehirnanlage bleibt das Hühnchen sogar noch hinter
dem menschlichen Embryo zurück. Die Stirn- und Kieferfortsätze, sowie die Schlundbogen sind, wenigstens für die

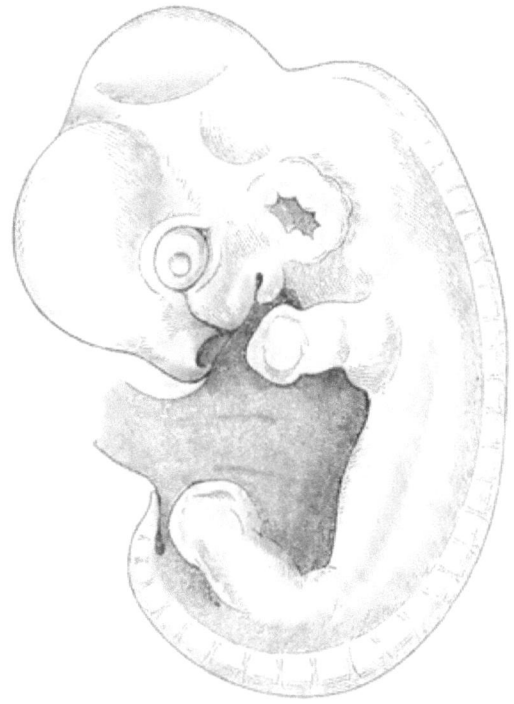

Fig. 136. Embryo des Meerschweinchens, 5mal vergrössert.

Profilansicht, sehr unbedeutend, und wie beim menschlichen
Embryo ist von einem äusseren Ohre nur eine leichte Andeutung vorhanden.

Bei Vergleichungen, bei welchen es sich, wie bei den
eben angestellten, um Dimensionen bez. um Flächenräume und
um Massenvertheilung handelt, ist es wünschbar, nicht blos
mittelst Abschätzung, sondern an der Hand von Zahlen vor-

zugehen. In Ermangelung correct ausgeführter Wägungen
der Embryonen und ihrer einzelnen Körperabschnitte, theile
ich Dir einige für die oben mitgetheilten Zeichnungen ausge-
führte Flächenbestimmungen mit. Es wurden zu diesem Be-
hufe die Figuren auf ein starkes, gleichmässiges Papier (wovon
100 □Cm. 1·864 Grammes wogen) aufgezeichnet, ausgeschnit-
ten, und aus dem Gewicht der ausgeschnittenen Figur der
Flächenraum der Profilansicht im Ganzen, derjenige des Kopfes,
sowie des Rückentheiles und des von den Extremitäten un-

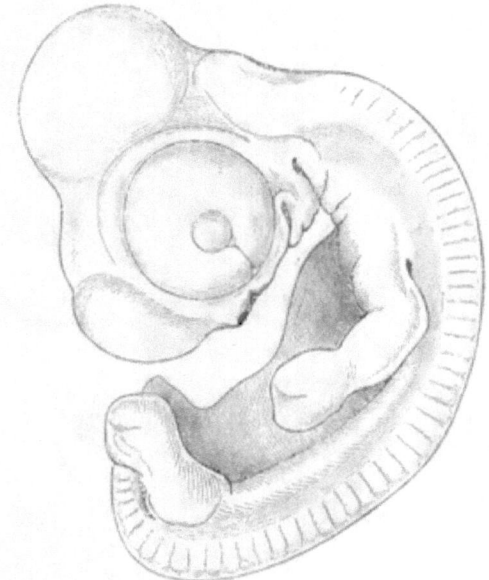

Fig. 137. Embryo eines Hühnchens (5 Tage bebrütet) 5mal vergrössert.

bedeckten Bauchtheiles des Rumpfes berechnet. Die Gränze
des Kopfes zog ich von der Einknickungsstelle hinter der
letzten Schlundspalte zum Scheitelpunkte des Nackenhöckers;
der Nabelstrang wurde durchweg dicht am Bauche abgetrennt.
    Du siehst aus den Zahlen der vierten Columne wie nahe
sich die fünf betrachteten Säugethierembryonen hinsichtlich
ihrer absoluten Maasse stehen. Das Hühnchen bleibt etwas
dahinter zurück. Sowohl in der einen, die absoluten Maasse,
als in der anderen, die procentischen Antheile enthaltende

Flächeninhalt des Umrisses in Quadr.-Centimetern.	Kopf.	Rückentheil des Rumpfes und Extremitäten.	Unbedeckter Bauchtheil.	Total.	Kopf.	Rückentheil des Rumpfes und Extremitäten.	Unbedeckter Bauchtheil.
Mensch	17,86	16,47	2,52	36,85	48,4°/₀	44,7%	6,9%
Schwein	7,46	14,86	12,82	35,14	21,2	42,3	36,5
Reh	10,68	15,77	9,17	35,62	30,0	44,3	25,7
Meerschweinchen . .	14,59	18,35	4,56	37,50	38,9	48,9	12,2
Kaninchen	14,32	18,62	3,17	36,11	39,6	51,6	8,8
Hühnchen	14,06	13,19	2,79	30,04	46,7	44,0	9,4

Abtheilung der Tabelle tritt eine bestimmte Gruppirung der Säugethierembryonen hervor. Die Embryonen vom Reh und vom Schwein stehen einander näher, als denen der Nager und als dem menschlichen. Beim Schweins- wie beim Rehembryo wird der schwächere Kopfantheil durch den stärkeren Bauchtheil compensirt. Die geringsten Schwankungen zeigt die Columne, die die procentischen Zahlen des Rückentheils des Rumpfes umfasst.

Es mögen die mitgetheilten Zeichnungen und Zahlen genügen, Dir einen Begriff davon zu geben, welcher Art die Ergebnisse sind, welche eine Vergleichung thierischer Embryonen in Aussicht stellt. Eine Identität in der äusseren Form thierischer Embryonen, wie sie so vielfach behauptet worden ist, existirt nicht. Schon auf frühen Entwicklungsstufen besitzen die Embryonen ihre Klassen- und ihre Ordnungscharactere, ja wie wir kaum zweifeln dürfen auch ihre Art- und ihre Geschlechts-, selbst ihre individuellen Charactere. Es handelt sich eben nur darum, diesen Characteren nachzugehen, sie unserem Auge, oder überhaupt unserer Erkenntniss geläufig zu machen. Wir stehen heute mit der Differenzialdiagnose der Embryonen ungefähr auf dem Standpunkte eines einjährigen Kindes, das alle vierbeinigen Thiere mit einem Collectivlaute bezeichnet, und, wenn wir erst den Fleiss und die Schärfe, welche seit Linné auf den Ausbau des zoologischen Systemes verwendet worden sind, auf Characterisirung von Embryonen werden verwendet haben, werden wir sicherlich an Fächern und Fächlein eine genügende Zahl gefunden haben, um die zur Beobachtung kommenden For-

men darin einzuordnen. Mit der blossen Beschreibung allerdings werden wir, der Natur der Sache nach, nicht aus-
reichen. Waage und Maassstab werden nun so mehr zu Hülfe
genommen werden müssen, auf je frühere Stadien wir zurückgehen.

Welcher Art sind nun die Charactere, durch welche Embryonen von einander sich unterscheiden? Es ist klar, dass
wir Embryonen niemals durch Charactere unterscheiden werden,
welche wie Gefieder, Behaarung, Bezahnung erst in später Zeit
sich bilden. Zur Unterscheidung von Embryonen müssen wir
selbstverständlich stets auf die embryonalen Charactere zurückgehen. Insofern aber die Embryonen einfachere Gestalt besitzen,
als die ausgebildeten Thiere, wird auch bei jenen die Summe
äusserlich wahrnehmbarer Charactere mehr und mehr abnehmen,
und mit dem Wegfall des vielen, secundär entstandenen Bei-
werkes wird sie immer mehr auf die durchgreifenden Funda-
mentalverhältnisse sich zurückführen.

Wären die Embryonen derselben Klasse in der That identisch, wäre, wie uns dies so oft wiederholt worden ist, ein
menschlicher Embryo nicht von einem Hunds- oder Rindsembryo zu unterscheiden, so würde uns durch solch eine Erfahrung ein geradezu unlösbares Problem gestellt. Es müsste
nämlich in dem Falle erklärt werden, wie in der absolut identischen Anlage der Inhalt verschiedenster Vererbung könne
enthalten sein, wie ferner von diesen absolut identischen
Durchgangsformen aus die verschiedenen Entwicklungsgänge
könnten eingeschlagen werden. Beim Versuch, solch ein Problem zu lösen, würden wir schliesslich unsere Zuflucht bei
transscendenten Vorstellungen nehmen müssen, wie sie bis
dahin in der Physiologie keine Verwendung gefunden haben.

Die Sachlage ist zum Glück einfacher, und so wie die
Dinge factisch stehen, handelt es sich nur darum zu constatiren, wie schon aus den Ungleichheiten in der Ausstattung
der allerersten Formanlage die Verschiedenheiten späterer
Gestaltung sich ableiten lassen. Wo eine kleine Vorder-
hirnanlage und grosse Kieferfortsätze vorhanden sind, da
haben wir keine Mühe, das spätere Hervorwachsen einer
mächtigen Schnauze zu verstehen. Wo sich Federn, wo sich
Klauen, wo sich Zähne bilden, da wird schon in früher

Zeit und lange ehe diese Theile morphologisch ausgeschieden sind, durch Anhäufung des Materiales, durch entsprechende Dicke der Epithelialdecke die Bedingung zur Bildung jener Theile gegeben, und bei sorgfältiger Untersuchung auffindbar sein.

Verschiedenheiten im Aussehen verschiedener Keime müssen vorhanden sein, von der ersten Zeit ab, da überhaupt die Gliederung des Keimes ihren Anfang nimmt. Schon die ersten Falten und Rinnen des aus der Keimfläche sich emporwölbenden Körpers bestimmen die allgemeine Bezirksabgränzung, und die für die Folge entscheidende Massenzutheilung an die besonderen organbildenden Bezirke. In frühester Zeit schon wird geschieden, was bei der animalen, was bei der vegetativen Schicht Verwendung finden soll, was zum Kopf, was zum Rumpf, was zur Anlage des Centralnervensystems, was zur Bildung der Körperdecke dienen wird. Es ist als ob auf einem zu bebauenden Grunde der Grundriss des zu errichtenden Gebäudes vorgezeichnet würde. Wie der erfahrene Baumeister aus dem Grundriss die Besonderheiten des zu errichtenden Baues herausliest, wo das unerfahrene Auge kaum eine Vorstellung von der Bedeutung der gezogenen Linien sich zu bilden vermag, so wird auch dereinst der erfahrene Embryologe im Stande sein, beim Hervortreten der ersten wahrnehmbaren Gliederung des Keimes zu erkennen, was aus dem sich entwickelnden Gebilde werden soll.

Und fragen wir uns, welches in letzter Instanz das bestimmende Moment ist für die Scheidung der organbildenden Keimbezirke, so kommen wir wieder zurück auf die Vertheilung des Wachsthums im Keim. Menge und Form des anfänglich gegebenen Keimmateriales und die ihm innenwohnende Wachsthumserregung bleiben schliesslich die allgemeinsten Bedingungen für die specifische Gestaltung, die der Keim im Laufe seiner Entwicklung annimmt.

Es sind diese letzten Betrachtungen auch ihrerseits geeignet, uns in eindringlicher Weise die gegenseitige Abhängigkeit vor Augen zu halten, in welcher alle Entwicklungsvorgänge von einander stehen. Schon in einem der ersten Briefe habe ich bei Aufstellung des Princips der durchgreifenden Gränzmarken (S. 46 u. f.) Anlass genommen, Dich auf den

nothwendigen inneren Zusammenhang scheinbar sehr verschiedenartige Entwickelungsvorgänge hinzuweisen, und die darauf-
folgenden speciellen Betrachtungen dürften die damals gewon-
nene Ueberzeugung in Dir noch mehr befestigt haben.

Es mag Dir von Interesse sein, auch für spätere Ent-
wickelungsphasen ein Beispiel vorkommender Abhängigkeiten
zu betrachten, und ich wähle dazu das Beispiel der Schna-
belbildung beim Vogelembryo. Du kennst vom siebenten
Briefe her (S. 89) die vordere

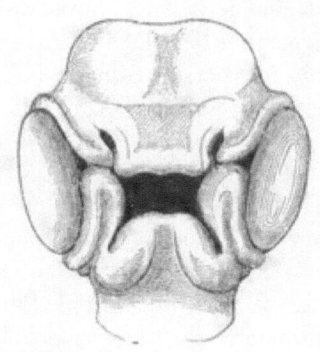

Gesichtsansicht eines Hühnchens
von etwa 5 tägiger Bebrütung.
Mittlere und seitliche Stirnfortsätze, Oberkiefer- und Unter-
kieferfortsätze, die Riechgruben
und die grosse viereckige Mundöffnung sind Dir von damals her
noch geläufig. Zur Vergleichung
setze ich der damals besprochenen Figur eine gleiche Ansicht
eines Kaninchengesichtes bei.
Die beiden Figuren entsprechen
in ihrer Entwickelung den Figuren 135 und 137. Dasselbe
Uebergewicht der Augäpfel, das
wir schon bei der Profilansicht
des Hühnchens kennen gelernt
hatten, tritt auch in dessen Vor-
deransicht hervor, und bedingt
einen Hauptunterschied vom darunter stehenden Säugethierge-
sicht.

Fig. 138 (80). Kopf eines Hühnchens nach
5täg. Bebrütung 8mal vergrössert.

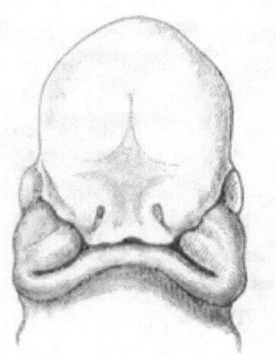

Fig. 139. Kopf eines Kaninchens (14 Tage
p. foec). 8mal vergrössert.

Der Einfluss der grossen
Augäpfel macht sich an allen,
in ihrer Umgebung befindlichen
Theilen bemerkbar. Der seit-
liche Stirnfortsatz und der Oberkieferfortsatz sind zu schmalen,
an ihren Rändern sich aufwulstenden Streifen zusammengedrängt, und auch in der Form des Unterkiefers, sowie in der
starken Herabziehung der Mundwinkel tritt bereits deutlich

der Einfluss einer seitlichen Compression zu Tage; dagegen
ist der, den oberen Mundrand bildende mittlere Stirnfortsatz
noch ein breiter viereckiger Lappen.   Von einem Schnabel
ist, wie auch aus Fig. 137 hervorgeht, noch in keiner Weise
zu reden.

Schon nach einem Tage jedoch ist ein wohlangelegter,
spitz vortretender Schnabel vorhanden.   Der untere Abschnitt
desselben ist aus dem Unterkieferfortsatz, der obere aus dem

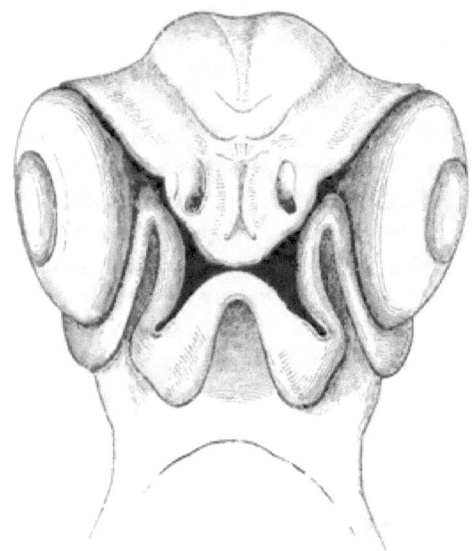

Fig. 140. Kopf eines Hühnchens nach 6 tägiger Bebrütung. 5mal vergrössert.

mittleren Stirnfortsatze, und an der Wurzel aus den beiden
seitlichen hervorgegangen, und zwar auf einfachstem Wege,
durch Zusammendrängung und winklige Vortreibung in der
Mittelebene.   Der quere Abstand der beiden Riechgruben,
welcher bei Fig. 138 13 Mm. beträgt, ist bei dem weit grösseren Kopf von Fig. 140 auf 9 Mm. heruntergegangen; die
schon in Fig. 135 sichtbaren, gewulsteten Innenränder der
beiden Gruben sind sich bei Fig. 140 in der Mittelebene bis
beinahe zur Berührung entgegengerückt.   Dagegen beträgt die
Höhe des mittleren Stirnfortsatzes hier fast das Doppelte von
dort (17 gegen 10 Mm.), und wo er dort mit einer breiten
Querlinie abschloss, geht er hier in eine vortretende Spitze aus.

Dass der Grund von dieser Zusammendrängung der mittleren
Gesichtstheile in den colossalen Augen zu suchen sei, zeigt
der Blick auf jede der beiden Figuren unmittelbar, und wir
kommen somit zum Ergebniss, **dass die Entwicklung des
Vogelschnabels eine directe Folge ist von der mächtigen Entwicklung der Vogelaugen.**

Wir haben im obigen Beispiel einen Fall, in welchem von
zwei, physiologisch in gar keiner erkennbaren Beziehung
stehenden Theilen der eine in directer Abhängigkeit vom andern sich formt. Bedenken wir nun, wie das grosse Auge
in Betreff der Innervation andere Ansprüche erhebt, als ein
kleines, wie damit zugleich an das Gehirn bestimmte Ent-
wicklungsanforderungen gestellt sind, wie ferner die Bildung
der Augenanlage bestimmte Ausbildung der Hirnkrümmungen
voraussetzt, und wie mit diesen wiederum die Gesammtgliede-
rung des Gehirns zusammenhängt; bedenken wir dann weiterhin
die physiologischen Anforderungen, welche das Vorhandensein
eines Schnabels von gegebener Länge und Form in Betreff
der Ernährungsweise stellt, Bedingungen, die ihrerseits die
Existenz gegebener Instincte und gleichzeitig ganz bestimmter
Einrichtungen der inneren Organe voraussetzen: so bekommen
wir eine schwache Vorstellung von der verwickelten Verkettung
functioneller und morphologischer Beziehungen, und von dem
Gemenge von Abhängigkeiten, welche bei einer eingehenderen
Erklärung berücksichtigt zu werden verlangen. Der gesetz-
liche Zusammenhang aller, der Körperentwicklung zu Grunde
liegenden Vorgänge ist ein Princip, mit welchem in Zukunft
auch die Descendenzlehre in noch ganz anderem Maasse wird
zu rechnen haben, als dies bis dahin geschehen ist. So lange
man sich bei phylogenetischen Untersuchungen damit be-
gnügt, unabhängige Specialgeschichten für einzelne Organe
oder Organtheile zu entwerfen, hat man die zu leistende Aufgabe in einem, sicherlich nur höchst beschränkten Abschnitt
ihrer wirklichen Breite erfasst; denn jede einzelne Organentwickelung ist immer wieder nur eine abhängige Theilerscheinung eines grossen, nach allen Richtungen sich verkettenden
Gesammtprocesses.

Siebzehnter Brief.

Beziehungen zwischen Descendenzprincip und Wachsthumsprincip.
Schlusswort.

Lieber Freund! Wenn die in den beiden vorigen Briefen über embryonale Formen mitgetheilten Thatsachen und Anschauungen nicht unerheblich von dem abweichen, was uns von eifrigen Vorkämpfern der dermaligen Descendenzlehre pflegt vorgetragen zu werden, so stehen sie doch in keiner Weise in Widerspruch mit dem Descendenzprincipe selbst. Machen wir uns noch einmal klar, welches die Ergebnisse der physiologischen Formbetrachtung sind, und wie sich die Forderungen des Descendenzprincipes dazu stellen:

An Wachsthum ist, wie wir sahen, die gesammte Entwickelung des aus dem Keim hervorgehenden Organismus geknüpft, an ungleich vertheiltes Wachsthums die erste Schichtenscheidung und die nachfolgende, zumeist durch Faltenbildung eingeleitete Abgliederung seiner Primitivorgane. Ob die zuerst auftretenden Formen so oder anders aussehen, stets ist, soweit bis jetzt erkennbar, die scheidende Grundursache dieselbe. An einer weichen, in Zellen zerklüfteten Masse scheidet sich der rascher wachsende Theil von dem, im Wachsthum zurückbleibenden. Die in ihm vorhandenen Differenzen des Wachsthums setzen zwischen seinen Theilen neue Spannungen, denen gemäss er sich faltet, und in einzelne Stücke gliedert, so lange, bis die aus der Zertheilung hervorgegangenen Stücke zu vorläufigen Gleichgewichtsformen und Gleichgewichtsstellungen gelangt sind. Die absolute und relative Ausdehnung der also von einander abgegliederten Organbezirke, ihre gegenseitige Lagerung und die, einem jeden derselben innewohnende Wachsthumserregung sind auf dieser Entwickelungsstufe das,

was nach Ordnung, Geschlecht und Art wechselt, und was
der, formell noch unscheinbaren Anlage ihr specifisches Gepräge verleiht. Auf noch früheren Entwickelungsstufen im
allerersten Beginne verbleiben die Unterschiede in der Menge
und in der Anfangsform der Keimmasse, diejenigen der, ihr inne-
wohnenden Wachsthumserregung und die Unterschiede der,
dem Keim gesetzten besonderen Entwickelungsbedingungen,
(seine Beziehungen zu accessorischen Eibestandtheilen: Eibülle,
Nebendotter oder Nahrungsdotter, mütterlichem Organismus
u. s. w.). Dass selbst die äusserlich hervortretenden Unterschiede dieser frühesten Stufen nicht verschwindend sind, das
zeigt Dir jeder Vergleich verschiedener Thiereier, der Vergleich
der grossen Kugel des Batrachiereies mit der minimalen des
Säugethiereies, oder dieser mit der flachen, einem flüssigen
Nebendotter aufgesetzten Scheibe des Knochenfisch- und des
Vogeleies. Unverständlich müsste es uns überhaupt erscheinen,
dass aus so differenten Entwicklungsanfängen so ähnlich gegliederte Embryonen hervorgehen, zeigte nicht die genauere
Beobachtung, dass trotz aller Anfangsdifferenzen die sich entsprechenden Formgliederungen des Keimes jeweilen nur eintreten, wenn die Dimensionen des sich gliedernden Materiales
annähernd dieselben sind. Aehnliche Formen bilden
sich aus ähnlichem Materiale erst dann, wenn das
sich formende Material auch in Betreff der absoluten Dimensionen ähnliche Bedingungen darbietet. Von der grossen Masse des Froscheies kommt ein Theil
vorweg als Vorrath bei Seite, und nimmt an der Gliederung
keinen activen Antheil; das kleine Ei der Säugethiere aber
wächst auf Kosten der Mutter so lange als Kugel fort, bis es
die zur Gliederung erforderlichen Dimensionen erreicht hat.

Im Salmen- und Forellenei treten die ersten Spuren eines
sich abgliedernden Embryos auf, wenn die Keimscheibe einen
Durchmesser von 2½—3 Mm. besitzt, desgleichen im Hechtei.
Die Keimscheibe des Hühnchens misst zu der Zeit 4—6 Mm.,
ihr Fruchthof 2—2½ Mm. Beim Hunde ist nach Bischoff
der Fruchthof zur Zeit der Embryonalbildung 2½ Mm. lang,
2 Mm. breit (s. Fig. 32 u. 33, Taf. VI s. Abhandlung), beim
Frosch misst die Länge der eben sich abgliedernden Medullarplatte 2,3 Mm.

Die Breite der Embryonalanlage in der Augenblasengegend vor eingetretenem Schluss bestimme ich:

beim	Lachs	1,25	Mm.
„	Frosch	1,3	„
„	Hühnchen	1,0	„
n. Bischoff's (Fig. 34 c) „	Hunde	0,9	„

Die Breite des **schon abgegliederten, mit Urwirbeln soeben** versehenen Rückens:

beim	Hecht	0,45	Mm.
„	Lachs	0,4	„
„	Frosch	0,4	„
„	Hühnchen	0,5	„
nach Bischoff's Abb. „	Hunde	0,4	„

Die Länge des **Gehirns vom** vorderen Ende bis **zur Rauten**grubenmitte nach erfolgtem **Hirnschluss:**

beim	Lachs	0,9	Mm.
„	Frosch	1,0	„
„	Hühnchen	1,1	„
nach Bischoff's Abb. „	Hunde	1,0	„

Der Abstand zwischen den vorderen **Rändern zweier Ur**wirbel in der **ersten Zeit ihrer Entstehung:**

beim	Lachs	0,06	Mm.
„	Frosch	0,12	„
„	Hühnchen	0,1	„
nach Bischoff's Abb. „	Hunde	0,14	„

Die Dicke der **Medullarplatte im** Vorderhirnabschnitte **zur** Zeit des Hirnschlusses:

beim	**Hühnchen gegen**	0,05	Mm.
„	Frosch „	0,15	„
„	Lachs „	0,15	„

Im vorderen Rückenmarkstheile:

beim	Hühnchen	0,035	Mm.
„	Frosch gegen	0,1	„
„	Lachs „	0,075	„

Die bemerkenswerthe **Uebereinstimmung** obiger Zahlen entspricht, wie Du siehst, dem eben aufgestellten mechanischen Postulate. Denn auch die **Voraussetzung** ist ja als eine in der Erfahrung begründete anzunehmen, dass dem in Zellen zerklüfteten Keimmateriale hinsichtlich seiner Cohäsions- **und** Ela-

His. Briefe.

11

sticitätsverhältnisse bestimmte, nicht allzubreite Gränzen ge-
steckt sind. Indem nun durch das ungleich vertheilte Wachsthum
die Spannungen im Bereiche der Keimscheibe stetig zunehmen,
müssen sie bei den sonst ähnlichen Bedingungen auch innerhalb ähnlicher Werthgränzen ähnliche Faltungen und Abgliederungen erzeugen. Die Ableitung aber der Besonderheiten
entstehender Formen aus den innerhalb der gesteckten Werthgränzen auftretenden Schwankungen bleibt ein Gegenstand der
weiteren Forschung.

In der ganzen Reihe von Formen, welche ein sich entwickelnder Organismus durchläuft, ist jede vorangegangene
Form die nothwendige Vorstufe der nachfolgenden. Soll der sich
entwickelnde Organismus zu complicirten Endformen gelangen,
so muss er schrittweise die einfachen durchlaufen haben. Das
vollkommen gegliederte Gehirn und Rückenmark setzen das unvollkommen gegliederte Medullarrohr als Vorbedingung voraus,
das Medullarrohr die Medullarplatte, diese das Vorhandensein
eines sich faltenden Keimblattes, das Keimblatt einen sich durch-
furchenden Keim. Eine jede, aus der Reihe der übrigen heraus-
gegriffene Entwickelungsstufe ist ebensowohl die physiologische
Folge der vorangegangenen, als sie die nothwendigen Bedingungen zur nächstfolgenden umfasst. Sprünge oder „Ab-
kürzungen" des Entwickelungsganges kennt die physiologische
Entwickelungsgeschichte nicht.

Hältst Du Dir diesen Gedanken gegenwärtig, dass embryonale Formen die unvermeidliche Vorbedingung der reifen Formen sind, weil diese als complicirtere durch jene, als die ein-
facheren müssen hindurchgegangen sein, so erscheint Dir die
Thatsache, dass paläontologisch alte Formen vielfach den
heutigen embryonalen ähnlich sind, in einer etwas anderen, als
der gewöhnlich beanspruchten Verknüpfung. Jene sind embryonale, weil sie auf unteren Stufen der Entwicklung stehen
geblieben sind, diese mussten die unteren Stufen überschreiten, um zu den oberen zu kommen. Keineswegs aber liegt
für die Späteren die Nöthigung des Durchgangs durch embryonale Formen darin, dass ihre Vorfahren einmal darauf sich
befunden haben. Nimm, falls Dir der Gedankengang in der
abstracten Darstellung noch nicht klar genug erscheinen sollte,
statt irgend welcher Formeigenthümlichkeiten die Lebensdauer

als concretes Beispiel. Setze voraus, es hätte für irgend eine bestimmte Reihe von Geschöpfen im Laufe der Generationen eine stätige Zunahme der Lebensdauer stattgefunden. Es seien Vorfahren dagewesen von einjähriger, dann zweijähriger u. s. w. Lebensdauer und die heutigen Nachkommen hätten eine solche von 80 Jahren zu beanspruchen. Sicherlich wird es Dir in dem Falle nicht einfallen, zu **sagen**, der 80jährige Nachkomme habe successive 1, 2, 3 u. s. w. Jahre alt werden müssen, weil er Vorfahren von nur 1, 2, 3jähriger Lebendauer besessen habe, sondern Du wirst Dir einfach sagen, dass man nicht 80 Jahre alt werden kann, ohne einmal ein- und zweijährig gewesen zu sein.

Du kannst das eben gebrauchte Beispiel sofort noch erweitern. Denke Dir, es hätte in der ganzen Generationsreihe bei übrigens gleichen Anfängen, die Periode des Körperwachsthums stets ein Viertheil der Gesammtlebensdauer betragen. Unter dieser Voraussetzung hat der älteste Vorfahre sein Wachsthum schon in einem Vierteljahre vollendet, ein Folgender hatte ein halbes Jahr Zeit dazu u. s. w. Der heutige Descendent kann sich während 20 Jahren fortbilden. Dem entsprechend wird der letztere absolut grössere Dimensionen erreichen, er wird weit complicirtere, reicher gegliederte Formen besitzen, als seine ersten Vorfahren. Jene erscheinen daher in ihrer **Form** als dessen embryonale Vorstufen.

Sobald also das Descendenzprincip richtig ist, dass ältere **einfachere** Formen die Vorfahren der späteren complicirteren gewesen sind, ist auch die Aehnlichkeit jener mit den embryonalen von diesen erklärt, ohne dass es der Hinzunahme irgend welcher Vererbungsgesetze bedarf. Jene Aehnlichkeit zwischen alten einfachen und heutigen embryonalen Formen würde selbst dann verständlich bleiben, wenn keine Verwandtschaft vorhanden wäre. Die stufenweise Weiterentwickelung thierischer **Formen im** Laufe der sich folgenden Generationen kann theilweise als **Folge** zunehmender Wachsthumsdauer aufgefasst werden. Dabei sind natürlicherweise sehr verschiedene Modalitäten denkbar: es kann das Nervenwachsthum in **anderem** Maassstabe, als das Muskelwachsthum, dieses wieder **in anderem**, als das Epithelialwachsthum sich verändert haben, und für jedes der besonderen zeitlichen Wachsthumsgefälle ist ein

14*

unendlich reicher Variationsspielraum gegeben. In welcher
Weise durch die Zunahme des zeitlichen Wachsthums die Dif-
ferenzirung ähnlich anfangender Formen beeinflusst wird, das
bedarf kaum der Auseinandersetzung. Zwei durch ähnliche
Anfänge hindurchgegangene Formen müssen selbstverständlich
um so mehr divergiren, je länger überhaupt ihre Entwicklung
andauert.

Organismen, für welche die Anfangsform des Keimes und
die räumliche Anfangsvertheilung des Wachsthums eine ähnliche gewesen ist, erfahren dieselbe typische Gliederung, und
werden vermöge dieser als zusammengehörig erkennbar sein,
selbst dann, wenn das zeitliche Wachsthum in Grösse und in
äusserer Erscheinung sehr erhebliche Differenzen zur Ausbildung
gebracht hat. — Es können sich nun aber bei den Descendenten
gemeinsamer Vorfahren allmählich auch die Anfangsform des
Keimes und die räumliche Anfangsvertheilung des Wachsthums
verändert haben. Im Einzelnen vermögen wir uns z. B. zu
denken, dass die Differenzen zwischen Maxima und Minima
der Wachsthumsgeschwindigkeit zugenommen, dass die Zonen
maximalen Wachsthums sich ausgebreitet haben und was der-
gleichen Fälle mehr sind. Durch solche Aenderungen der
Wachsthumsgesetze sind dann aber auch die Grundbedingungen
für die Blätter- und die Organabgliederung andere geworden.
Wenn Du meiner früheren Darstellung von der Mechanik der
ersten Formbildung aufmerksam gefolgt bist, so hast Du ein-
gesehen, dass gerade die anfängliche Anordnung der räumlichen Wachsthumsgefälle, das primäre Wachsthum, wie wir
es S. 127 nannten, den typischen Bauplan der Organisation
bestimmt. Dann wirst Du auch verstehen, wie deren Aenderung im Laufe der Generationen zu Aenderungen jenes Bau-
planes führen und den Uebergängen aus einem Typus in einen
anderen zu Grunde liegen musste.

Besässen wir die ideale Klarheit jenes von Laplace
gedachten Geistes, dem der Weltprocess in einer mathema-
tischen Formel vorliegt, dann würden uns auch die Wachs-
thumsformeln organischer Wesen nach ihrem letzten Ausdrucke
bekannt sein, und wir vermöchten sie nach ihrer Form, und
innerhalb jeder Form nach dem Werth ihrer constanten Glieder
in Reihen zu ordnen. Den höchsten überhaupt denkbaren An-

forderungen an die Systematik wäre damit Genüge geleistet. Würden wir alsdann die Formeln nach ihrer phylogenetischen Succession zusammenstellen, dann würden auch diese Reihen fortlaufende Aenderungen der Coefficienten neben steigender Complication der Formeln aufweisen, und aus den dabei zu Tage tretenden Gesetzen müsste wohl ohne Weiteres erkennbar sein, ob die im Laufe der Generationen erfolgten Umbildungen ihren Grund im Wesen der Entwickelung selbst gehabt haben, oder ob sie ausschliesslich aus Anpassungen an äussere Lebensverhältnisse hervorgegangen sind.

Die physiologische Ableitung der thierischen Körperformen und die Aufsuchung ihrer phylogenetischen Geschichte sind zwei Aufgaben, deren Wege für die nächste Zeit getrennt neben einander herlaufen. Die raueheren Pfade allerdings fallen zunächst dem physiologischen Formenstudium zu. Aber, wenn ihre Verfolgung eine energische Concentration der Kraft und ein Verzichtleisten auf häufiges Schwelgen in grossen Ueberblicken verlangt, so gewährt sie dafür den unschätzbaren Vortheil einer steten Fühlung mit den exacten Grundlagen unserer Naturkenntniss, und sie verheisst Demjenigen, der sich ihr mit Ausdauer und mit Umsicht hingiebt, jene Schärfe der Anschauung und jene Sicherheit des Urtheiles, die das Merkmal und zugleich der Lohn jeder strengen Methode sind.

Soweit die an das Descendenzprincip sich anlehnende phylogenetische Forschung in den Gränzen sich hält, innerhalb deren auch sie an der Hand zuverlässiger Methoden fortzuschreiten vermag, ist ein Conflict mit physiologischer Forschung kaum jemals zu befürchten. Allein neben dieser soliden phylogenetischen Forschung erhebt sich jenes naturphilosophische, auf dem Descendenzprincip errichtete System, welches in so zahlreichen Darstellungen dem wissenschaftlichen wie dem nichtwissenschaftlichen Publikum vorliegt. In geschlossener Form tritt es uns entgegen und als abgerundetes, einer Erweiterung nicht bedürftiges Ganzes.

In dieses System brechen die Forderungen einer physiologischen Formenlehre mit ihren neuen, weiten Zielen an mehr denn an einer Stelle ein, und stören dessen wohlgepflegte Ordnung. Seien wir indess auch über diesen Punkt offen! Mächtig hat die Descendenztheorie eingegriffen in unser ge-

sammtes Wissen und Denken von der organischen Natur. Unser
Geist ist befreit worden von Schranken, die ihn durch Jahr-
hunderte beherrscht hatten, unser Gesichtskreis auf das umfäng-
lichste erweitert, unsere Einsicht in der Zusammenhang der
Dinge erheblich vermehrt. Aber sind wir denn wirklich soweit,
dass wir daran gehen können, lückenlos durchgeführte Systeme
organischer Naturbetrachtung aufzustellen? Sind mit Anerkennung des Descendenzprincipes und der zu seiner Stütze herbei-
gezogenen Sätze wirklich alle jene Probleme für uns durchsichtig
geworden, an deren Lösung unsere wissenschaftlichen Vorfahren
gearbeitet haben?

Der Dogmatismus liegt, wie die Geschichte der Wissenschaften zur Genüge zeigt, aufs tiefste im Wesen menschlicher
Natur begründet. Wissenschaft und Leben haben indess wenig
Gutes von ihm erfahren, und anzukämpfen gegen den Zug des
Alles-wissen und des Alles-erklären-wollens hat gerade der
Naturforscher besonderen Beruf. „Naturschulmeister" pflegte
unser unvergesslicher Lehrer Schönbein Diejenigen zu nennen,
welche mit einigen doctrinären Sätzen alle Probleme der Natur
vermeinen gelöst zu haben In der That hat ja die Schule das
didaktische Bedürfniss, dass alles von ihr Dargestellte glatt
und in widerspruchsloser Weise sich aneinander reiht, dass
alle Lücken überdeckt, alle Unebenheiten geglättet werden.
Erreicht wird das Ziel durch sorgfältige Auswahl des Stoffes
und durch Einführung einer gewissen Anzahl von Wörtern, die
elastisch genug sind, um sich in der allervielfältigsten Weise ver-
wenden zu lassen. Der Klang bleibt derselbe, der Sinn wechselt, oder fehlt, je nach Bedarf. In der Weise hat auch die
dogmatische Descendenzschule ein Wörterbuch angelegt, über
dessen Vorrath sie in freiester Weise waltet. Anpassung,
Homologie, Rückschlag, abgekürzte Vererbung sind solche
Bezeichnungen, die stets in einer dem Schulbedürfniss angepassten Weise verwerthbar sind. Und in der Gewöhnung
an solch unzuverlässiges Rüstzeug liegt meines Erachtens die
Gefahr, welche jüngere Forscher bedroht, wenn sie rückhalts-
los phylogenetischen Speculationen sich hingeben. Der stetige
Umgang mit Begriffen, welche ihrer Natur nach einer präcisen
Fassung sich entziehen, und deren Anwendung auf den ein-
zelnen Fall eine wissenschaftliche Controle von vornherein

ausschliesst, wirkt nothwendig abstumpfend auf den kritischen Sinn und muss auf die Dauer wissenschaftliche Zustände ungesunder Art erzeugen.

Das Ausarbeiten glatter Schuldarstellungen ist des Forschers höchste Aufgabe nicht, und wer mit Ernst und mit strenger Wahrheitsliebe an den Problemen der organischen Natur sich versucht hat, der wird gar bald der Resignation bewusst werden, die er in Aussicht auf deren Lösung sich auferlegen muss. Es ist ein schweres, dem seiner Natur getreu bleibenden Forscher auferlegtes Geständniss, dass die letzten Ziele, für deren Verfolgung er seine ganze Kraft einsetzt, hier, wie auf allen Gebieten der Forschung, in um so entlegenere Ferne rücken, je weiter er auf dem in ihrer Richtung führenden Wege voranschreitet. In der kräftigenden Arbeit selbst, im Bewusstsein sicheren Voranschreitens und in den reichen, am Wege ihn erwartenden Früchten findet er den vollen Ersatz für alle geübte Entsagung.

Bemerkungen.

Die erste Hälfte der obigen Briefe reproducirt in abgekürzter Form die wesentlichsten **Ergebnisse einer** grösseren Monographie, welche **ich vor 7 Jahren** herausgegeben habe (Untersuchungen über die erste **Anlage** des Wirbelthierleibes. **Die** erste Entwicklung des Hühnchens im Ei. Leipzig 1868.). In Betreff aller weiteren Einzelheiten, sowie **zahlreicher** bildlichen Belege **muss** hier auf jene Schrift verwiesen werden.

Erster Brief.

S. 1. Bei Fig. 1, 2, 5, 6, 9, 10, 14 und 15 sind die Contouren mittelst des **Zeichnungsprismas nach der Natur** (ursprünglich bei genau 40facher Vergrösserung) aufgenommen. Die körperliche Schraffirung der Oberfläche ist nach den Wachsmodellen ausgeführt, welche ich seiner Zeit unter der technischen Beihülfe von Dr. A. Ziegler in Freiburg i. B. entworfen hatte, und die durch letzteren in den Handel gebracht sind. Es waren zu dem Zwecke durch die Embryonen fortlaufende Durchschnittsreihen geführt, und sämmtlich bei derselben 40maligen Vergrösserung gezeichnet worden. Der Flächenriss, in Verbindung mit den Durchschnitten, erlaubte eine vergrösserte, möglichst genaue Reproduction der körperlichen Form.

Zweiter Brief.

S. 19. Hier sind unter Organen nicht nur die bleibenden verstanden, sondern auch die vergänglichen, das Amnion, die Allantois, die Urnieren u. s. w.

S. 21. Dem Zwecke der Schrift entsprechend bin ich mit technischen Ausdrücken so sparsam als möglich umgegangen, habe auch manche der in meinem monographischen Werke vorgeschlagenen Bezeichnungen vermieden, oder durch einfachere ersetzt. Das was hier Kieferleisten genannt wird, sind die Parietalleisten meiner Monographie.

Dritter Brief.

S. 36. Zur Synonymik der Schichten lasse ich hier eine kleine Tabelle folgen. Die parablastischen Bestandtheile sind durch Cursivschrift hervorgehoben.

	His.	Pander.	C. E. von Baer.	Remak.
Obere oder animale Keimschicht	Oberes Gränzblatt	} Seröses Blatt	Hautschicht } Animales Blatt	Sensorielles oder oberes Blatt.
	Oberes Gefässblatt		Fleischschicht	
Axenstrang	Obere Muskelplatte			} Mittleres oder motorisch-germinatives Blatt.
Untere oder vegetative Keimschicht	Untere Muskelplatte	} Gefässblatt	Gefässschicht } Vegetatives Blatt	
	Unteres Gefässblatt			
	Unteres Gränzblatt	Schleimblatt	Schleimhautschicht	Darmdrüsenblatt.

Remak's Sensorielles Blatt, identisch mit obigem „oberen Gränzblatt", zerfällt in die Medullarplatte und das Hornblatt. Von Erfahrungen am Batrachierkeime ausgehend, trennt Stricker das sensorielle Blatt Remak's in ein oberflächliches Hornblatt und ein tiefer liegendes Nervenblatt. Remak's mittleres Keimblatt zerfällt in die Chorda dorsalis, die Urwirbelplatten, die Seitenplatten und den Urnierengang. Remak's Blätterscheidung war bis vor Kurzem am meisten adoptirt, neuerdings haben vergleichende Anatomen, auf Kowalevsky's Arbeit fussend sich, gleich mir, der älteren v. Baer'schen Blätterscheidung genähert.

S. 38. ²) Dieser Satz würde unhaltbar sein, sollte es sich herausstellen, dass, wie die Stricker'sche Schule dies behauptet, das mittlere Keimblatt Remak's einschliesslich der Muskelanlagen aus eingewanderten Zellen bestände. Die Grundlagen dieser Behauptung sind indess unhaltbar, wie ich an einem anderen Orte nachgewiesen habe. (Untersuchungen über das Ei und die Eientwicklung bei Knochenfischen. Leipzig 1873. S. 39 u. f.)

Die Erfahrungen Kowalevsky's über die Blätterscheidung bei Amphioxus sprechen entschieden für die primäre Gruppirung 1 + 2, 3 + 4. In Betreff der Chorda zeigt der Amphioxus die bemerkenswerthe Erscheinung einer secundären Entstehung desselben, ohne vorausgegangenen Axenstrang.

S. 43. ³) Weitere Ausführungen hierüber s. in meiner Entw. des Hühnchens S. 38 u. f.

S. 43. ⁴) Neuere Erfahrungen hierüber gedenke ich an anderem Orte mitzutheilen.

Vierter Brief.

S. 48. Betreffend die Elasticität der Keimscheibe sagt E. Häckel: „Der Versuch, die Keimscheibe (welche nicht elastisch ist!) als elastische Platte aufzufassen, der Versuch u. s. w. . . . . . erscheinen nur einer humoristischen Beleuchtung, keiner ernsthaften Widerlegung fähig." E. Häckel, Kalkschwämme. Berlin 1872. I. S. 472.

Aehnliche Aeusserungen finden sich in Annals and Magazine of natural history 1873. Bd. XI. p. 260.

Fünfter Brief.

S. 60. ¹) Unter den von der Mechanik behandelten einfachen Fällen kommt der Fall eines senkrecht belasteten biegsamen Stabes, bei welchem die Last ausserhalb der verlängerten Axe angreift, dem unsrigen am nächsten. Die wirksame Kraft wird in dem Fall zerlegt in eine, in der Verlängerung der Axe wirkende zusammendrückende Kraft, und in ein, die Biegung bewirkendes Kräftepaar. Ein solcher Stab wird sich biegen, und bei einer

seine Tragkraft überschreitenden Belastung brechen. **Die Theile
des Stabes** (oder der Platte), welche an **der concaven** Seite liegen,
stehen unter allen Umständen unter positivem Drucke, die an der
convexen Seite liegenden dagegen sind **bei** geringen Biegungs-
graden gleichfalls noch gedrückt, bei höheren kann **der** Druck in
Zerrung übergehen, d. h. negativ werden. Die Gränze **des** Ueber-
ganges hängt **von den besonderen** Bedingungen ab (von **den** Dimensionen des Stabes, vom Ort und **von der Grösse** der Last **u. s. w.).**

Sechster Brief.

S. 69. [1] Gegen meine Darstellung der Muskelplattengliederung
am Kopfe hat sich neuerdings G o e t t e (Arch. f. mikr. Anat. Bd. X.
S. 190) ausgesprochen und sie in **etwas** gereizter Sprache **für** eine
künstliche Erfindung erklärt. **Die** Grundlagen sind indess, wie
mir scheint, nicht wohl anzufechten. Thatsache ist:

1) das Vorhandensein einer starken unteren Muskelplatte am
Hinterkopf und die Verbindung derselben mit der oberen Platte
durch ein gemeinsames medianes Stück (Fig. 52—57, S. 70),

2) das Hervorgehen des Herzens und der Pharynxmusculatur
aus dieser **unteren** Platte,

3) der **quergestreifte** Charakter dieser letzteren Musculatur,

4) die **Anlegung der unteren animalen Muskelplatte an die
obere** im Halstheile des Embryo (Fig. 58 S. 71 und Fig. 64 S. 75).

Es kann also nur discussionsfähig **bleiben:**

1) die Frage, ob die Anlegung der **unteren animalen** Platte
an die obere die Bedeutung einer **primären oder einer secundären**
Verbindung habe;

2) ob die vegetative Muskelplatte als **die** unmittelbare Fortsetzung der unteren animalen aufzufassen sei, oder ob sie, wie
ich dies angegeben habe, **als besondere** Bildung unter der letzteren auftrete. **Für die** Discussion **darüber ist** hier nicht der **Ort.**

S. 69. [2] Ueber das Zurückweichen **des** Herzens und der
Eingeweide s. meine Entwicklung des Hühnchens **S. 149 u. f.**

S. 73. [3] S. ebendaselbst S. 141.

S. 79. [4] Auf Querschnitten erscheint, wie dies auch Fig. 70
zeigt, die Milz als eine kleine, nach links gerichtete Leiste des
Gekröses, sie fällt beim Hühnchen in die Höhe des unteren Hals-
und oberen Rückentheils des Leibes.

Siebenter Brief.

S. 92. [1] Für das zeitliche Zusammentreffen der Kopfkrümmung mit der Ueberwachsung des Vorderkopfes **durch** das Amnion
vergl. man Bischoff, Entwicklung des Kanincheneies Taf. XIII
Fig. 55—58. Derselbe, Entwicklung des Hundeeies Taf. VII Fig.
36 und 37. Coste, Développement des êtres organisés (der 15

—18tägige menschliche Embryo hat ein vom Kopf abstehendes
Amnion und keine Kopfkrümmung, beim 20—25tägigen spannt
sich das Amnion knapp über den Embryo weg und die Kopfkrümmung ist vorhanden); bei Clark, Entwicklung der Schildkröte in Agassiz Contributions II. Taf. XII Fig. 6, 9 und 10 ist
der Kopf bei soeben im Gange befindlicher Krümmung vom Amnion
gleichfalls knapp umschlossen.

Achter Brief.

S. 98. [1]) Vergl. Bischoff, Entwickelung des Kanincheneies Fig. 52 u. f.; Entwicklung des Hundeeies Fig. 33—35.

S. 102. [2]) Mit der hier gegebenen entwickelungsgeschicht-
lichen Darstellung erledigt sich von selbst die durch Mielucho-
Miclay versuchte Umdeutung der Theile des Fischhirns.

Wenn die Rautengrube bei den Darstellungen des 8. und
9. Briefes als offen bezeichnet und der Hergang ihrer Bildung
mit der Knickung eines geschlitzten Rohres verglichen wird, so
ist dies insofern ungenau, als ja eine stark verdünnte Decke vorhanden ist. Man darf von ihr bei der mechanischen Erörterung
ebenso wohl abstrahiren, als man es in den herkömmlichen Hirn-
beschreibungen bei der anatomischen thut.

Schon bei Tiedemann findet sich die Aeusserung, dass im
Bereiche der Rautengrube das Hirnrohr aufreisst und seine Ränder auseinander treibt.

Einige der in dem 8. und 9. Briefe enthaltenen Gesichtspunkte hatte ich vor einigen Jahren in einem kleinen Aufsatz in
den Verhandlungen der Basler naturfoschenden Gesellschaft 5. Bd.
besprochen: „Ueber die Gliederung des Gehirns." 1869. Ueber
die Gestaltung der Hemisphären habe ich zwar seiner Zeit in derselben Gesellschaft vorgetragen, aber in deren Verhandlung nichts
publicirt.

Obwohl schon von verschiedener Seite her die Correspondenz
gewisser Furchen mit inneren Vorsprüngen (Fiss. Hippocampi, F.
calcarina, F. collateralis) anerkannt worden ist, ist doch der wichtige Gegensatz zwischen den, primär auftretenden Totalfalten und
den, secundär auftretenden Rindenfalten nirgends scharf hervorgehoben worden.

Neunter Brief.

S. 105. [1]) Vergl. Kowalevsky Taf. II Fig. 30, s. oben
S. 178 Fig. 117.

S. 112. [2]) S. F. Schmidt, Entwicklung des Gehirns in
der Zeitschrift für wissenschaftliche Zoologie. Bd. XI. S. 43.

S. 115. [3]) Huguenin, Allg. Pathol. der Krankheiten des
Nervensystems. I. Zürich 1873. H. giebt als Urheber der von
ihm copirten Zeichnungen irrthümlicher Weise Gratiolet an,
anstatt Leuret.

Zehnter Brief.

S. 123. [1] Wenn im Gauge des Waehsthumsgesetzes zu irgend einer Zeit grössere Sprünge vorkommen, so muss sich dies selbstverständlich kund geben durch die plötzliche und aus der Reihe heraustretende Entwickelung gewisser Organe oder Organtheile. Im Bereich des Nervensystemes und des Muskelsystemes ist nichts Derartiges wahrzunehmen, eher würde sich die Entwicklung einzelner Drüsen hieher ziehen lassen. So bieten speciell die Sexualdrüsen das Beispiel einer, aus der Reihe tretenden rapiden Entwicklung. Bei Beurtheilung dieses Verhältnisses ist aber ein Punkt ins Auge zu fassen, von dem wir in den allerersten Entwicklungsphasen absehen dürfen; es ist dies der Factor der äusseren Bedingungen. Speciell von den Sexualorganen wissen wir, dass deren Entwicklung von der reichlichen Materialzufuhr, sei dies in Folge günstiger Ernährungsverhältnisse überhaupt, sei es in Folge nachlassender Gefässmuskeleontraetionen in innigster Abhängigkeit steht. Wie haben hier, wie im ruhenden Samenkorn, einen Wachsthumsantrieb, der nicht zur Aeusserung kommt, weil eine von den Grundbedingungen des Wachsthums, der aufzunehmende Stoff fehlt. In ähnlicher Weise würden vielleicht auch die im Thierreiche so verbreiteten periodischen Aenderung von Haarkleid und Gefieder oder die sog. Mauserungen ihren Schlüssel finden.

S. 126. [2] In Cuvier, Anat. comp. ist das Verhältniss des Thunfischhirns zum Körper sogar $= \frac{1}{57000}$ oder rund $= 3$ Hunderttausendstel angegeben. Laut Brehm steigt das Gewicht eines Thunfisches bis auf 15 ja bis auf 18 Ctr. Für 15 Ctr. ergibt obige Proportion ein Hirngewicht von $22\frac{1}{2}$ Grammes.

S. 125. [3] Hierüber vergleiche man ausser His, Häute und Höhlen des Körpers. Programm. Basel 1865, auch meine Entwicklung des Hühnchens. S. 200 u. f. Der Gedanke, dass die Gelenke durch die Muskeln geschliffen werden, ist von dem verdienstvollen, zur Ausführung seiner Gedanken leider zu frühe verstorbenen L. Fick zuerst ausgesprochen worden. Müller's Archiv 1859. S. 657.

Elfter Brief.

S. 137. [1] Ueber Maupertuis' Ideen, betreffend die Artbildung, vergleiche dessen Venus physique 1746 und seine Lettres. Dresden 1752. Einige der hauptsächlichsten Sätze von Maupertuis habe ich im Archiv für Anthropologie abgedruckt. Bd. IV. 355; vergl. auch daselbst Bd. V. 84.

Needham streift wiederholt an die richtige Fassung des Begriffes vom Keim. „Si la plus petite partie d'un polype, ou d'une étoile de mer, suffit pour nous donner l'être organique entier, je dirai pour m'exprimer philosophiquement selon mes principes, que cette partie n'est pas l'être lui-même en miniature, mais qu'elle est le germe de l'être, ou une très-petite portion dans un état de simple végétation vitale et specifique, qui doit pousser et produire toutes les parties nécessaires pour completter le corps entier." (Notes des nouvelles recherches. p. 194.)

Hauptgegner von N e e d h a m war der, als Beobachter ihm weit überlegene Spallanzani, bekanntlich gleichfalls ein Geistlicher und lebhafter Vertreter der Evolutionslehre. Ihm gegenüber betont N e e d h a m ausdrücklich, dass er die Epigenese für religiöser halte als jede andere Theorie. (l. c. 145).

So theilt uns N e e d h a m u. A. auch mit, wie er sich die Erschaffung der Eva denkt, nämlich durch einen raschen Knospungsprocess. „Les nouveaux germes et leur développement viennent ensuite de ces mêmes corps primitifs par la nutrition et la prolongation des parties, de manière que le corps de la première femme ne se forma par de la terre comme celui de son mari, mais procéda de lui pendant son sommeil par une végétation accélérée et nourrie de sa substance. Il s'en détacha dans un état de perfection, comme font les jeunes polypes et les autres corps organisés du même genre."

Was N e e d h a m seiner Urkraft alles zumuthete, davon kann man sich aus dem nachfolgenden Satze eine Vorstellung machen. „Cette exaltation graduée, cette activité progressive dont la matière est douée, principe de toutes les metamorphoses physiques, ou chymiques, qui végète dans les plantes; qui compose et vitalise les corps organisés; qui s'irrite dans leurs membres, qui constitue leurs idiosyncrases; qui donne naissance aux différens phénomènes microscopiques dont nous avons parlé; qui vivifie la semence animale et végétale, qui diversifie toutes les sécrétions, qui fixe le nombre des espèces par des analogies secrètes; qui s'exalte dans les vivipares et les serpens vénimeux; qui se dissipe en particules contagieuses; qui en agissant sur l'âme par des impressions sensibles, l'éxcite à penser et lui en fournit la matière; qui sépare les élémens, les uns d'avec les autres dans une échelle exactement graduée et variée à chaque pas etc."

In solch einem Medium ist allerdings kaum der Ort zu suchen für die Entwicklung eines an und für sich guten Grundgedankens.

S. 139.   2) K l e b s, Ueber Cretinismus. Archiv f. experimentelle Pathologie. Bd. II. S. 426.

Zwölfter Brief.

S. 149.   1) Nach den Fourier'schen Reihen für die Zusammensetzung einfacher Schwingungen, die ja durch H e l m h o l t z auch in der neueren physiologischen Akustik eine so hervorragende Bedeutung gewonnen haben.

Dreizehnter Brief.

S. 158. ¹) Ueber die Erblichkeit erworbener Eigenschaften vergleiche man die Erzählungen bei Darwin, das Variiren. Uebersetzt von Cárus. 1866. II. 31 u. f., sowie bei Häckel, Schöpfungsgeschichte. 5. Aufl. 192. „Man (über den Gebrauch dieses Wörtleins s. Fürst Bismarck's Schreiben an den Grafen v. Arnim) hat schwanzlose Hunderassen dadurch gezogen, dass man mehrere Generationen hindurch beiden Geschlechtern des Hundes consequent den Schwanz abschnitt. Noch vor ein paar Jahren kam hier auf einem Gute der Fall vor, dass beim unvorsichtigen Zuschlagen eines Stallthores einem Zuchtstier der Schwanz an der Wurzel abgeklemmt wurde, und die von diesem Stier erzeugten Kälber wurden sämmtlich schwanzlos geboren." Wer beglaubigt solche Anecdoten? und wenn sie zu beglaubigten Thatsachen erhoben würden, wären sie damit schon genügend zum gewollten Schlusse?

Vierzehnter Brief.

S. 167. ¹) Fr. Müller, Für Darwin. Leipzig 1864. S. 77.

S. 169. ²) Rütimeyer, Archiv f. Anthropologie. Bd. III. S. 301 u. f.

S. 170. ³) Zum Vergleiche können die Abbildungen junger Hunde- und Kanincheneier von Bischoff dienen und die der jüngsten bis dahin bekannt gewordenen menschlichen Embryonen von A. Thomson. Letztere, von welchen eines auf 12—13 Tage, das andere auf 15 Tage geschätzt werden, sind in Kölliker's Entwicklungsgeschichte S. 122 und 123 abgebildet. Häckel's Figur 42 scheint aus den Zeichnungen Bischoff's construirt zu sein und weicht von der ihr am nächsten stehenden Thomson'-schen in sehr erheblichen Punkten ab.

Fünfzehnter Brief.

S. 150. ¹) Ueber die Gestalt, welche das vordere Ende des Medullarrohres bei Amphioxus besitzt, und über die Abwesenheit eines Auges vergleiche man die schöne Abhandlung von W. Müller in dem soeben zu Ehren C. Ludwig's erscheinenden Jubelbande. Es war mir durch die Güte des Herrn Verfassers vergönnt, sie noch vor ihrem Erscheinen einzusehen.

Die ersten sichtbaren parablastischen Zellen erscheinen in Kowalevsky's Tafeln als isolirte Leucocyten (Fig. 39). Ihre Herkunft ist nicht festgestellt.

S. 191. ²) Man kann allenfalls noch etwas weiter gehen, als im Texte geschehen ist, und in dem Fig. 120 abgebildeten Stadium des Knochenfischkeimes, das Planulastadium Fig. 117 C. des Amphioxus, in den Umwachsungsstadien Fig. 127—130, das Gastrulastadium Fig. 117 D. des Amphioxus wieder erkennen, sowie

man selbst die Umwachsung des Cyclostomen- oder des Batrachier-
dotters auf dies Schema beziehen kann. Das Gemeinsame liegt
alsdann in der Bildung einer inneren Höhle („Darmhöhle" im
weitesten Sinne, inclus. Dottersack) durch Schliessung einer zuvor
offenen Platte oder Schaale. Dabei bleiben indess, um von anderen Unterschieden nicht zu sprechen, die bedeutenden Abweichungen
in der Art der Bildung der primären Blase und in Art und Ort
des Schlusses der secundären. Beim Knochenfischembryo schliesst
sich die Rückenwand, beim Amphioxus und bei Petromyzon die
Bauchwand.

Ueber die Abweichungen in der ersten Keimentwicklung wirbelloser Thiere vergleiche man den Aufsatz von Salensky in
Troschel's Archiv f. Naturgesch. 1874. 40. Jahrg. S. 136 u. f.

Verbesserungen.

S. 4. Notenbezeichnung [1] fällt weg.

S. 5 in der Mitte lies „an der Stelle b" statt a.

S. 8. Figurenbezeichnung lies: „Querschnitt durch den Embryo bei a"
statt b.

S. 15. Im betreffenden Holzschnitt Fig. 10 ist der Buchstabe a, auf
den in den obersten 2 Zeilen hingewiesen wird, ausgefallen, derselbe sollte
hinter Uwp. stehen.

S. 18. 2. Zeile lies „am" statt vom.

S. 56. Figurenbezeichnung soll heissen: Fig. 40 (Fig. 34). Querschnitt
etwas weiter hinten als Fig. 33 u. s. w.

S. 56. 3. Zeile von unten lies „der Keimhöhle" statt die.

S. 60. 6. Zeile von unten lies „dass sie dort" anstatt hier.

S. 63 letzte Zeile „deren einer" statt eine.

S. 70. Figurenbezeichnung von Fig. 53: u. G. unteres Herzgekröse.

S. 79. Figurenbezeichnung: M. Medullarrohr. Uw. Urwirbel. Ch.
Chorda. Ao. Aorta. Cd. Cardinalvene. Un. Urnieren. Ex. obere Extremitäten. Lw. Leibeswand. Mz. Milz. Mg. Magen. Dv. Dottervene.

S. 117. Z. 10. lies: „bei welchen" statt bei welcher.

Druck von J. B. Hirschfeld in Leipzig.

www.ingramcontent.com/pod-product-compliance
Lightning Source LLC
Chambersburg PA
CBHW020115030726
47498CB00006B/2122